高等学校数理类基础课程教材

工科数值分析

王明辉　张静源　韩银环　编著

電子工業出版社
Publishing House of Electronics Industry
北京•BEIJING

内 容 简 介

本书比较系统地讨论了现代科学与工程计算中最基本的方法，共分九章，包括科学计算简介、插值法、函数逼近、数值积分、线性方程组的直接解法、线性方程组的迭代解法、函数方程的数值解法、代数特征值问题和常微分方程的数值解法，强调问题驱动和算法的 MATLAB 软件实现，尝试激发学生的学习兴趣。本书概念清晰、分析严谨、语言流畅、结构合理，可读性强，只要求读者具有高等数学和线性代数的基本知识。本书提供电子课件。

本书符合“低学时、重应用、模块化”的要求，可作为理工科非数学专业本科生和研究生的数值分析课教材，也可以供以科学计算为工具的科技人员参考。

图书在版编目（CIP）数据

工科数值分析 / 王明辉，张静源，韩银环编著. —北京：电子工业出版社，2022.2

ISBN 978-7-121-42808-1

Ⅰ. ①工… Ⅱ. ①王… ②张… ③韩… Ⅲ. ①数值分析－高等学校－教材 Ⅳ. ①O241

中国版本图书馆 CIP 数据核字（2022）第 018364 号

责任编辑：杜　军　　　　特约编辑：田学清

印　　刷：保定市中画美凯印刷有限公司

装　　订：保定市中画美凯印刷有限公司

出版发行：电子工业出版社

北京市海淀区万寿路 173 信箱　　　邮编：100036

开　　本：787×1092　1/16　印张：16.25　字数：416 千字

版　　次：2022 年 2 月第 1 版

印　　次：2022 年 8 月第 2 次印刷

定　　价：49.00 元

凡所购买电子工业出版社图书有缺损问题，请向购买书店调换。若书店售缺，请与本社发行部联系，联系及邮购电话：（010）88254888，88258888。

质量投诉请发邮件至 zlts@phei.com.cn，盗版侵权举报请发邮件至 dbqq@phei.com.cn。

本书咨询联系方式：dujun@phei.com.cn。

前言

<<<<< PREFACE

21 世纪，随着经济和科技的发展，以计算机为主体的信息技术正改变着人们的生活、思维和工作方式。计算机最明显的特点就是能够进行高速且大量的计算，使科学计算成为继理论研究和科学实验之后的第三大科学研究方法。

作为科学计算的基础，“数值分析”在工程和科学问题求解中的应用正呈爆炸式发展，承担着科学计算入门和介绍基本算法的任务。因此，很多学校将“数值分析”课程设为非数学专业研究生的公共基础课或本科学生的选修课。在教学过程中，由于学时偏少和学生数学基础偏弱等，我们深感“降低难度、增加应用、强化操作”的必要性和紧迫性，基于此，我们五年前就开始筹划编写本书。

本书有以下特点：一是全面且简洁地介绍数值计算的基本思想、理论和算法；二是介绍算法对应的 MATLAB 函数的应用；三是结合实例介绍算法的应用，以强化实践，激发兴趣。我们也尝试进行一些思想政治方面的工作，加入了一些相关数学家的简介等课外读物，这一方面可以补充学生的数学史知识，开阔视野，另一方面对激发学生学习数学的兴趣甚至爱国情怀也有一定的作用。

学习本书需要有高等数学和线性代数的基础，这样本书的内容可以在 40 学时左右学完。如果条件允许，最好能有 8 学时左右的上机实践，以便学生更好地理解所学的知识并熟练掌握相关 MATLAB 函数的使用。

全书共九章，包括科学计算简介、插值法、函数逼近、数值积分、线性方程组的直接解法、线性方程组的迭代解法、函数方程的数值解法、代数特征值问题和常微分方程的数值解法。该书中的第 1、5、6、8 章由王明辉编写，第 4、7、9 章由张静源编写，第 2、3 章由韩银环编写。本书由王明辉负责组织与协调，王明辉和张静源负责排版和审校。本书的出版得到 2021 年度山东省研究生教育课程思政示范课程（数值分析）项目、2021 年山东省研究生教育教学改革研究项目（SDYJG21118）和青岛科技大学研究生教材建设项目资助，参考了国内外有关专家编写的相关经典教材，在此一一表示感谢。电子工业出版社的杜军编辑也对本书的编写给予了大力支持，为此我们深表谢意。

本书提供电子课件等教学资源，读者可登录华信教育资源网（www.hxedu.com.cn）下载使用。

由于作者水平有限，本书存在错误在所难免，希望在大家的帮助下能够不断改进和完善。

编　者

2021 年 10 月 21 日

目录

<<<<< CONTENTS

第 1 章 科学计算简介

1.1 数值分析简介

世界顶尖的数值分析专家 Lloyd N. Trefethen 提出：“The fundamental law of computer science: As machines become more powerful, the efficiency of algorithms grows more important, not less.” 2005 年，美国总统信息技术咨询委员会报告也指出：“尽管处理器性能的显著增长广为人知，然而改进算法和程序库对于提高计算模拟能力的贡献是如此之大，如同在硬件上的改进一样。”

以在科学计算应用中广泛出现的三维拉普拉斯方程计算求解为例，从 20 世纪 50 年代的高斯消去法到 80 年代的多重网格法，算法的改进使计算量从正比于网格数 N 的 7/3 次方下降到最优的计算量正比于 N，对于 N 等于 100 万，计算效率就改进 1 亿倍！2009 年出版的美国世界技术评估中心报告中对 1998—2006 年获得著名超级计算 Gorden Bell（戈登贝尔）奖的应用程序进行了评估，指出尽管获奖程序的应用领域各不相同，但共同点是，算法（线性代数、图剖分、区域分裂、高阶离散）的进步使获 Gorden Bell 奖的应用程序对计算能力提高的贡献超过了摩尔定律。

现代科学研究有三大支柱：理论、实验和计算。上面的论述充分说明了计算的重要性，而科学计算的基础或者说重要组成部分就是数值分析。

数值分析（Numerical Analysis），也称数值方法、计算方法或计算机数学，是计算数学的主要部分。计算数学是数学科学的一个分支，它研究用计算机求解各种数学问题的数值计算方法及其理论与软件实现，是用公式表示数学问题以便可以利用算术和逻辑运算解决这些问题的技术。以下是一些利用数值分析处理的问题。

- 天气预报中会用到许多先进的数值分析方法。
- 太空船的运动轨迹需要求出常微分方程的数值解。
- 汽车公司会利用计算机模拟汽车撞击来提升汽车受到撞击时的安全性。计算机的模拟需要求出偏微分方程的数值解。
- 对冲基金会利用各种数值分析的工具来计算股票的市值及其变异程度。
- 航空公司会利用复杂的最佳化数值算法决定票价、飞机、人员分配及用油量。此领域也称为作业研究。
- 保险公司会利用数值软件进行精算分析。

在计算机出现以前，实现这类计算的代价严重限制了它们的实际运用。然而，随着计算机的出现，数值分析在工程和科学问题求解中的应用正呈爆炸式发展。

数值分析是寻求数学问题近似解的方法、过程及其理论的一个数学分支。它以纯数学作为基础，但不完全像纯数学那样只研究数学本身的理论，而是着重研究数学问题求解的数值方法及与此有关的理论，包括方法的收敛性、稳定性及误差分析；还要根据计算机的特点研究计算时间和空间（也称计算复杂性）最省的计算方法。有的方法在理论上虽然不够完善与严密，但通过对比分析、实际计算和实践检验等手段，被证明是行之有效的方法。因此，数值分析既有纯数学高度抽象性与严密科学性的特点，又有应用的广泛性与实际试验的高度技术性的特点，是一门与计算机密切结合的实用性很强的数学课程。

至于为什么要学习数值分析，除了对学习数学起到一定作用，还有一些其他的理由。

（1）数值分析能够极大地覆盖所能解决的问题类型。它们能处理大型方程组、非线性和复杂几何等工程和科学领域中普遍存在的问题，这些问题用标准的解析方法求解是不可能的。因此，学习数值分析可以增强问题求解的能力。

（2）学习数值分析可以让用户更加智慧地使用“封装过的”软件。如果缺少对基本理论的理解，就只能把这些软件看作“黑盒”，对内部的工作机制和它们产生结果的优劣缺少必要的了解。

（3）学习数值分析有利于编程。很多问题不能直接用封装的程序解决，如果熟悉数值方法并擅长计算机编程的话，就可以自己设计程序解决问题。

（4）数值分析是学习使用计算机的有效载体，对展示计算机的强大和不足是非常理想的。当成功地在计算机上实现了数值分析，然后将它们应用于求解其他难题时，就可以极大地展示计算机如何为个人的发展服务。此外，还会学习如何认识和控制误差，这是大规模数值计算的组成部分，也是大规模数值计算面临的最大问题。

（5）数值分析提供了一个增强对数学理解的平台，因为数值方法的一个功能是将数学从高级的表示化为基本的算术操作，从这个独特的角度可以提高对数学问题的理解和认知。

1.2 误差

我国现代计算数学研究的开拓者冯康曾说过："在遥远的未来，太阳系呈现什么景象？行星将在什么轨道上运行？地球会与其他星球相撞吗？有人认为，只要利用牛顿定律，按现有方法编个程序，用超级计算机进行计算，花费足够多的时间，便可得到要求的答案。但真能得到答案吗？得到的答案可信吗？实际上对这样复杂的计算，计算机往往得不出结果，或者得出完全错误的结果。每一步极小的误差积累可能会使计算结果面目全非！这是计算方法问题，机器和程序员都无能为力。"工程师和科学家总是发现自己必须基于不确定的信息完成特定的目标。尽管完美是值得赞美的目标，但是却极少能够达到，因为误差几乎处处存在。

与计算和测量相关的误差可以用准确度（Accuracy）和精确度（Precision）来描述。准确度是指得到的测定结果与真实值之间的接近程度。精确度是指使用同种备用样品进行重复测定所得到的结果之间重现性高低的程度。

虽然精确度高可说明准确度高，但精确的结果也可能是不准确的。例如，使用 1mg/L 的标准溶液进行测定时得到的结果是 1mg/L，则该结果是相当准确的。如果测得的三个结果分别为 1.73mg/L、1.74mg/L 和 1.75mg/L，虽然它们的精确度高，但却是不准确的。

检验准确度和精确度的最佳方法是使用已知浓度的标准溶液进行测定。如果测定结果与标准溶液的已知浓度相近，则说明得到的结果是准确的。如果使用备用标准溶液进行若干次重复测定并得到相近的结果，则说明得到的结果是精确的。

数值分析应该足够准确或不偏离真实值，这样才能满足特定工程问题的要求，同时应该有足够的精确度以满足工程设计的要求。在本书中，我们将使用统一名称——误差，同时表示预测值的不准确度和不精确度。

1.2.1 误差的来源与分类

模型误差：用数学方法解决实际问题，必须先把实际问题经过抽象，忽略一些次要的因素，简化成一个确定的数学问题，它与实际问题或客观现象之间必然存在误差，这种误差称为模型误差。

观测误差：数学问题中总包含一些参量（或物理量，如电压、电流、温度、长度等），它们的值（输入数据）往往是由观测得到的，而观测的误差是难以避免的，由此产生的误差称为观测误差。

截断误差（Truncation Error）：用近似数学过程代替准确数学过程而导致的误差，称为截断误差，也称为方法误差，这是计算方法本身所出现的误差。

舍入误差（Round-off Error）：由计算机不能准确表示某些量而引起的误差称为舍入误差。少量的舍入误差是微不足道的，但在计算机做了成千上万次运算后，舍入误差的累积有时可能是十分惊人的。

研究计算结果的误差是否满足精度要求就是误差估计问题，本书主要讨论算法的截断误差与舍入误差，而截断误差将结合具体算法讨论。

例 1.1 计算 $\int_0^1 \mathrm{e}^{-x^2}\mathrm{d}x$

解 将 e^{-x^2} 做泰勒展开后再积分得

$$\int_0^1 \mathrm{e}^{-x^2}\mathrm{d}x = 1-\frac{1}{3}+\frac{1}{2!}\times\frac{1}{5}-\frac{1}{3!}\times\frac{1}{7}+\frac{1}{4!}\times\frac{1}{9}-\cdots$$

令 $S_4 = 1-\frac{1}{3}+\frac{1}{2!}\times\frac{1}{5}-\frac{1}{3!}\times\frac{1}{7}$， $R_4 = \frac{1}{4!}\times\frac{1}{9}-\cdots$， 取 $\int_0^1 \mathrm{e}^{-x^2}\mathrm{d}x \approx S_4$， 则 R_4 就是截断误差，且 $|R_4| < \frac{1}{4!}\times\frac{1}{9} < 0.005$，由截取部分引起。

下面由计算机计算 S_4，假设保留小数点后三位，我们有

$$S_4 = 1-\frac{1}{3}+\frac{1}{2!}\times\frac{1}{5}-\frac{1}{3!}\times\frac{1}{7} \approx 1-0.333+0.100-0.024 = 0.743$$

其中，舍入误差 $< 0.0005\times 2 = 0.001$，由留下部分上机计算时引起。

综上所述，$\int_0^1 \mathrm{e}^{-x^2}\mathrm{d}x$ 的总误差为截断误差和舍入误差的和，即 0.006。$\int_0^1 \mathrm{e}^{-x^2}\mathrm{d}x$ 的真实值为 $0.747\cdots$。

1.2.2 误差的定义

定义 1.1 设 x 为准确值，x^* 为 x 的一个近似值，称 $e(x^*)=x^*-x$ 为近似值的绝对误差（Absolute Error），简称误差。

注意： 这样定义的误差 $e(x^*)$ 可正可负。

通常我们不能算出准确值 x，当然也不能算出误差 $e(x^*)$ 的准确值，只能根据测量工具或计算情况估计出误差的绝对值不超过某正数 $\varepsilon(x^*)$，也就是误差绝对值的一个上界。$\varepsilon(x^*)$ 叫作近似值的误差限，它总是正数。

一般情形 $|x^*-x|\leqslant\varepsilon(x^*)$，工程中常记作 $x=x^*\pm\varepsilon(x^*)$。

我们把近似值的误差 $e(x^*)$ 与准确值 x 的比值

$$\frac{e(x^*)}{x}=\frac{x^*-x}{x}$$

称为近似值 x^* 的相对误差（Relative Error），记作 $e_r(x^*)$。

在实际计算中，由于真值 x 总是不知道的，通常取 $e_r(x^*)=\dfrac{e(x^*)}{x^*}=\dfrac{x^*-x}{x^*}$ 作为 x^* 的相对误差，条件是 $e_r(x^*)=\dfrac{e(x^*)}{x^*}$ 较小，此时

$$\frac{e(x^*)}{x}-\frac{e(x^*)}{x^*}=\frac{e(x^*)(x^*-x)}{x^*x}=\frac{(e(x^*))^2}{x^*(x^*-e(x^*))}=\frac{(e(x^*)/x^*)^2}{1-(e(x^*)/x^*)}=\frac{(e_r(x^*))^2}{1-(e_r(x^*))}$$

是 $e_r(x^*)$ 的平方项级，故可忽略不计。相对误差也可正可负，它的绝对值上界叫作相对误差限，记作 $\varepsilon_r(x^*)$，即 $\varepsilon_r(x^*)=\dfrac{\varepsilon(x^*)}{|x^*|}$。

绝对误差是有量纲的量，它与所研究问题的背景有关，因此我们不能单单从绝对误差值的大小来判断计算结果的精度，还必须考虑到实际问题的应用背景。

通过引入相对误差，我们可比较不同算法、不同应用问题的计算精度，这一点是绝对误差无法做到的，因为不同值的东西，在量上是无法比较的。正如我们不能通过比较两个商品的使用价值来判定商品的贵贱，只能通过抽象的价值来判定。

比如，测量一座桥梁和一个铆钉的长度，结果分别为 9999cm 和 9cm，如果真实值分别是 10000cm 和 10cm，二者的绝对误差皆为 1cm，而相对误差分别为 0.0001 和 0.1，因此可以得到这样的结论：对桥梁的测量精度足够了，对铆钉的测量精度还要进一步提高。

1.2.3 向前和向后误差分析

当计算函数值 $y=f(x)$ 的时候，由于误差的原因，或许不能得到 y 的准确值。设计算得到的值为 y_{calc}，向前误差定义为

$$E_{\text{fwd}}=y_{\text{calc}}-y_{\text{exact}}$$

其中，y_{exact} 是精确的函数值。

在没有误差时，对应于 y_{calc} 有一个 x 值，记为 x_{calc}，即 $y_{\text{calc}}=f(x_{\text{calc}})$。向后误差定义为

$$E_{\text{backw}}=x_{\text{calc}}-x$$

例如，当 $x=2.37$ 时，计算 $y=x^2$ 的值，$y_{\text{exact}}=5.6169$。保留两位有效数字得到计算值 $y_{\text{calc}}=5.6$。向前误差为

$$E_{\text{fwd}}=5.6-5.6169=-0.0169$$

此时相对误差约等于 0.3%。因为 $\sqrt{5.6}=2.3664\cdots$，向后误差为

$$E_{\text{backw}}=2.3664\cdots-2.37\approx-0.0036$$

1.2.4 计算机浮点数系

计算机内部通常使用浮点数进行实数运算。计算机的浮点数是仅有有限字长的二进制数，一个浮点数由正负号、小数形式的尾数和为确定小数点位置的阶三部分组成。例如，双精度实数用 64 位的二进制数表示，其中符号占 1 位，尾数占 52 位，阶数占 11 位。这样一个规范化的计算机双精度数（零除外）可以写成以下形式

$$(-1)^s(0.a_1a_2\cdots a_{52})_2\times 2^p$$

这里 s 是符号位。二进制数的非零数字只有 1，所以 $a_1=1$，$a_i=0$ 或 1。阶数的 11 位中须有 1 位表示阶数的符号，阶数的值占 10 位，所以 p 的最大值和最小值分别为 $(1111111111)_2=2^{10}-1=1023$ 和−1022。凡是能够写成上述形式的数称为机器数。设机器数 a 有上述形式，则与之相邻的机器数为 $b=a+2^{p-52}$ 和 $c=a-2^{p-52}$。这样，区间 (c,a) 和 (a,b) 中的数无法准确表示，计算机通常按规定用与之最近的机器数表示。

设实数 x 在机器中的浮点（Float）表示为 $fl(x)$，我们把 $x-fl(x)$ 称为舍入误差。如果当 $x\in\left[\dfrac{a+c}{2},\dfrac{a+b}{2}\right)=\left[a-2^{p-1-52},a+2^{p-1-52}\right)$ 时，用 a 表示 x，记为 $fl(x)=a$，其相对误差是

$$|\varepsilon_r| = \left|\frac{x - fl(x)}{fl(x)}\right| \leqslant \frac{2^{p-1-52}}{2^{p-1}} = 2^{-52} \approx 2.22\times 10^{-16}$$

这个值通常称为机器精度，记为 eps。

看下面一段程序：

```
>> a=1;b=1;
>> while a+b~=a
        b=b/2;
end
>> b
b = 1.1102e-16
```

理论上，上述程序永不停止。但实际上机运行中，程序在运行一定次数后停止，停止时，b 的值为 1.1102e-16=eps/2。之所以会如此，就是因为浮点数数量有限，1+eps 是距离 1 最近的实数，1 与 1+eps/2 之间的实数在计算机中都会被认定为 1。

二进制阶数最高为 $2^{10}-1=1023$，因此双精度正实数最大和最小分别为 $(2-2^{-52})\times 2^{1023} \approx 1.8\times 10^{308}$ 和 $2^{-1022}\approx 2.2\times 10^{-308}$。

当输入、输出或中间数据太大而无法表示时，计算过程将会非正常终止，此现象称为上溢（Overflow）；当数据太小而只能用零表示时，计算机将此数置为零，精度损失，此现象称为下溢（Underflow）。下溢不全是有害的。在进行浮点运算时，我们需要考虑数据运算可能产生的上溢和有害的下溢。

人物介绍

冯康（1920—1993），应用数学和计算数学家，是世界数学史上具有重要地位的科学家。他独立于西方创造了有限元方法，提出了自然边界元方法，开辟了辛几何和辛格式研究新领域。他是中国现代计算数学研究的开拓者。1993 年年底，美国著名科学家、美国原子能委员会计算和应用数学中心主任、沃尔夫奖（1987）和阿贝尔奖（2005）获得者 Peter Lax 院士专门撰文悼念冯康，他指出："冯康提出并发展了求解 Hamilton 型演化方程的辛算法。理论分析及计算实验表明，此方法对长时计算远优于标准方法。在临终前，他已把这一思想推广到其他的结构。冯康先生对中国科学事业发展所做出的贡献是无法估量的，他通过自身的努力钻研并带领学生刻苦攻坚，将中国置身于应用数学及计算数学的世界版图上。冯康的声望是国际性的，我们记得他瘦小的身材，散发着活力的智慧的眼睛，以及充满灵感的面孔。”

1.3 误差的传播

1.3.1 误差估计

数值运算中误差传播情况复杂，估计困难。本节所讨论的运算是四则运算与一些常用函数的计算。

由微分学知识可知，当自变量改变（误差）很小时，函数的微分作为函数的改变量的主要线性部分可以近似函数的改变量，故可以利用微分运算公式导出误差运算公式。

设数值计算中求得的解与参量（原始数据）$x_1,x_2,\cdots,x_n$ 有关，记为

$$y=f(x_1,x_2,\cdots,x_n)$$

参量的误差必然引起解的误差。设 $x_1,x_2,\cdots,x_n$ 的近似值分别为 $x_1^*,x_2^*,\cdots,x_n^*$，相应的解为

$$y^*=f(x_1^*,x_2^*,\cdots,x_n^*)$$

假设 f 在点 $(x_1^*,x_2^*,\cdots,x_n^*)$ 可微，则当数据误差较小时，解的绝对误差为

$$\begin{aligned}e(y^*)&=y^*-y=f(x_1^*,x_2^*,\cdots,x_n^*)-f(x_1,x_2,\cdots,x_n)\\&\approx \mathrm{d}f(x_1^*,x_2^*,\cdots,x_n^*)\\&=\sum_{i=1}^{n}\frac{\partial f(x_1^*,x_2^*,\cdots,x_n^*)}{\partial x_i}(x_i^*-x_i)\\&=\sum_{i=1}^{n}\frac{\partial f(x_1^*,x_2^*,\cdots,x_n^*)}{\partial x_i}e(x_i^*)\end{aligned}\tag{1-1}$$

其相对误差为

$$\begin{aligned}e_r(y^*)&=\frac{e(y^*)}{y^*}\approx \mathrm{d}(\ln f)=\sum_{i=1}^{n}\frac{\partial f(x_1^*,x_2^*,\cdots,x_n^*)}{\partial x_i}\frac{e(x_i^*)}{f(x_1^*,x_2^*,\cdots,x_n^*)}\\&=\sum_{i=1}^{n}\frac{\partial f(x_1^*,x_2^*,\cdots,x_n^*)}{\partial x_i}\frac{x_i^*}{f(x_1^*,x_2^*,\cdots,x_n^*)}e_r(x_i^*)\end{aligned}\tag{1-2}$$

由式（1-1）和式（1-2）可知，函数值的绝对误差等于函数的全微分，函数值的相对误差等于函数的对数的全微分。

特别地，将式（1-1）和式（1-2）中的 $e(\cdot)$ 和 $e_r(\cdot)$ 分别换成误差限 ε 和 ε_r，求和的各项变成绝对值，可得相应解的误差限表达式。

由式（1-1）和式（1-2）可得和、差、积、商的误差公式

$$\begin{cases} e(x_1^* + x_2^*) = e(x_1^*) + e(x_2^*) \\ e(x_1^* - x_2^*) = e(x_1^*) - e(x_2^*) \\ e(x_1^* x_2^*) = x_2^* e(x_1^*) + x_1^* e(x_2^*) \\ e(x_1^* / x_2^*) = \dfrac{x_2^* e(x_1^*) - x_1^* e(x_2^*)}{(x_2^*)^2} \end{cases} \tag{1-3}$$

及相对误差公式

$$\begin{cases} e_r(x_1^* + x_2^*) = \dfrac{x_1^*}{x_1^* + x_2^*} e_r(x_1^*) + \dfrac{x_2^*}{x_1^* + x_2^*} e_r(x_2^*) \\ e_r(x_1^* - x_2^*) = \dfrac{x_1^*}{x_1^* - x_2^*} e_r(x_1^*) - \dfrac{x_2^*}{x_1^* - x_2^*} e_r(x_2^*) \\ e_r(x_1^* x_2^*) = e_r(x_1^*) + e_r(x_2^*) \\ e_r(x_1^* / x_2^*) = e_r(x_1^*) - e_r(x_2^*) \end{cases} \tag{1-4}$$

例 1.2　设 $y = x^n$，求 y 的相对误差与 x 的相对误差之间的关系。

解　由式（1-2）得

$$e_r(y) \approx \mathrm{d}(\ln x^n) = n\mathrm{d}(\ln x) \approx n e_r(x)$$

所以 x^n 的相对误差是 x 的相对误差的 n 倍，特别地，$\sqrt{x}$ 的相对误差是 x 的相对误差的一半。

1.3.2　病态问题与条件数

对一个数值问题本身，如果输入数据有微小扰动（即误差），使输出数据（问题解）相对误差很大，这就是病态问题（Ill-conditioned Problem）。例如，计算函数值 $f(x)$ 时，若 x 有扰动 $\Delta x = x - x^*$，其相对误差为 $\dfrac{\Delta x}{x}$，函数值 $f(x^*)$ 的相对误差为 $\dfrac{f(x) - f(x^*)}{f(x)}$。相对误差比为

$$\left| \frac{f(x) - f(x^*)}{f(x)} \right| \Big/ \left| \frac{\Delta x}{x} \right| \approx \left| \frac{x f'(x)}{f(x)} \right| = C_p \tag{1-5}$$

其中，C_p 为计算函数值问题的条件数（Condition Number）。自变量相对误差一般不会太大，如果条件数 C_p 很大，将引起函数值相对误差很大，出现这种情况的问题就是病态问题。

例如，取 $f(x)=x^n$，则有 $C_p=n$，这表示相对误差可能放大 n 倍。如果 $n=10$，有 $f(1)=1$，$f(1.02)\approx 1.24$，当 $x=1$，$x^*=1.02$ 时，自变量相对误差为 2%，函数值相对误差为 24%，相对误差放大了 12 倍，这时问题可以认为是病态的。一般情况条件数 $C_p \geqslant 10$ 就认为是病态的，C_p 越大病态越严重。

其他计算问题也要分析是否病态。例如，解线性方程组，如果输入数据有微小误差引起解的巨大误差，就认为是病态方程组，我们将在第 5 章用矩阵的条件数来分析这种现象。

1.3.3 算法的数值稳定性

定义 1.2 一个算法如果输入数据有误差，而在计算过程中舍入误差得到控制，则称此算法是数值稳定的，否则称此算法是不稳定的。

在一种算法中，如果某一步有了绝对值为 δ 的误差，而以后各步计算都是精确的，那么如果由 δ 所引起的误差的绝对值始终不超过 δ，就说明算法是稳定的。对于数值稳定的算法，不用做具体的误差估计，就可以认为其结果是可靠的。而数值不稳定的算法尽量不要使用。

例 1.3 计算 $I_n=\mathrm{e}^{-1}\int_0^1 x^n\mathrm{e}^x\mathrm{d}x(n=0,1,\cdots)$ 并估计误差。

由分部积分可得 I_n 的递推公式

$$I_n=1-nI_{n-1},\quad n=1,2,\cdots \tag{1-6}$$

此公式是精确成立的。由初值 $I_0=\mathrm{e}^{-1}\int_0^1\mathrm{e}^x\mathrm{d}x=1-\mathrm{e}^{-1}\approx 0.63212056=I_0^*$，初始误差为 $|E_0|=|I_0-I_0^*|<0.5\times10^{-8}$。且由 $\mathrm{e}^0<\mathrm{e}^x<\mathrm{e}^1$，$x\in(0,1)$ 可知，$\mathrm{e}^{-1}(n+1)^{-1}<I_n<(n+1)^{-1}$。上机运算部分结果如下：

$$I_1^*=0.3678794,\ \cdots,\ I_{11}^*=0.030592,\ I_{12}^*=0.632896,\ I_{13}^*=-7.227648,\ I_{14}^*=102.18707$$

这里计算公式与每步计算都是正确的，但随着 n 增加，计算的结果明显是错误的，那么是什么原因使计算结果出现错误呢？我们考虑第 n 步的误差

$$|E_n|=|I_n-I_n^*|=|(1-nI_{n-1})-(1-nI_{n-1}^*)|=n|E_{n-1}|=\cdots=n!|E_0|$$

可见，很小的初始误差 $|E_0|<0.5\times10^{-8}$ 迅速积累，误差呈递增走势，造成这种情况的算法是不稳定的。

适当等价变换式（1-6）可以得到 $I_{n-1}=\dfrac{1}{n}(1-I_n)$，请读者根据 I_{100} 的上下界给出一个近似值，或者随便给出一个估计值计算 I_0 和 I_1，观察结果，并尝试分析其稳定性。

1.4 数值误差控制

对实际应用而言，我们并不知道真实值和计算值的准确误差，所以对大多数工程和科学应用来说，必须对计算中产生的误差进行估计。但是，不存在对所有问题都通用的数值误差估计方法，多数情况下误差估计是建立在工程师和科学家的经验和判断基础上的。在某种意义上，误差分析是一门艺术，但是我们可以给出以下原则。

（1）要避免除数绝对值远远小于被除数绝对值的除法。因为

$$e\left(\frac{x}{y}\right)=\frac{ye(x)-xe(y)}{y^2}$$

故当 $|y|<<|x|$ 时，舍入误差可能增大很多。

例 1.4　线性方程组

$$\begin{cases}0.00001x_1+x_2=1\\ 2x_1+x_2=2\end{cases}$$

的准确解为

$$\begin{cases}x_1=\dfrac{100000}{199999}=0.5000025\\ x_2=\dfrac{199998}{199999}=0.999995\end{cases}$$

现在四位浮点十进制数（仿机器实际计算，先对阶，低阶向高阶看齐，再运算）下用消去法求解，上述方程写成

$$\begin{cases}10^{-4}\times 0.1000x_1+10^1\times 0.1000x_2=10^1\times 0.1000\\ 10^1\times 0.2000x_1+10^1\times 0.1000x_2=10^1\times 0.2000\end{cases}$$

若用 $\frac{1}{2}(10^{-4}\times 0.1000)$ 除第一方程减第二方程，则出现用小的数除大的数，得到

$$\begin{cases}10^{-4}\times 0.1000x_1+10^1\times 0.1000x_2=10^1\times 0.1000\\ 10^6\times 0.2000x_2=10^6\times 0.2000\end{cases}$$

由此解出

$$\begin{cases}x_1=0\\ x_2=10^1\times 0.1000=1\end{cases}$$

显然严重失真。

若反过来用第二个方程消去第一个方程中含 x_1 的项，则避免了大数被小数除，得到

$$\begin{cases}10^6\times0.1000x_2=10^6\times0.1000\\10^1\times0.2000x_1+10^1\times0.1000x_2=10^1\times0.2000\end{cases}$$

由此求得相当好的近似解 $x_1=0.5000$，$x_2=10^1\times0.1000$ 。

（2）要避免两相近数相减。两数之差 $u=x-y$ 的相对误差为

$$e_r(u)=e_r(x-y)=\frac{e(x)-e(y)}{x-y}$$

当 x 与 y 很接近时，u 的相对误差会很大，有效数字位数将严重丢失。例如，$x=532.65$，$y=532.52$ 都具有五位有效数字，但 $x-y=0.13$ 只有两位有效数字。这说明必须尽量避免出现这类运算。最好是改变计算方法，防止这种现象产生。

也可通过改变计算公式避免或减少有效数字的损失。例如，当 x_1 和 x_2 很接近时，则

$$\lg x_1-\lg x_2=\lg\frac{x_1}{x_2}$$

用右边算式计算，有效数字就不会损失。

当 x 很大时，则

$$\sqrt{x+1}-\sqrt{x}=\frac{1}{\sqrt{x+1}+\sqrt{x}}$$

都用右边算式代替左边。

一般情况，当 $f(x)\approx f(x^*)$ 时，就用泰勒展开

$$f(x)-f(x^*)=f'(x^*)(x-x^*)+\frac{f''(x)}{2}(x-x^*)^2+\cdots$$

取右端的有限项近似左端。

如果无法通过整理或变形消除减性抵消，那么就可能要增加有效位数进行运算，但这样会增加计算时间和多占内存空间。

（3）要防止大数“吃掉”小数。

在运算过程中，参加运算的数有时数量级相差很大，而计算机位数有限，如果不注意运算次序就可能出现大数“吃掉”小数的现象，影响计算结果的可靠性。

例 1.5 在五位十进制数的计算机上，计算 $11111+0.2$ 。

因为计算机在做加法时，先对阶（低阶往高阶看齐），再把尾数相加，所以

$$11111+0.2=0.11111\times10^5+0.000002\times10^5 \triangleq 0.11111\times10^5+0.00000\times10^5=11111$$

（符号≜表示机器中相等）。同理，因为计算机是按从左到右的方式进行运算的，所以 11111 后面依次加上 100 万个 0.2 的结果也仍然是 11111，结果显然是不可靠的。这是由于运算中大数“吃掉”小数造成的。

请读者思考，我们用计算机做连加运算时该怎么办呢？

（4）要用简化计算，减少运算次数，提高效率。

求一个问题的数值解法有多种算法，不同的算法需要不同的计算量，如果能减少运算次数，不但可节省计算机的计算时间，还能减少舍入误差累积。这是数值计算必须遵从的原则，也是数值分析要研究的重要内容。例如，计算 x^{255}，需要计算 254 次乘法，如果通过公式

$$x^{255}=x\cdot x^2\cdot x^4\cdot x^8\cdot x^{16}\cdot x^{32}\cdot x^{64}\cdot x^{128}$$

计算仅需进行 14 次乘法运算。

又如，计算多项式

$$P_n(x)=a_nx^n+a_{n-1}x^{n-1}+\cdots+a_1x+a_0$$

的值。若直接按上式计算，共需进行 $\dfrac{n(n+1)}{2}$ 次乘法与 n 次加法。若按秦九韶算法（也叫 Horner 算法）

$$\begin{cases}u_n=a_n\\ u_k=xu_{k+1}+a_k,\quad k=n-1,n-2,\cdots,1,0\\ P_n(x)=u_0\end{cases}$$

计算，也就是将前式改写成以下形式

$$P_n(x)=a_0+x\{a_1+x[\cdots x(a_{n-1}+a_nx)\cdots]\}$$

则只需进行 n 次乘法和 n 次加法。

除了以上技巧，还可以用理论公式预测数值误差。对于规模非常大的问题，预测的误差是非常复杂的，通常比较悲观。所以，通常对于小规模任务才试图通过理论分析数值误差。

一般的倾向是先完成数值计算，然后尽可能地估计计算结果的精度，有时可以通过查看所得结果是否满足某些条件作为验证，或者可以将结果带入原问题来检验结果是否满足实际应用。最后，应该积极并大量地进行数值试验，以便增强对计算误差和可能的病态问题的认知度。

当研究的问题非常重要时，如可能导致生命危险等，要特别谨慎，可以通过若干独立小组同时解决该问题，这样可将得到的结果进行比较。

人物介绍

秦九韶（1208—1261）南宋官员、数学家，与李冶、杨辉、朱世杰并称宋元数学四大家。字道古，汉族，自称鲁郡（今山东曲阜）人，生于普州安岳（今属四川）。精研星象、音律、算术、诗词、弓剑、营造之学，历任琼州知府、司农丞，后遭贬，卒于梅州任所，著作《数书九章》，其中的大衍求一术、三斜求积术和秦九韶算法是具有世界意义的重要贡献。

习题 1

1-1. 计算机的机器精度ε可以认为是计算机能表示的最小的数，将其加到 1 上得到的结果是一个大于 1 的数。基于这种思想可以建立以下算法。

（1）令$\varepsilon=1$。

（2）如果$\varepsilon+1\leqslant 1$，转（5），否则继续（3）。

（3）$\varepsilon=\varepsilon/2$。

（4）回到（2）。

（5）$\varepsilon=\varepsilon\times 2$。

基于该算法编写自己的 M 文件求机器精度，并将其与内置函数 eps 进行比较。

1-2. 按定义计算行列式，一个n阶行列式有$n!$项，每项为n个数的乘积，共需要进行$(n-1)n!$次乘法和$n!-1$次加法。计算一个 25 阶行列式的值，用近似计算阶乘的 Sterling（斯特林）公式$n!\approx\sqrt{2n\pi}(n/\mathrm{e})^n$，估计完成这一计算任务的计算量。为简单计，只包括做乘除法的次数。

假定用每秒做万亿次乘除法运算（10^{12}次）的计算机，试估计所需计算时间。由此估计用 Cramer（克拉默）法则解 25 阶的线性方程组所需的时间。分析用 Cramer 法则解线性方程组在实际中的价值。

1-3. 计算球体积要使相对误差限为 1，问度量半径 R 时允许的相对误差限是多少？

1-4. 设 $f(x)=x(\sqrt{x+1}-\sqrt{x})$，$g(x)=\dfrac{x}{\sqrt{x+1}+\sqrt{x}}$，用四舍五入的 6 位数字运算，分别计算 $f(500)$ 和 $g(500)$ 的近似值，比较哪个结果准确并分析原因。

1-5. 序列 $\{y_n\}$ 满足递推关系 $y_n=10y_{n-1}-1$，$n=1,2,\cdots$，若 $y_0=\sqrt{2}\approx 1.41$（三位有效数字），计算到 y_{10} 时误差有多大？这个计算过程稳定吗？

1-6. 数值计算中，判定问题的病态性是极为重要的，但是由于数值问题的多样性、复杂性，合理准确地判定并不容易。这里选择 Wilkinson 在 20 世纪 60 年代研究的一个著名问题。根为 1,2,⋯,20 的 20 次代数方程为

$$P(x)=(x-1)(x-2)\cdots(x-20)=x^{20}-210x^{19}+\cdots+20!=0$$

对 x^{19} 的系数加入微小扰动 $2^{-23}\approx 1.1920929\times 10^{-7}$，成为 $-210+2^{-23}$ 时，此扰动对方程的诸根的影响有多大？ 2^{-23} 是一个极小的扰动，想象不出它会对诸根产生多大的影响，经过高精度计算，新扰动方程 $P(x)+2^{-23}x^{19}=0$ 的 20 个根分别为 （建议使用 MATLAB 函数 roots 和 poly）

1.000000000, 2.000000000, 3.000000000, 4.000000000, 4.999999928, 6.000006944, 6.999697234, 8.007267603, 8.917250249, 10.095266145±0.643500904i, 11.793633881±1.652329728i, 13.992358137±2.518830070i, 16.730737466±2.812624894i, 19.502439400±1.940330347i, 20.846908101.

较小的实根 1,2,3,4 没有多少影响，但从根 5 起，影响逐步变大，从根 10 开始有 10 个根已变为 5 对共轭复根，到根 20 时，又成为实根，但变化很大。可见，该问题从根 5 开始就属于病态了。现象与问题提出来了，如何分析？

设扰动量为 r，扰动后的方程为

$$P(x,r)=P(x)+rx^{19}=x^{20}+(-210+r)x^{19}+\cdots+20!=0$$

$P(x,r)$ 的零点均为 r 的函数，记它们为 $x_i(r)$，$i=1,\cdots,20$，显然当 $r\to 0$ 时，$x_i(r)\to x_i(0)=i$，$i=1,\cdots,20$。我们需要研究受扰动的输出 $P(x,r)$ 的零点 $x_i(r)$ 关于扰动输入 r 的变化情况。因为输入的相对误差为 $\varepsilon(r)=\dfrac{r-0}{0}$ 无法使用，此时的条件数改用输出与输入的绝对误差之比

$$C_i=\frac{|x_i(r)-x_i(0)|}{|r-0|}\approx |x_i'(0)|$$

因此，原方程诸根的改变量就可用扰动根 $x_i(r)$ 的一阶近似来表示：$|x_i(r)-x_i(0)|\approx|x_i'(0)r|$。

下面来求 $x_i'(0)$。

$$P(x,r)=P(x)+rx^{19}=(x-x_1(r))(x-x_2(r))\cdots\cdots(x-x_{20}(r))=(x-x_i(r))\prod_{j=1,j\neq i}^{20}(x-x_j(r))$$

两边关于 r 求导：

$$x^{19}=\left(-\frac{\mathrm{d}x_i(r)}{\mathrm{d}r}\right)\prod_{j=1,j\neq i}^{20}(x-x_j(r))+(x-x_i(r))\frac{\mathrm{d}}{\mathrm{d}r}\prod_{j=1,j\neq i}^{20}(x-x_j(r))$$

我们需要知道 $\dfrac{\mathrm{d}x_i(0)}{\mathrm{d}r}$。在上式两边令 $r\to 0$，得

$$x^{19}=-\frac{\mathrm{d}x_i(0)}{\mathrm{d}r}\prod_{j=1,j\neq i}^{20}(x-j)+(x-i)\left(\frac{\mathrm{d}}{\mathrm{d}r}\prod_{j=1,j\neq i}^{20}(x-x_j(r))\right)_{|r=0}$$

再令 $x\to i$，则得 $i^{19}=-\dfrac{\mathrm{d}x_i(0)}{\mathrm{d}r}\prod\limits_{j=1,j\neq i}^{20}(i-j)$，即

$$\frac{\mathrm{d}x_i(0)}{\mathrm{d}r}=-\frac{i^{19}}{\prod\limits_{j=1,j\neq i}^{20}(i-j)},\quad i=1,2,\cdots,20$$

至此，用 $|x_i(r)-x_i(0)|\approx|x_i'(0)r|=|x_i'(0)|r$ 就可以计算诸根随扰动 r 的影响大小。显然，各根对问题病态性的影响是不同的。现在可以来估计 $r=2^{-23}$ 对诸根的影响了。计算表明，对 $x_1=1$ 的影响最小，条件数的绝对值只有 8.2×10^{-18}，极其微小；但从第 7 个根起，条件数绝对值从 2.5×10^3 开始，扰动对 $x_{16}=16$ 的影响最大，达 2.4×10^9，必定造成病态，这就是前面现象的根源。作为练习并亲自体会本问题病态的严重程度，请读者计算各根对应的条件数。另外，请分别研究对 x^{18} 和 x^8 的系数加扰动后的情况。

1-7. 当 N 充分大时，如何计算 $\int_N^{N+1}\ln x\,\mathrm{d}x=(N+1)\ln(N+1)-N\ln N-1$，以提高计算精度？

1-8. 设计一个好的方法，使计算 $3x^6-4x^5+8x^4-5x^3+2x^2-9x+7$ 的运算量最小。

1-9. 设计 4 种算法求解某一同类问题的时间复杂度分别为 $O(n^3)$，$O(n^2)$，$O(n\ln n)$，$O(n)$，并在速度为每秒 10^8 次基本运算的机器上运算。估算 $n=4\times10^4$ 时，这 4 种算法在该机器上所花费的时间。

第 2 章 插值法

在实际工作中，常常需要对精确的数据点之间的值进行估计。解决这种问题的方法就是采用插值法（Interpolation Method）。插值法是数值分析中一个古老的分支，有着悠久的历史。等距节点内插公式是由我国隋朝数学家刘焯（544—610）首先提出的，不等距节点内插公式是由唐朝数学家张遂（683—727）提出的，比西欧学者的相应结果早一千多年。

设已知函数 $f(x)$ 在区间 $[a,b]$ 上的 $n+1$ 个相异节点 x_i 处的函数值 $f_i = f(x_i)$，$i=0,\cdots,n$，要求构造一个简单函数 $\varphi(x)$ 作为函数 $f(x)$ 的近似表达式，使

$$\varphi(x_i) = f(x_i) = f_i,\ \ i = 0,1,\cdots,n \tag{2-1}$$

这类问题称为插值问题。其中，$f(x)$ 为被插值函数；$\varphi(x)$ 为插值函数；$x_0,\cdots,x_n$ 为插值节点；式（2-1）为插值条件。插值几何意义如图 2.1 所示。

若插值函数类 $\{\varphi(x)\}$ 是代数多项式，则相应的插值问题为代数多项式插值。若 $\{\varphi(x)\}$ 是三角多项式，则相应的插值问题称为三角插值。若 $\{\varphi(x)\}$ 是有理分式，则相应的插值问题称为有理插值。本章我们主要讲述代数多项式插值。

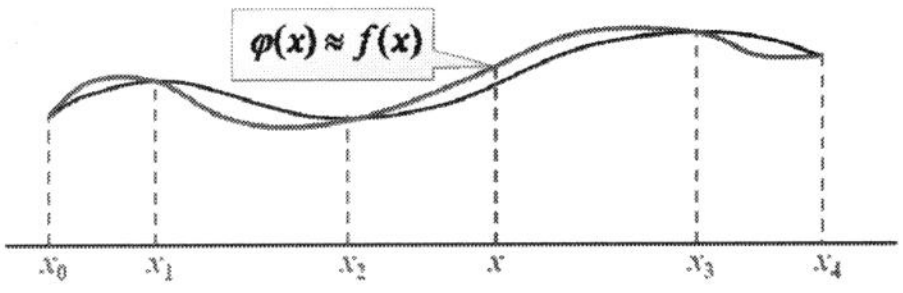

图 2.1 插值几何意义

2.1 代数多项式插值

这一节我们主要讲述插值多项式的存在性、唯一性和三种计算方法。

2.1.1 待定系数法

已知函数 $y=f(x)$ 在区间 $[a,b]$ 上 $n+1$ 个互异节点 $x_0,x_1,\cdots,x_n$ 处的函数值 $y_0,y_1,\cdots,y_n$，构造一个次数不超过 n 的多项式

$$P_n(x)=a_0+a_1x+a_2x^2+\cdots+a_nx^n \tag{2-2}$$

使其满足插值条件

$$P_n(x_i)=y_i，\ i=0,1,\cdots,n \tag{2-3}$$

称 $P_n(x)$ 为 $f(x)$ 的 n 次插值多项式。

这样的插值多项式是否存在，是否唯一呢？用下面的定理来回答此问题。

定理 2.1 在 $n+1$ 个互异节点处满足插值条件式（2-3）且次数不超过 n 的多项式 $P_n(x)$ 是存在唯一的。

证明 设 $P_n(x)$ 如式（2-2）所示，由式（2-3）得

$$\begin{cases} a_0+a_1x_0+a_2x_0^2+\cdots+a_nx_0^n=y_0 \\ a_0+a_1x_1+a_2x_1^2+\cdots+a_nx_1^n=y_1 \\ \vdots \\ a_0+a_1x_n+a_2x_n^2+\cdots+a_nx_n^n=y_n \end{cases} \tag{2-4}$$

这是未知量 $a_0,a_1,\cdots,a_n$ 的线性方程组，其系数行列式是范德蒙德行列式

$$V(x_0,x_1,\cdots,x_n)=\begin{vmatrix} 1 & x_0 & x_0^2 & \cdots & x_0^n \\ 1 & x_1 & x_1^2 & \cdots & x_1^n \\ \vdots & \vdots & \vdots & & \vdots \\ 1 & x_n & x_n^2 & \cdots & x_n^n \end{vmatrix}=\prod_{0\leqslant j<i\leqslant n}(x_i-x_j)$$

因为 $x_0,x_1,\cdots,x_n$ 互不相同，故 $V(x_0,x_1,\cdots,x_n)\neq 0$，因此方程组存在唯一的解 $a_0,a_1,\cdots,a_n$，这说明 $P_n(x)$ 存在唯一性。

由定理的证明可知，多项式插值就是要确定唯一一个过 $n+1$ 互异节点的 n 次多项式，利用该多项式就可以计算节点间的估计值。同时很自然地会想到，只要通过求解方程组式（2-4）得出 $a_0,a_1,\cdots,a_n$ 的值，便可以确定 $P_n(x)$。然而，这样构造插值多项式不但计算量大，而且难以得到 $P_n(x)$ 的简单公式，因此这种待定系数法在实际应用中基本不可行。本书将在下面几小节介绍直接构造 $P_n(x)$ 的两种方法：拉格朗日插值法和牛顿插值法。

至于定理中的要求“次数不超过 n”，我们举两个例子说明。一是如果给定的三点共线，我们无法构造二次多项式插值，只能构造一次的；二是构造

$$\overline{P}_n(x) = P_n(x) + (x - x_0)\cdots(x - x_n)Q(x)$$

其中 $Q(x)$ 是任意的多项式，则 $\overline{P}_n(x)$ 满足插值条件且次数大于 n。

定理 2.1　既证明了插值多项式的存在性和唯一性，也给出了计算方法，下面我们讨论方法误差。函数 $f(x)$ 用 n 次插值多项式 $P_n(x)$ 近似代替时，截断误差（方法误差）记为

$$R_n(x) = f(x) - P_n(x) \tag{2-5}$$

称 $R_n(x)$ 为 n 次插值多项式 $P_n(x)$ 的余项。当 $f(x)$ 足够光滑时，余项由以下定理给出。

定理 2.2　设 $f(x) \in C^n[a,b]$，且 $f^{(n+1\}}(x)$ 在 (a,b) 内存在，$P_n(x)$ 是以 $x_0,\cdots,x_n$ 为插值节点函数 $f(x)$ 的 n 次插值多项式，则对 $[a,b]$ 内的任意点 x，插值余项为

$$R(x) = f(x) - P_n(x) = \frac{f^{(n+1)}(\xi)}{(n+1)!}\omega_{n+1}(x),\quad \xi \in (a,b) \tag{2-6}$$

其中，$\omega_{n+1}(x) \equiv \prod_{j=0}^{n}(x - x_j)$。

证明　对 $[a,b]$ 上任意的点 x，且 $x \neq x_i$（$i = 0,\cdots,n$），构造辅助函数

$$G(t) = f(t) - P_n(t) - \frac{\omega_{n+1}(t)}{\omega_{n+1}(x)}R(x)$$

显然 $G(x) = f(x) - P_n(x) - \frac{\omega_{n+1}(x)}{\omega_{n+1}(x)}R(x) = 0$，又由插值条件 $R(x_i) = 0$（$i = 0,\cdots,n$）可知，$G(x_i) = 0$（$i = 0,\cdots,n$），故函数 $G(t)$ 在 $[a,b]$ 内至少有 $n+2$ 个零点 $x, x_0,\cdots,x_n$。根据罗尔中值定理，函数 $G'(t)$ 在 (a,b) 内至少存在 $n+1$ 个零点，函数 $G''(t)$ 在 (a,b) 内至少存在 n 个零点，以此类推，反复应用罗尔中值定理，可以得出 $G^{(n+1)}(t)$ 在 (a,b) 内至少存在一个零点，设为 ξ，即

$$G^{(n+1)}(\xi) = 0$$

由于

$$G^{(n+1)}(t) = f^{(n+1)}(t) - \frac{(n+1)!}{\omega_{n+1}(x)}R(x)$$

所以

$$R_n(x) = \frac{\omega_{n+1}(x)}{(n+1)!}f^{(n+1)}(\xi)$$

2.1.2 拉格朗日插值多项式

最简单的插值形式是用一条直线连接两个互异的点，称为线性插值（Linear Interpolation）。已知两个互异的节点 x_0, x_1 及相应函数值 $y_0 = f(x_0)$，$y_1 = f(x_1)$，根据两点公式得以下直线方程：

$$L_1(x) = \frac{x - x_1}{x_0 - x_1} y_0 + \frac{x - x_0}{x_1 - x_0} y_1$$

若令

$$l_0(x) = \frac{x - x_1}{x_0 - x_1}，\ l_1(x) = \frac{x - x_0}{x_1 - x_0}$$

则上式可写成

$$L_1(x) = l_0(x) y_0 + l_1(x) y_1$$

根据插值条件，可分析出两个线性多项式 $l_0(x), l_1(x)$ 应满足条件

$$\begin{cases} l_0(x_0) = 1,\ l_0(x_1) = 0 \\ l_1(x_0) = 0,\ l_1(x_1) = 1 \end{cases}$$

再增加一个节点，即已知三个点 x_0, x_1, x_2 及函数 $y_0 = f(x_0)$，$y_1 = f(x_1)$，$y_2 = f(x_2)$，则与线性插值多项式类似，可构造出抛物线插值多项式

$$\begin{aligned} L_2(x) &= \frac{(x - x_1)(x - x_2)}{(x_0 - x_1)(x_0 - x_2)} y_0 + \frac{(x - x_0)(x - x_2)}{(x_1 - x_0)(x_1 - x_2)} y_1 + \frac{(x - x_0)(x - x_1)}{(x_2 - x_0)(x_2 - x_1)} y_2 \\ &= l_0(x) y_0 + l_1(x) y_1 + l_2(x) y_2 \end{aligned}$$

这里，三个二次多项式 $l_0(x), l_1(x)$ 和 $l_2(x)$ 满足条件

$$\begin{cases} l_0(x_0) = 1,\ l_0(x_1) = 0,\ l_0(x_2) = 0 \\ l_1(x_0) = 0,\ l_1(x_1) = 1,\ l_1(x_2) = 0 \\ l_2(x_0) = 0,\ l_2(x_1) = 0,\ l_2(x_2) = 1 \end{cases}$$

受此启发，假如我们能够构造出 n 次多项式 $l_i(x)$，使

$$l_i(x_j) = \delta_{ij} = \begin{cases} 1,\ i = j \\ 0,\ i \neq j \end{cases},\ i, j = 0, 1, \cdots, n \tag{2-7}$$

那么，容易验证

$$L_n(x) = \sum_{i=0}^{n} y_i l_i(x) \tag{2-8}$$

是满足插值条件式（2-3）的插值多项式。

余下的问题就是如何构造出满足式（2-7）的 n 次多项式 $l_i(x)$，$i=0,1,\cdots,n$。由于当 $i\neq j$ 时，$l_i(x_j)=0$，$i,j=0,1,\cdots,n$，即 $x_0,\cdots,x_{i-1},x_{i+1},\cdots,x_n$ 是 $l_i(x)$ 的零点，因此 $l_i(x)$ 必然具有形式

$$l_i(x)=c_i(x-x_0)\cdots(x-x_{i-1})(x-x_{i+1})\cdots(x-x_n)=c_i\prod_{\substack{j=0\\ j\neq i}}^{n}(x-x_j)$$

又因 $l_i(x_i)=1$，故 $c_i=\prod\limits_{\substack{j=0\\ j\neq i}}^{n}(x_i-x_j)$，因此

$$l_i(x)=\frac{\prod\limits_{\substack{j=0\\ j\neq i}}^{n}(x-x_j)}{\prod\limits_{\substack{j=0\\ j\neq i}}^{n}(x_i-x_j)}=\prod_{\substack{j=0\\ j\neq i}}^{n}\frac{(x-x_j)}{(x_i-x_j)} \tag{2-9}$$

相应的 $L_n(x)$ 称为拉格朗日插值多项式，$l_i(x)$（$i=0,1,\cdots,n$）称为节点 $x_0,\cdots,x_n$ 上的 $L_n(x)=f(x_0)+\sum\limits_{i=1}^{n}\left[\sum\limits_{j=0}^{i}\frac{f_j}{\omega'_{i+1}(x_j)}\right](x-x_0)(x-x_1)\cdots(x-x_{i-1})$ 次拉格朗日插值基函数。

令 $f(x)=x^k$，$k=0,1,\cdots,n$，由插值多项式的存在唯一性及插值余项式（2-6）可得

$$\sum_{i=0}^{n}x_i^k l_i(x)=x^k,\quad k=0,1,\cdots,n$$

取 $k=0$，则

$$\sum_{i=0}^{n}l_i(x)=1 \tag{2-10}$$

例 2.1　设 $f(x)=\ln x$，并已知函数值如表 2.1 所示，请用线性和抛物插值多项式估计 $\ln 2$。

表 2.1　函数值表

x	1	4	6
$f(x)$	0	1.386294	1.791759

解　用线性插值计算，如果取 $x_0=1$ 及 $x_1=4$，由式（2-8）得

$$\ln 2\approx L_1(2)=y_0\frac{2-x_1}{x_0-x_1}+y_1\frac{2-x_0}{x_1-x_0}=0.462098$$

如果取 $x_0=1$ 及 $x_1=6$，由式（2-8）得

$$\ln 2 \approx L_1(2) = y_0 \frac{2 - x_1}{x_0 - x_1} + y_1 \frac{2 - x_0}{x_1 - x_0} = 0.3583518$$

用抛物插值计算 $\ln 2$ 时，取 $x_0 = 1$， $x_1 = 4$ 及 $x_2 = 6$，由式（2-8）得

$$L_2(x) = y_0 \frac{(x - x_1)(x - x_2)}{(x_0 - x_1)(x_0 - x_2)} + y_1 \frac{(x - x_0)(x - x_2)}{(x_1 - x_0)(x_1 - x_2)} + y_2 \frac{(x - x_0)(x - x_1)}{(x_2 - x_0)(x_2 - x_1)}$$

有

$$\ln 2 \approx L_2(2) = 0.565844$$

真实值 $\ln 2 = 0.6931472$ 。

对 $\ln 2$ 用 $x_0 = 1$ 和 $x_1 = 6$ 进行线性插值得到的估计值具有48.3%的相对误差，使用更小的插值区间 $x_0 = 1$ 和 $x_1 = 4$ 进行线性插值，相对误差降为33.3%。用二次插值公式估计 $\ln 2$ 值，结果相对误差为18.4%。二次插值公式引入的曲率明显改善了插值效果。请读者自己给出两种方法的截断误差。

图 2.2 所示为例 2.1 的插值效果图。其中，带星的曲线为实际函数对应的曲线，直线是选取两个节点 $x_0 = 1$ 和 $x_1 = 6$ 做线性插值得到的，剩下的曲线为二次插值多项式对应的曲线。

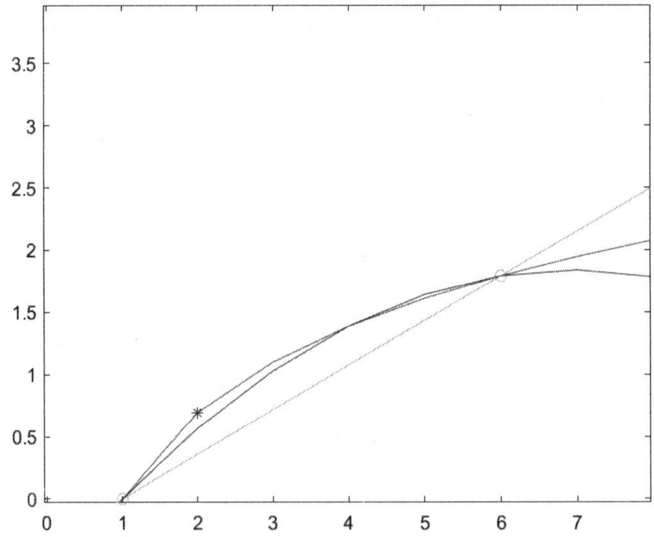

图 2.2 例 2.1 的插值效果图

待求点在插值节点之间的方法，我们姑且称为内插法，反之称为外推法（Extrapolation）或外插值。一般来说，内插精度优于外推，高次插值精度优于低次插值，但绝非次数越高越好。后面我们将做进一步说明。例 2.1 在进行线性插值时，我们也可以选择节点为 $x_0 = 4$

和 $x_1=6$，请读者自己算一下并和真实值比较，看结果如何，这启发我们该如何选择插值节点呢？

2.1.3　牛顿插值多项式

拉格朗日插值公式结构紧凑、形式简单，在理论分析中较为方便。但拉格朗日插值公式也有其缺点，即当插值节点增加、减少或其位置变化时，全部插值基函数均要随之变化，从而整个插值公式的结构将发生变化，这在实际计算中是非常不利的。下面我们考虑具有以下形式的插值多项式：

$$P_n(x)=a_0+a_1(x-x_0)+a_2(x-x_0)(x-x_1)+\cdots+a_n(x-x_0)(x-x_1)\cdots(x-x_{n-1})$$

它满足

$$P_n(x)=P_{n-1}(x)+a_n(x-x_0)(x-x_1)\cdots(x-x_{n-1})$$

这种形式的优点是便于改变节点数，每增加一个节点时只需增加相应的一项即可。为了得到确定上式中系数 $a_0,a_1,\cdots,a_n$ 的计算公式，下面先介绍均差（差商）的概念。

定义 2.1　设有函数 $f(x)$，称 $f[x_0,x_k]=\dfrac{f(x_k)-f(x_0)}{x_k-x_0}$ $(k\neq 0)$ 为 $f(x)$ 关于点 x_0,x_k 的一阶均差（差商）。

$$f[x_0,x_1,x_k]=\frac{f[x_1,x_k]-f[x_0,x_1]}{x_k-x_0}$$

为 $f(x)$ 关于点 x_0,x_1,x_k 的二阶均差。一般地，有了 $k-1$ 阶均差之后，称

$$f[x_0,x_1,\cdots,x_k]=\frac{f[x_1,x_2,\cdots,x_k]-f[x_0,x_1,\cdots,x_{k-1}]}{x_k-x_0} \tag{2-11}$$

为 $f(x)$ 关于点 $x_0,x_1,\cdots,x_k$ 的 k 阶均差（差商）。

均差有以下基本性质。

（1）各阶均差具有线性性质，若 $f(x)=a\varphi(x)+b\varphi(x)$，则对任意正整数 k，都有

$$f[x_0,x_1,\cdots,x_k]=a\varphi[x_0,x_1,\cdots,x_k]+b\varphi[x_0,x_1,\cdots,x_k]$$

（2）k 阶均差可表示成 $f(x_0),f(x_1),\cdots,f(x_k)$ 的线性组合，即

$$f[x_0,x_1,\cdots,x_k]=\sum_{j=0}^{k}\frac{f(x_j)}{\omega'(x_j)}$$

这个性质可用归纳法证明，请读者自证。它表明均差与节点的排列次序无关，称为均差的对称性。

根据均差的定义，我们可以列表计算各阶均差，如表 2.2 所示。

表 2.2 均差表

x_i	y_i	一阶均差	二阶均差	…	n 阶均差
x_0	y_0				
x_1	y_1	$f[x_0,x_1]$			
x_2	y_2	$f[x_1,x_2]$	$f[x_0,x_1,x_2]$		
x_3	y_3	$f[x_2,x_3]$	$f[x_1,x_2,x_3]$		
⋮	⋮	⋮	⋮		
x_n	y_n	$f[x_{n-1},x_n]$	$f[x_{n-2},x_{n-1},x_n]$		$f[x_0,\cdots,x_n]$

同时，利用均差的定义和性质，我们依次可得

$$f(x)=f(x_0)+(x-x_0)f[x,x_0]$$
$$f[x,x_0]=f[x_0,x_1]+(x-x_1)f[x,x_0,x_1]$$
$$f[x,x_0,x_1]=f[x_0,x_1,x_2]+(x-x_2)f[x,x_0,x_1,x_2]$$
$$\vdots$$
$$f[x,x_0,\cdots,x_{n-1}]=f[x_0,x_1,\cdots,x_n]+(x-x_n)f[x,x_0,\cdots,x_n]$$

将以上各式分别乘以$1,(x-x_0),(x-x_0)(x-x_1),\cdots,(x-x_0)(x-x_1)\cdots(x-x_{n-1})$，然后相加并消去两边相等的部分，即得

$$\begin{aligned}f(x)=&f(x_0)+f[x_0,x_1](x-x_0)+f[x_0,x_1,x_2](x-x_0)(x-x_1)+\cdots+\\&f[x_0,x_1,\cdots,x_n](x-x_0)\cdots(x-x_{n-1})+\\&f[x,x_0,x_1,\cdots,x_n](x-x_0)\cdots(x-x_n)\\=&N_n(x)+R_n(x)\end{aligned}$$

其中

$$\begin{aligned}N_n(x)=&f(x_0)+f[x_0,x_1](x-x_0)+f[x_0,x_1,x_2](x-x_0)(x-x_1)+\cdots+\\&f[x_0,x_1,\cdots,x_n](x-x_0)\cdots(x-x_{n-1})\end{aligned}$$

$$R_n(x)=f[x,x_0,x_1,\cdots,x_n]\omega_{n+1}(x) \tag{2-12}$$

显然，$N_n(x)$是至多n次的多项式。而由

$$R_n(x_i)=f[x_i,x_0,x_1,\cdots,x_n]\omega_{n+1}(x_i)=0，\ i=0,1,\cdots,n$$

得$R_n(x_i)=f(x_i)-N_n(x_i)=0$，$i=0,1,\cdots,n$。这表明$N_n(x)$满足插值条件式（2-3），因此它是$f(x)$的$n$次插值多项式。这种形式的插值多项式称为牛顿插值多项式。

由插值多项式的唯一性可知，n 次牛顿插值多项式与拉格朗日插值多项式是相等的，即 $N_n(x)=L_n(x)$，它们只是形式不同。因此，两者的插值余项也是相等的，即

$$R_n(x)=f[x,x_0,x_1,\cdots,x_n]\omega_{n+1}(x)=\frac{f^{(n+1)}(\xi)}{(n+1)!}\omega_{n+1}(x),\quad \xi\in(a,b)$$

由此可得均差与导数的关系

$$f[x_0,x_1,\cdots,x_n]=\frac{1}{n!}f^{(n)}(\xi) \tag{2-13}$$

其中，$\xi\in(a,b)$；$a=\min\limits_{0\leqslant i\leqslant n}\{x_i\}$；$b=\max\limits_{0\leqslant i\leqslant n}\{x_i\}$。

由式（2-6）表示的余项称为微分型余项，式（2-12）表示的余项称为均差型余项。对列表函数或高阶导数不存在的函数，其余项可由均差型余项给出。

牛顿插值的优点是，每增加一个节点，插值多项式只增加一项，即

$$N_{n+1}(x)=N_n(x)+f[x_0,x_1,\cdots,x_{n+1}](x-x_0)(x-x_1)\cdots(x-x_n)$$

因此便于递推运算。而且牛顿插值的计算量小于拉格朗日插值。

例 2.2　设 $f(x)=\ln x$，并已知 $\ln x$ 的一些函数值，如表 2.3 所示。试用二次和三次牛顿插值多项式，即 $N_2(x)$ 和 $N_3(x)$ 计算 $f(2)$ 的近似值，并讨论其相对误差。

表 2.3　ln*x* 的一些函数值

x	1	4	6	5
$f(x)$	0	1.386294	1.791759	1.609438

解　先按均差表 2.2 构造均差表，如表 2.4 所示。

表 2.4　均差表

x_k	$f(x_k)$	一阶均差	二阶均差	三阶均差
1	0			
4	1.386294	0.4620981		
6	1.791759	0.2027326	−0.05187311	
5	1.609438	0.1823216	−0.02041100	0.007865529

利用牛顿插值公式有

$$N_2(x)=0+0.4620981(x-1)-0.05187311(x-1)(x-4)$$

取 $x=2$，得 $N_2(2)=0.565844$，与例 2.1 中抛物插值结果一样，其相对误差为 18.4%。

$$N_3(x)=N_2\left(x\right)+0.007865529(x-1)(x-4)(x-6)$$

取 $x=2$，得 $N_3(2)=0.6287686$，这个值的相对误差是9.3%。

显然，相对二次牛顿插值而言，三次公式插值结果的相对误差更小。

例 2.3 给出 $f(x)=\sin x$ 的函数表，如表 2.5 所示，求三次牛顿插值多项式，并由此计算 $f(0.356)$ 的近似值，并估计截断误差。

表 2.5 正弦函数表及均差表

x_k	$f(x_k)$	一阶均差	二阶均差	三阶均差	四阶均差
0.32	0.314567				
0.34	0.333487	0.946000			
0.36	0.352274	0.939350	−0.166250		
0.38	0.370920	0.932300	−0.176250	−0.166667	
0.40	0.389418	0.924900	−0.185000	−0.145833	0.260425

取节点 x_i（$i=0,1,2,3$），得三次牛顿插值多项式

$$N_3(x)=0.314567+0.946000(x-0.32)-0.166250(x-0.32)(x-0.34)$$
$$-0.166667(x-0.32)(x-0.34)(x-0.36)$$

于是

$$f(0.356)\approx N_3(0.356)=0.347447$$

截断误差

$$|R_3(x)|\approx|f[x_0,\cdots,x_4]\omega_4(0.356)|\leqslant 1.440\times10^{-8}$$

这说明截断误差很小，可忽略不计。

此例的截断误差估计中，四阶均差 $f[x,x_0,\cdots,x_3]$ 用 $f[x_0,\cdots,x_4]=0.260425$ 近似。另一种方法是取 $x=0.356$，由 $f(0.356)\approx0.347447$，可求得 $f[x,x_0,\cdots,x_3]$ 的近似值，从而可得 $|R_3(x)|$ 的近似值。牛顿插值余项的应用，在多数情况下，这两种方法都是可行的，请读者自己计算这两种方法所得误差。

目前为止，我们讨论的都是插值节点是任意分布的情况，实际应用中经常遇到等距节点，此时牛顿插值多项式会有其他的表达式——差分形式的牛顿插值公式，我们不再展开讨论。

本节所讲的多项式插值的三种方法，事实上都是基函数法，基函数分别是 $\{1,x,x^2,\cdots,x^n\}$，$\{l_0(x),l_1(x),\cdots,l_n(x)\}$ 和 $\{\omega_0(x),\omega_1(x),\cdots,\omega_n(x)\}$，只是系数的计算方法不同而已，这三种思路对后面的其他插值问题具有指导意义。

人物介绍

约瑟夫·路易斯·拉格朗日（Joseph Louis Lagrange）（1736—1813）法国著名数学家、物理学家。他在数学、力学和天文学三个学科领域中都有历史性的贡献，其中以数学方面的成就最为突出，拿破仑曾称赞他是“一座高耸在数学界的金字塔”。他在数学上最突出的贡献是使数学分析与几何、力学脱离开来，使数学的独立性更为清楚，不再仅仅是其他学科的工具。近百余年来，数学领域的许多新成就都可以直接或间接地溯源于拉格朗日的工作。所以，他在数学史上被认为是对数学分析的发展产生全面影响的数学家之一，是名字被刻在埃菲尔铁塔的七十二位法国科学家与工程师中的一位。

艾萨克·牛顿（Isaac Newton）（1643—1727）是一位英格兰物理学家、数学家、天文学家、自然哲学家和炼金术士。他在 1687 年发表的论文《自然哲学的数学原理》里，对万有引力和三大运动定律进行了描述。这些描述奠定了此后 3 个世纪里物理世界的科学观点，并成为现代工程学的基础。在数学上，牛顿与戈特弗里德·莱布尼茨分享了发展出微积分学的荣誉。他的墓碑上镌刻着：让人们欢呼这样一位多么伟大的人类荣耀曾经在世界上存在。

2.2 带导数的插值问题

如果对插值函数，不仅要求它在节点处与被插值函数取值相同，而且要求它与函数有相同的一阶、二阶、甚至更高阶的导数值，这就是带导数的插值问题，也叫 Hermite（埃尔米特）插值问题。哪怕是只有一个节点的 Hermite 插值也有无穷种情况，我们不可能一一讨论，只能针对典型问题，沿着前面的三种思路进行讨论，当然第一种方法（待定系数法）实际并不可行，我们仅讨论类拉格朗日法和类牛顿法。

2.2.1 类拉格朗日法

我们仅讨论一种 Hermite 插值问题，其他情况类似。设已知函数 $y=f(x)$ 在 $n+1$ 个不同的插值节点 $x_0,x_1,\cdots,x_n$ 上的函数值 $f_j=f(x_j)$（$j=0,1,\cdots,n$）和导数值 $f_j{}'=f'(x_j)$

（$j=0,1,\cdots,n$），要求插值多项式$H(x)$，满足条件

$$\begin{cases} H_{2n+1}(x_j)=f_j \\ H'_{2n+1}(x_j)=m_j \end{cases},\ j=0,1,\cdots,n \tag{2-14}$$

这里给出了 $2n+2$ 个条件，可唯一确定一个次数不超过 $2n+1$ 次的多项式 $H_{2n+1}(x)=H(x)\in P_{2n+1}$。

我们仿照与构造拉格朗日插值公式相类似的方法来解决 Hermite 插值问题。

如果我们能够构造出两组 $2n+1$ 次多项式：$\alpha_j(x)$ 和 $\beta_j(x)$（$j=0,1,\cdots,n$），满足条件

$$\begin{cases} \alpha_j(x_k)=\delta_{jk},\ \alpha'_j(x_k)=0 \\ \beta_j(x_k)=0,\ \beta'_j(x_k)=\delta_{jk} \end{cases},\ k=0,1,\cdots,n \tag{2-15}$$

则 $2n+1$ 次多项式

$$H_{2n+1}(x)=\sum_{j=0}^{n}[f_j\alpha_j(x)+f_j{}'\beta_j(x)] \tag{2-16}$$

显然满足插值条件式（2-14）。

如何构造插值基函数$\alpha_j(x)$和$\beta_j(x)$（$j=0,1,\cdots,n$）呢？$\alpha_j(x)$在$x_k(k\neq j)$处函数值与导数值均为 0，故它们应含因子$(x-x_k)^2$（$k\neq j$），因此可以设为

$$\alpha_j(x)=[a(x-x_j)+b]l_j^2(x),\ j=0,1,\cdots,n$$

其中，$l_j(x)$（$j=0,1,\cdots,n$）为拉格朗日插值基函数，即$l_j(x)=\prod_{\substack{k=0\\k\neq j}}^{n}\frac{x-x_k}{x_j-x_k}$。由式（2-15）得

$$\begin{cases} b=1 \\ a+2l'_j(x_j)=0 \end{cases}$$

由此有

$$\begin{aligned}\alpha_j(x)&=[1-2(x-x_j)l'_j(x_j)]l_j^2(x)\\&=\left(1-2(x-x_j)\sum_{\substack{k=0\\k\neq j}}^{n}\frac{1}{x_j-x_k}\right)l_j^2(x),\ j=0,1,\cdots,n\end{aligned} \tag{2-17}$$

同理可得

$$\beta_j(x)=(x-x_j)l_j^2(x),\ j=0,1,\cdots,n \tag{2-18}$$

现在讨论唯一性问题，设还有一个次数小于或等于 $2n+1$ 的多项式 $G_{2n+1}(x)$ 满足插值条件式（2-14）。令 $R(x)=H_{2n+1}(x)-G_{2n+1}(x)$，则由式（2-14）得

$$R(x_j)=R'(x_j)=0,\ j=0,1,\cdots,n$$

$R(x)$ 是一个次数小于或等于 $2n+1$ 的多项式，且有 $n+1$ 个二重根 $x_0,x_1,\cdots,x_n$，所以 $R(x)=0$，即

$$H_{2n+1}(x)=G_{2n+1}(x)$$

仿照拉格朗日插值余项的证明方法，可导出 Hermite 插值的误差估计。

定理 2.3　设 $x_0,x_1,\cdots,x_n$ 为区间 $[a,b]$ 上的互异节点，$H(x)$ 为 $f(x)$ 的过这组节点的 $2n+1$ 次 Hermite 多项式。如果 $f(x)$ 在 (a,b) 内 $2n+2$ 阶导数存在，则对任意 $x\in[a,b]$，插值余项为

$$R(x)=f(x)-H_{2n+1}(x)=\frac{f^{(2n+2)}(\xi)}{(2n+2)!}\omega_{n+1}^2(x)$$

特别地，当 $n=1$ 时为三次 Hermite 多项式，它在应用上特别重要，现列出详细计算公式。取节点 x_0,x_1，插值基函数是

$$\begin{cases}\alpha_0(x)=\left(1+2\dfrac{x-x_0}{x_1-x_0}\right)\left(\dfrac{x-x_1}{x_0-x_1}\right)^2\\ \alpha_1(x)=\left(1+2\dfrac{x-x_1}{x_0-x_1}\right)\left(\dfrac{x-x_0}{x_1-x_0}\right)^2\end{cases},\quad \begin{cases}\beta_0(x)=(x-x_0)\left(\dfrac{x-x_1}{x_0-x_1}\right)^2\\ \beta_1(x)=(x-x_1)\left(\dfrac{x-x_0}{x_1-x_0}\right)^2\end{cases}$$

两节点三次 Hermite 多项式为

$$\begin{aligned}H_3(x)=&\left(1+2\frac{x-x_0}{x_1-x_0}\right)\left(\frac{x-x_1}{x_0-x_1}\right)^2 f_0+\left(1+2\frac{x-x_1}{x_0-x_1}\right)\left(\frac{x-x_0}{x_1-x_0}\right)^2 f_1\\&+(x-x_0)\left(\frac{x-x_1}{x_0-x_1}\right)^2 f_0'+(x-x_1)\left(\frac{x-x_0}{x_1-x_0}\right)^2 f_1'\end{aligned}\tag{2-19}$$

其插值余项为

$$R(x)=f(x)-H_3(x)=\frac{f^{(4)}(\xi)}{4!}(x-x_0)^2(x-x_1)^2\tag{2-20}$$

2.2.2 类牛顿法

我们仅就两个例子给出实施的步骤，具体的理论依据参见文献[2]。

先给出重节点均差的定义，我们定义 n 阶重节点均差为

$$f[\underbrace{x_0,x_0,\cdots,x_0}_{n+1\text{个}}]=\frac{1}{n!}f^{(n)}(x_0)$$

例如，2.2.1 小节中 $n=1$ 的情形，仿照与构造牛顿插值多项式类似的方法，

$H_3(x)=f(x_0)+f[x_0,x_0](x-x_0)+f[x_0,x_0,x_1](x-x_0)^2+f[x_0,x_0,x_1,x_1](x-x_0)^2(x-x_1)$

这里的重节点均差可由表 2.6 所示的二重节点均差表得到。

表 2.6　二重节点均差表

x_i	$f(x_j)$	一阶均差	二阶均差	三阶均差
x_0	f_0			
x_0	f_0	$f[x_0,x_0]=f_0'$		
x_1	f_1	$f[x_0,x_1]$	$f[x_0,x_0,x_1]=\frac{f[x_0,x_1]-f[x_0,x_0]}{x_1-x_0}$	
x_1	f_1	$f[x_1,x_1]=f_1'$	$f[x_0,x_1,x_1]=\frac{f[x_1,x_1]-f[x_0,x_1]}{x_1-x_0}$	$f[x_0,x_0,x_1,x_1]=\frac{f[x_0,x_1,x_1]-f[x_0,x_0,x_1]}{x_1-x_0}$

又如，要求一个三次多项式 $Q(x)$ 使

$$Q(x_0)=f(x_0),\ Q'(x_0)=f'(x_0),\ Q''(x_0)=f''(x_0),\ Q(x_1)=f(x_1)$$

这样的多项式为

$$Q(x)=f(x_0)+f[x_0,x_0](x-x_0)+f[x_0,x_0,x_0](x-x_0)^2+f[x_0,x_0,x_0,x_1](x-x_0)^3$$

这里的重节点均差可由表 2.7 所示的三重节点均差表得到。

表 2.7　三重节点均差表

x_i	$f(x_j)$	一阶均差	二阶均差	三阶均差
x_0	f_0			
x_0	f_0	$f[x_0,x_0]=f_0'$		
x_0	f_0	$f[x_0,x_0]=f_0'$	$f[x_0,x_0,x_0]=\frac{f''(x_0)}{2!}$	
x_1	f_1	$f[x_0,x_1]$	$f[x_0,x_0,x_1]=\frac{f[x_0,x_1]-f[x_0,x_0]}{x_1-x_0}$	$f[x_0,x_0,x_0,x_1]=\frac{f[x_0,x_0,x_1]-f[x_0,x_0,x_0]}{x_1-x_0}$

只要记住在构造均差表时，出现分母为零的情况用重节点均差，剩下的工作和牛顿插值一样。

人物介绍

查尔斯·埃尔米特（Charles Hermite）（1822—1901）法国数学家，在函数论、高等代

数、微分方程等方面都有重要发现。1858 年，他利用椭圆函数首先得出五次方程的解。1873 年证明了自然对数的底 e 的超越性。在现代数学各分支中以他姓氏命名的概念（表示某种对称性）很多，如“埃尔米特二次型”“埃尔米特算子”等。埃尔米特是 19 世纪最伟大的代数几何学家之一，但是他大学入学考试重考了五次，每次失败的原因都是数学考得不好。他的大学读到几乎毕不了业，每次考不好的都是数学那一科。他大学毕业后考不上任何研究所，因为考不好的科目还是数学。数学是他一生的至爱，但是数学考试是他一生的噩梦。由于不会应付考试，无法继续升学，他只好找所学校做个批改学生作业的助教。这份助教工作，做了将近二十五年，尽管他在这二十几年中提出了代数连分数理论、函数论、方程论等，已经名满天下，数学水平远超过当时所有大学的教授，但是不会考试，没有高等学位的埃尔米特，只能继续批改学生作业。现实就是这么残忍。直到四十九岁时，巴黎大学才请他去担任教授。此后的二十五年，几乎整个法国的大数学家都出自他的门下。我们无从得知他在课堂上的授课方式，但是有一件事情是可以确定的——没有考试。

2.3 分段插值

2.3.1 Runge 现象及高次插值的病态性质

前面的例子和我们的经验显示，用到的信息越多，插值多项式的次数越高，似乎结果越好。但这是不对的。

在 20 世纪初由 Car Runge（卡尔·龙格）给出了等距节点的插值多项式 $L_n(x)$ 不收敛于 $f(x)$ 的例子。例如，对于函数 $f(x)=\dfrac{1}{1+x^2}$（$-5\leqslant x\leqslant 5$），在区间$[-5,5]$上取节点 $x_k=-5+10\dfrac{k}{n}$，$k=0,1,\cdots,10$，所做拉格朗日插值多项式为 $L_n(x)=\sum\limits_{j=0}^{n}\dfrac{1}{1+x_j^2}l_j(x)$，其中 $l_j(x)$ 是拉格朗日插值基函数。Runge 证明了，当 $n\to\infty$ 时，$|x|\leqslant 3.36$ 内 $L_n(x)$ 收敛到 $f(x)$，在这区间之外发散，这一现象称为 Runge 现象。当 $n=10$ 时，图 2.3 给出了 $y=L_{10}(x)$ 和 $y=\dfrac{1}{1+x^2}$ 的图形。如图 2.3 所示，$L_{10}(x)$ 仅在区间中部能较好地逼近函数 $f(x)$，在其他部位差异较大，而且越接近端点，逼近程度越差。这表明通过增加节点来提高逼近程度是不适宜的，一般插值多项式的次数在 $n\leqslant 7$ 范围内。

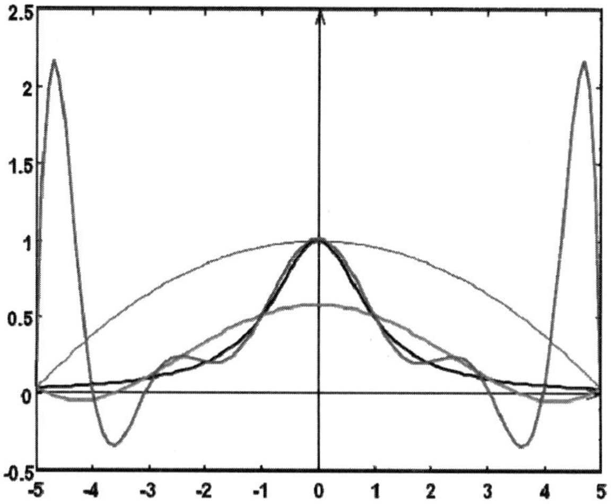

图 2.3 Runge 现象

低次插值误差大，高次插值会振荡，那么该如何提高插值的精度呢？直观上容易想象，如果不用多项式曲线，而是将曲线 $y = f(x)$ 的两个相邻的点用线段连接，这样得到的折线必定能较好地近似曲线。而且只要 $f(x)$ 连续，节点越密，近似程度越好。由此得到启发，为提高精度，在加密节点时，可以把节点间分成若干段，分段用低次多项式近似函数，这就是分段插值的思想。用折线近似曲线，相当于分段用线性插值，称为分段线性插值。这其实就是化整为零的策略，在定积分的定义引入中我们已经用过。这种策略在科学发展史上的影响深远，请读者想一想或查一查，科学史上的哪些成果和它有关？

2.3.2 分段线性插值

设已知函数 f 在 $[a,b]$ 上的 $n+1$ 个节点 $a = x_0 < x_1 < \cdots < x_{n-1} < x_n = b$ 上的函数值 $y_i = f(x_i)$，$i = 0,1,\cdots,n$，做一个插值函数 $\varphi(x)$，使其满足以下条件：① $\varphi(x_i) = y_i$，$i = 0,1,\cdots,n$；②在每个小区间 $[x_i, x_{i+1}]$（$i = 0,1,\cdots,n-1$）上，$\varphi(x)$ 是线性函数。这样，则称函数 $\varphi(x)$ 为 $[a,b]$ 上关于数据 (x_i, y_i)（$i = 0,1,\cdots,n$）的分段线性插值函数。

根据拉格朗日线性插值公式容易写出 $\varphi(x)$ 的分段表达式

$$\varphi(x) = \frac{x - x_{i+1}}{x_i - x_{i+1}} y_i + \frac{x - x_i}{x_{i+1} - x_i} y_{i+1},\quad x \in [x_i, x_{i+1}]，\ i = 0,1,\cdots,n \tag{2-21}$$

为了建立 $\varphi(x)$ 的统一表达式，我们需要构造一组基函数：$l_j(x_i) = \delta_{ij}$（$i, j = 0,1,\cdots,n$）且在每个小区间 $[x_i, x_{i+1}]$（$i = 0,1,\cdots,n-1$）上是线性函数。

下面定理表明，式（2-21）的分段线性插值函数 $\varphi(x)$ 一致收敛于被插值函数。

定理 2.4　如果 $f(x)$ 在 $[a,b]$ 上二阶连续可微，则分段线性插值函数 $\varphi(x)$ 的余项有以下估计：

$$|R(x)| = |f(x) - \varphi(x)| \leqslant \frac{h^2}{8} M$$

其中，$h = \max\limits_{0 \leqslant i \leqslant n-1} (x_{i+1} - x_i)$，$M = \max\limits_{x \in [a,b]} |f''(x)|$。

由定理 2.4 可知，当节点加密时，分段线性插值的误差变小，收敛性有保证。另外，在分段线性插值中，每个小区间上的插值函数只依赖于本段的节点值，因此每个节点只影响节点邻近的一个或两个区间，计算过程中数据误差基本上不扩大，从而保证了节点数增加时插值过程的稳定性。但分段线性插值函数仅在区间 $[a,b]$ 上连续，一般在节点处插值函数不可微，这就不能满足有些工程技术问题的光滑要求。

2.3.3　分段三次 Hermite 插值

分段线性插值函数 $\varphi(x)$ 在节点处左、右导数不相等，因而 $\varphi(x)$ 不够光滑。如果要求分段插值多项式在节点处导数存在，那么要求在节点上给出函数值及其导数值。

假定已知函数 $f(x)$ 在节点 x_j $(j = 0, \cdots, n)$ 处的函数值和导数值分别为 $\{y_j\}$ 和 $\{y_j'\}$，那么所要求的具有导数连续的分段插值函数 $H(x)$ 应满足以下条件。

（1）$H(x_j) = y_j$，$H'(x_j) = y_j'$，$j = 0, 1, \cdots, n$。

（2）在每个小区间 $[x_j, x_{j+1}]$ $(j = 0, 1, \cdots, n-1)$ 上，$H(x)$ 是三次多项式。

由式（2-19）可直接写出分段三次 Hermite 插值函数多项式

$$\begin{aligned} H(x) = &\left(1 + 2\frac{x - x_j}{x_{j+1} - x_j}\right)\left(\frac{x - x_{j+1}}{x_j - x_{j+1}}\right)^2 y_j + \left(1 + 2\frac{x - x_j}{x_{j+1} - x_j}\right)\left(\frac{x - x_{j+1}}{x_j - x_{j+1}}\right)^2 y_{j+1} + \\ &(x - x_j)\left(\frac{x - x_{j+1}}{x_j - x_{j+1}}\right)^2 y_j' + (x - x_{j+1})\left(\frac{x - x_j}{x_{j+1} - x_j}\right)^2 y_{j+1}',\ x \in [x_j, x_{j+1}],\ j = 0, 1, \cdots, n-1 \end{aligned} \tag{2-22}$$

如果 $f \in C^4[a,b]$，根据定理 2.3，我们可导出分段三次 Hermite 插值的误差估计

$$|R(x)| = |f(x) - H(x)| \leqslant \frac{h^4}{384} \max_{a \leqslant x \leqslant b} |f^{(4)}(x)| \tag{2-23}$$

其中，$h = \max\limits_{0 \leqslant j \leqslant n-1} (x_{j+1} - x_j)$。这说明了 $H(x)$ 一致收敛于被插值函数。

分段三次 Hermite 插值函数是插值区间上的光滑函数，它与函数 $f(x)$ 在节点处密合程度较好。

2.4 三次样条插值

我们知道，给定 $n+1$ 个节点上的函数值可以进行 n 次插值多项式，但当 n 较大时，高次插值不仅计算复杂，而且可能出现 Runge 现象。采用分段插值虽然计算简单，有一致收敛性，但不能保证整条曲线在连接点处的光滑性，如分段线性插值，其图形是锯齿形的折线，虽然连续，但处处都是“尖点”，因而一阶导数都不存在，这在实用上，往往不能满足某些工程技术的高精度要求。例如，在船体、飞机等外形曲线的设计中，不仅要求曲线连续，而且要有二阶光滑度，即有连续的二阶导数。这就要求分段插值函数在整个区间上具有连续的二阶导数。因此有必要寻求一种新的插值方法，这就是样条函数插值法。

样条函数的研究始于 20 世纪中叶。到了 20 世纪 60 年代，它与计算机辅助设计相结合，在外形设计方面得到成功的应用。样条理论已成为函数逼近的有力工具。它的应用范围也在不断扩大，不仅在数据处理、数值微分、数值积分、微分方程和积分方程数值解等数学领域有广泛的应用，而且与最优控制、变分问题、统计学、计算几何与泛函分析等学科均有密切的联系。

2.4.1 三次样条插值函数的概念

定义 2.2 已知函数 $f(x)$ 在区间 $[a,b]$ 上的 $n+1$ 个节点 $a=x_0<x_1<\cdots<x_n=b$ 上的值 $y_j=f(x_j)$，$j=0,1,\cdots,n$，求插值函数 $S(x)$，并使 $S(x)$ 满足以下条件。

（1）$S(x_j)=y_j$，$j=0,1,\cdots,n$。

（2）在每个小区间 $[x_j,x_{j+1}]$（$j=0,1,\cdots,n-1$）上，$S(x)$ 是三次多项式 $S_j(x)$。

（3）$S(x)$ 在 $[a,b]$ 上二阶连续可微。

函数 $S(x)$ 称为 $f(x)$ 的三次样条插值函数。

从定义 2.2 可知，要求出 $S(x)$，在每个区间 $[x_j,x_{j+1}]$ 上要确定 4 个待定系数，共有 n 个

小区间，故应确定 $4n$ 个参数。根据函数一阶及二阶导数在插值节点连续，应满足条件

$$\begin{cases} S(x_j-0)=S(x_j+0) \\ S'(x_j-0)=S'(x_j+0) \\ S''(x_j-0)=S''(x_j+0) \end{cases},\ j=1,\cdots,n-1 \tag{2-24}$$

及插值条件 $S(x_j)=y_j$，$j=0,1,\cdots,n$。共有 $4n-2$ 个条件，因此还需要 2 个边界条件做补充才能确定 $S(x)$。常见的边界条件如下。

（1）已知两端的一阶导数值，即

$$S'(x_0)=y_0',\ S'(x_n)=y_n' \tag{2-25}$$

称为固定边界条件（Clamped End Condition），当我们需要夹住样条，使其在边界处的斜率等于给定值时就会导出这类边界条件，所以有时也称之为“固定”样条。例如，若要求一阶导数为 0，则样条会变平，且在端点处呈现水平状。

（2）两端的二阶导数已知，即

$$S''(x_0)=y_0'',\ S''(x_n)=y_n'' \tag{2-26}$$

特别当两个二阶导数值都为 0 时，从图形上看，函数在端点处变为直线，这种条件称为自然边界条件，此时的样条称为自然样条，因为在这种条件下能描绘出样条最自然的形态。

（3）当 $f(x)$ 是以 x_n-x_0 为周期的周期函数时，要求 $S(x)$ 也是周期函数，这时边界条件应满足

$$S(x_0+0)=S(x_n-0),\ S'(x_0+0)=S'(x_n-0),\ S''(x_0+0)=S''(x_n-0) \tag{2-27}$$

这样确定的样条函数 $S(x)$ 称为周期样条函数。

（4）要求第二和倒数第二个节点处的三阶导数连续。由于三次样条已经假设这些节点处的函数值、一阶导数和二阶导数值相等，所以要求三阶导数值也相等就意味着前两个和最后两个相邻区域中使用相同的三次函数。既然第一个和最后一个内部节点已经不是两个不同的三次函数的连接点，那么它们也不再是真正意义上的节点了，因此这个条件被称为“非节点”条件。

2.4.2　样条插值函数的建立

设第 i 个区间 $[x_i,x_{i+1}]$ 上 $S(x)$ 的表达式为

$$s_i(x)=a_i+b_i(x-x_i)+c_i(x-x_i)^2+d_i(x-x_i)^3 \tag{2-28}$$

由 $s_i(x_i)=y_i$ 可得

$$a_i = y_i \tag{2-29}$$

因此，每个三次多项式的常数项等于区间左端点处的函数值，将结果带入式（2-28）得

$$s_i(x)=y_i+b_i(x-x_i)+c_i(x-x_i)^2+d_i(x-x_i)^3 \tag{2-30}$$

下面应用节点处连续的条件，对于节点 x_{i+1}，这个条件可表示为

$$y_{i+1}=y_i+b_ih_i+c_ih_i^2+d_ih_i^3 \tag{2-31}$$

其中，$h_i=x_{i+1}-x_i$。对式（2-30）求导得到

$$s_i'(x)=b_i+2c_i(x-x_i)+3d_i(x-x_i)^2 \tag{2-32}$$

根据节点 x_{i+1} 处导数相等可得

$$b_{i+1}+2c_i(x_{i+1}-x_{i+1})+3d_i(x_{i+1}-x_{i+1})^2=s_{i+1}'(x_{i+1})=s_i'(x_{i+1})=b_i+2c_i(x_{i+1}-x_i)+3d_i(x_{i+1}-x_i)^2$$

即

$$b_{i+1}=b_i+2c_ih_i+3d_ih_i^2 \tag{2-33}$$

对式（2-32）再求导得到

$$s_i''(x)=2c_i+6d_i(x-x_i) \tag{2-34}$$

根据节点 x_{i+1} 处二阶导数相等可得

$$c_{i+1}=c_i+3d_ih_i \tag{2-35}$$

从而有

$$d_i=\frac{c_{i+1}-c_i}{3h_i} \tag{2-36}$$

将式（2-36）代入式（2-31）得到

$$y_{i+1}=y_i+b_ih_i+\frac{h_i^2}{3}(2c_i+c_{i+1}) \tag{2-37}$$

将式（2-36）代入式（2-33）得到

$$b_{i+1}=b_i+h_i(c_i+c_{i+1}) \tag{2-38}$$

由式（2-37）得

$$b_i=\frac{y_{i+1}-y_i}{h_i}-\frac{h_i}{3}(2c_i+c_{i+1}) \tag{2-39}$$

式（2-39）下标减 1 得

$$b_{i-1}=\frac{y_i-y_{i-1}}{h_{i-1}}-\frac{h_{i-1}}{3}(2c_{i-1}+c_i) \tag{2-40}$$

式（2-38）下标减 1 得

$$b_i=b_{i-1}+h_{i-1}(c_{i-1}+c_i) \tag{2-41}$$

式（2-39）和式（2-40）代入式（2-41）并化简得

$$h_{i-1}c_{i-1}+2(h_{i-1}+h_i)c_i+h_ic_{i+1}=3\frac{y_{i+1}-y_i}{h_i}-3\frac{y_i-y_{i-1}}{h_{i-1}} \tag{2-42}$$

即

$$h_{i-1}c_{i-1}+2(h_{i-1}+h_i)c_i+h_ic_{i+1}=3(f[x_i,x_{i+1}]-f[x_{i-1},x_i]) \tag{2-43}$$

式（2-43）对内部节点 $x_1,\cdots,x_{n-2}$ 处均成立，依次代入并联立这 $n-2$ 个方程，可得关于 n 个未知系数 $c_0,\cdots,c_{n-1}$ 的 $n-2$ 阶三对角方程组。因此，只需再添加 2 个边界条件，就可以解出 $c_0,\cdots,c_{n-1}$，然后可以利用式（2-36）和式（2-39）求出 d_i 和 b_i（$i=0,1,\cdots,n-1$）。

我们以自然边界为例说明，其他情况请读者自行推导。令第一个节点的二阶导数值为 0，得到

$$0=s_0''(x_0)=2c_0+6d_0(x_0-x_0)$$

即 $c_0=0$。

在最后一个节点处有

$$0=s_{n-1}''(x_n)=2c_{n-1}+6d_{n-1}h_{n-1} \tag{2-44}$$

回顾式（2-35），我们可以定义另外一个参数 c_n，从而将式（2-44）写成

$$0=c_n=2c_{n-1}+6d_{n-1}h_{n-1}$$

于是，为了保证最后一个节点处的二阶导数为 0，我们令 $c_n=0$。现在我们将最终的方程写成

$$\begin{pmatrix} 1 & & & & \\ h_0 & 2(h_0+h_1) & h_1 & & \\ \ddots & \ddots & & \ddots & \\ & h_{n-2} & 2(h_{n-2}+h_{n-1}) & h_{n-1} & \\ & & & 1 & \end{pmatrix}\begin{pmatrix} c_0 \\ c_1 \\ \vdots \\ c_{n-1} \\ c_n \end{pmatrix}=\begin{pmatrix} 0 \\ 3(f[x_1,x_2]-f[x_0,x_1]) \\ \vdots \\ 3(f[x_{n-1},x_n]-f[x_{n-2},x_{n-1}]) \\ 0 \end{pmatrix} \tag{2-45}$$

这是一个三对角方程组，第 5 章我们将讨论它的解法。

例 2.4　求满足表 2.8 所示的函数值表所给出的插值条件的自然样条函数，并算出 $f(5)$ 的近似值。

表 2.8 函数值表

j	0	1	2	3
x_j	3	4.5	7	9
y_j	2.5	1	2.5	0.5

解 此时式（2-45）为

$$\begin{pmatrix} 1 & 0 & & \\ h_0 & 2(h_0+h_1) & h_1 & \\ & h_1 & 2(h_1+h_2) & h_2 \\ & & 0 & 1 \end{pmatrix}\begin{pmatrix} c_0 \\ c_1 \\ c_2 \\ c_3 \end{pmatrix}=\begin{pmatrix} 0 \\ 3(f[x_1,x_2]-f[x_0,x_1]) \\ 3(f[x_2,x_3]-f[x_1,x_2]) \\ 0 \end{pmatrix}$$

代入相关数据后得到

$$\begin{pmatrix} 1 & 0 & & \\ 1.5 & 8 & 2.5 & \\ & 2.5 & 9 & 2 \\ & & 0 & 1 \end{pmatrix}\begin{pmatrix} c_0 \\ c_1 \\ c_2 \\ c_3 \end{pmatrix}=\begin{pmatrix} 0 \\ 4.8 \\ -4.8 \\ 0 \end{pmatrix}$$

解得

$$c_0=0，\ c_1=0.839543726，\ c_2=-0.766539924，\ c_3=0$$

进一步得到

$$b_0=-1.419771863，\ b_1=-0.160456274，\ b_2=0.022053232$$

$$d_0=0.186565272，\ d_1=-0.214144487，\ d_2=0.127756654$$

又

$$a_0=y_0=2.5，\ a_1=y_1=1，\ a_2=y_2=2.5$$

从而得到三次样条为

$$S(x)=\begin{cases} 2.5-1.419971863(x-3)+0.186565272(x-3)^2, & x\in[3,4.5] \\ 1-0.160456274(x-4.5)+0.839543726(x-4.5)^2-0.214144487(x-4.5)^3, & x\in[4.5,7] \\ 2.5+0.022053232(x-7)-0.766539924(x-7)^2+0.127756654(x-7)^3, & x\in[7,9] \end{cases}$$

5 位于第二个区间，所以 $f(5)$ 的近似值为 $S(5)=1.102889734$ 。

2.4.3 误差界与收敛性

三次样条函数的收敛性与误差估计比较复杂，这里不加证明地给出一个主要结果。

定理 2.5 设 $f(x)\in C^4[a,b]$，$S(x)$ 为满足第一种边界条件式（2-25）或第二种边界条件式（2-26）的三次样条函数，令 $h=\max\limits_{0\leqslant i\leqslant n-1}h_i$，$h_i=x_{i+1}-x_i$，$i=0,1,\cdots,n-1$，则有估计式

$$\max_{a\leqslant x\leqslant b}\left|f^{(k)}(x)-S^{(k)}(x)\right|\leqslant C_k\max_{a\leqslant x\leqslant b}\left|f^{(4)}(x)\right|h^{4-k},\quad k=0,1,2 \tag{2-36}$$

其中，$C_0=\dfrac{5}{384}$，$C_1=\dfrac{1}{24}$，$C_2=\dfrac{3}{8}$。

这个定理不但给出三次样条插值函数 $S(x)$ 的误差估计，且当 $h\to 0$ 时，$S(x)$ 及其一阶导数 $S'(x)$ 和二阶导数 $S''(x)$ 均分别一致收敛于 $f(x),f'(x)$ 及 $f''(x)$。

2.5 案例及 MATLAB 实现

本节我们主要介绍插值工具箱中的内置函数 polyfit、interp1 和样条工具箱中的函数 csape，其他可通过 MATLAB 的帮助命令去了解。

2.5.1 函数 polyfit

当数据点的个数等于 $n+1$ 时，MATLAB 的内置函数 polyfit(*x*,*y*,*n*)对应于插值，这里 x 和 y 分别表示自变量和因变量，n 为多项式次数。

例 2.5　伞兵问题

假定用一个仪器测量伞兵的下降速度，对于待定的测试例子，测得数据如表 2.9 所示。

表 2.9　伞兵的下降速度

时间 t（s）	测得的速度 v（cm/s）
1	800
3	2310
5	3090
7	3940
13	4755

请根据测得数据，对伞兵在 $t=10\text{s}$ 处的速度进行估计。

分析：在 $t=10\text{s}$ 处估计下降速度可以在比较大的测量间隔 $t=7$ 与 $t=13$ 之间补充数据。由于插值多项式的次数是没办法预测的，因此将分别建立一、二和三次多项式，并比较它们的插值效果。

解 控制节点个数正好建立相应次数的插值多项式，在 MATLAB 命令行窗口调用函数 polyfit 进行一、二和三次插值多项式。

（1）一次插值。

```
>> x=[1 3 5 7 13];
>> y=[800 2310 3090 3940 4755];
>> x0=[7 13];
>> y0=[3940 4755];
>> a=polyfit(x0,y0,1)
  a = 1.0e+03 *
  0.1358    2.9892
>> x1=[0:0.05:15];
>> y1=a(2)+a(1)*x1;
>> plot(x,y,'ro','MarkerFacecolor','r')
>> hold on
>> plot(x1,y1,'b--')
```

伞兵在 t=10s 处的速度估计值为 4347.5m/s。

（2）二次插值。

```
>> x=[1 3 5 7 13];
>> y=[800 2310 3090 3940 4755];
>> x0=[5 7 13];
>> y0=[3090 3940 4755];
>> a=polyfit(x0,y0,2)
  a =
    -36.1458  858.7500 -300.1042
>> y2=a(3)+a(2)*x1+a(1)*x1.^2;
>> plot(x,y,'ro','MarkerFacecolor','r')
>> hold on
>> plot(x1,y2,'b--')
```

伞兵在 t=10s 处的速度估计值为 4672.8m/s。

（3）三次插值。

```
>> x0=[3 5 7 13];
>> y0=[2310 3090 3940 4755];
>> a=polyfit(x0,y0,3)
  a = 1.0e+03 *
    -0.0045   0.0761    0.0012    1.7427
>> y3=a(4)+a(3)*x1+a(2)*x1.^2+a(1)*x1.^3;
>> plot(x,y,'ro','MarkerFacecolor','r')
>> hold on
```

```
>> plot(x1,y3,'b--')
伞兵在 t=10s 处的速度估计值为 4874.8m/s。
```

伞兵问题的三种方法效果图如图 2.4 所示。从图 2.4 中可以看出，插值多项式的次数越高，在 $t=10$ 处的速度估计值就越高。这说明，更高次的插值多项式具有超越数据本身的趋势。所以，像此特定趋势分析的问题，我们用一次和二次的插值多项式是最适合的。

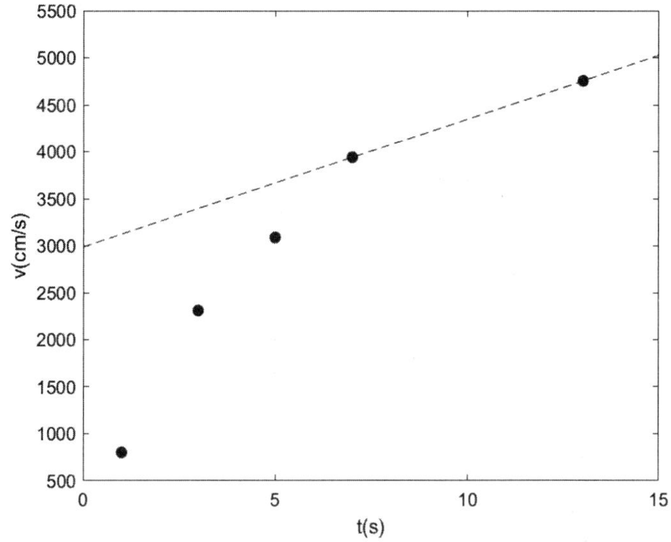

（a）一次插值

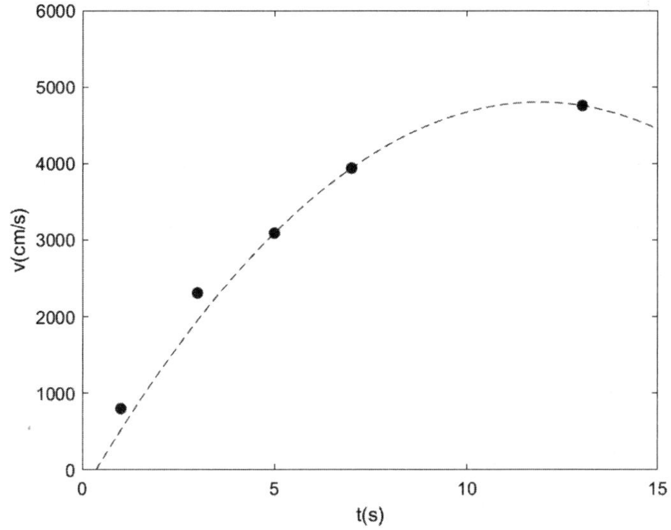

（b）二次插值

图 2.4　伞兵问题三种方法效果图

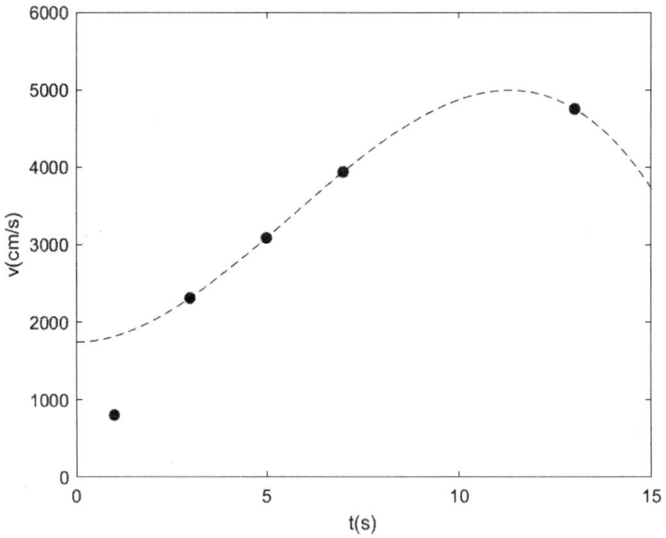

（c）三次插值

图 2.4　伞兵问题三种方法效果图（续）

2.5.2　函数 interp1

调用格式：yi=interp1(x,y,xi,'method')

解释：method 指的是插值算法，默认为线性插值算法，即根据 x,y 的值，计算插值点 xi 处的函数值，返回给 yi。其中，x 为节点向量，y 为对应的节点函数值向量。method 可以选择以下几种类型。

nearest：最邻近插值——插值点处函数值取与插值点最邻近的已知点的函数值。

linear：分段线性插值——插值点处函数值有连接其最邻近的两侧点的线性函数预测，MATLAB 的 interp1 中默认的方法。

spline：样条插值——默认为三次样条插值，可用 spline 函数代替。当 y 中元素数比 x 多两个时，那么将 y 的第一个和最后一个值作为端点处的导数值，相应地，使用固定边界条件。

pchip：分段三次 Hermite 插值，可用 pchip 函数代替。

需要说明的是，和三次样条一样，pchip 用一阶导数连续的三次多项式连接数据点。不同的是，它的二阶导数并不像三次样条插值那样要求连续，而且节点处的一阶导数值也与三次样条插值不同。更准确地说，这些一阶导数值都是经过特别挑选的，从而使插值是“保形”的。也就是说，插值结果不会超过数据点的范围，而三次样条插值有时候就会这样。

因此，我们必须在 spline 和 pchip 之间进行权衡取舍。用 spline 得到的结果通常比较光滑，因为人眼无法察觉二阶导数的间断。而且，如果数据点来自对光滑函数的采样，那么结果会更精确些。另外，pchip 得到的结果不会超出数据点的范围，当数据不光滑时，它的振荡更小。

例 2.6　使用 interp1 的权衡问题

有人对汽车进行了一次实验，即在行驶中先加速，再保持匀速行驶一段时间，然后加速，接着保持匀速，如此交替。汽车加速匀速实验数据表如表 2.10 所示。

注意：整个实验过程从未减速。

表 2.10　汽车加速匀速实验数据表

t	0	20	40	56	68	80	84	96	104	110
v	0	20	20	38	80	100	100	100	125	125

解　在 MATLAB 命令行窗口中求解。

（1）线性插值。

```
>> t=[0 20 40 56 68 80 84 96 104 110];
>> v=[0 20 20 38 80 80 100 100 125 125];
>> tt=linspace(0,110);    % linspace(a,b,n)在 a 到 b 之间自动生成 n 个等距点，默认是 100
个点。
>> v1=interp1(t,v,tt);
>> plot(t,v,'o',tt,v1)
```

线性插值结果如图 2.5（a）所示，曲线不光滑，但并没有超出数据范围。

（2）最近邻插值。

```
>> vn=interp1(t,v,tt,'nearest');
>> plot(t,v,'o',tt,vn)
```

最近邻插值结果如图 2.5（b）所示，水平直线的连接，既不光滑也不准确。

（3）分段三次样条插值。

```
>> vs=interp1(t,v,tt,'spline');
>> plot(t,v,'o',tt,vs)
```

分段三次样条插值结果如图 2.5（c）所示，曲线很光滑，但是有几个地方的拟合结果超出了数据范围，汽车好像减了几次速。

（4）分段三次 Hermite 插值。

```
>> vh=interp1(t,v,tt,'pchip');
>> plot(t,v,'o',tt,vh)
```

分段三次 Hermite 插值结果如图 2.5（d）所示，从物理背景上看是真实的。因为分段三次 Hermite 插值具有保形性，所以速度单调增加，未出现减速现象。虽然曲线不如三次样条插值曲线光滑，但是一阶导数在节点处的连续性使数据点之间的变化更加平缓，从而增加了真实性。

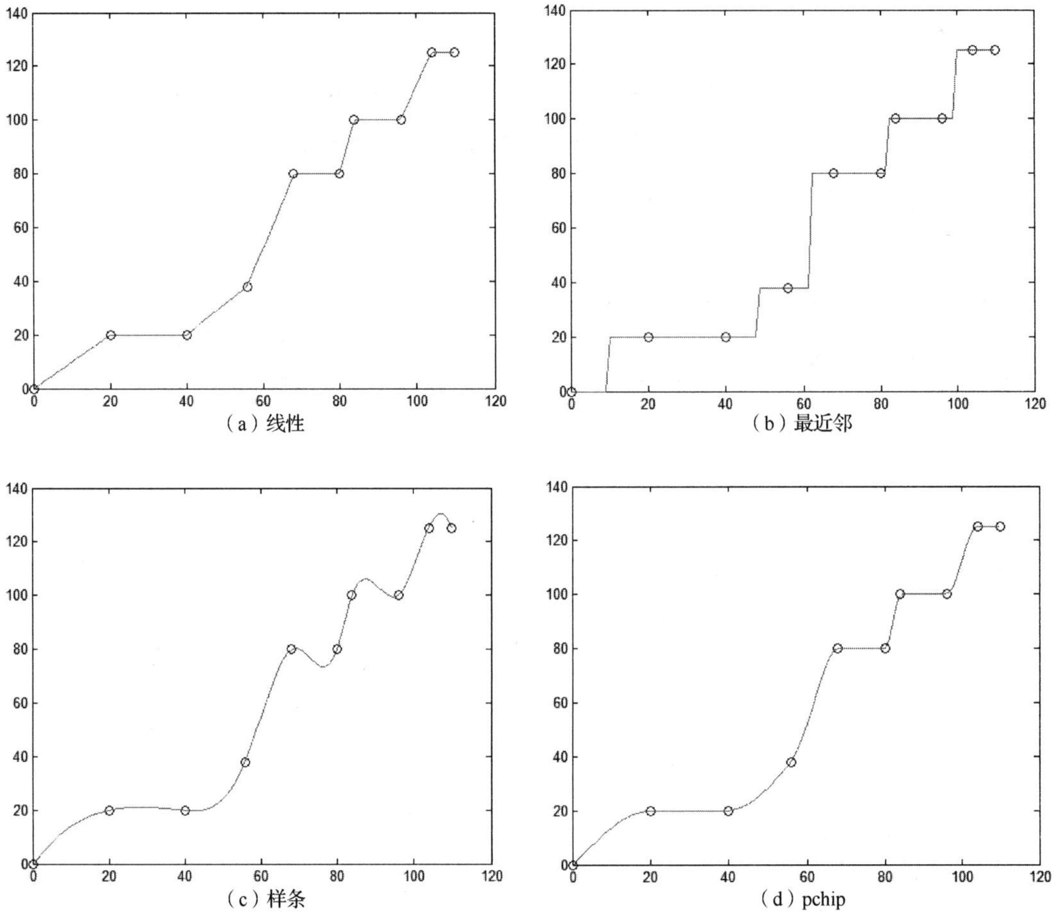

图 2.5　用 interp1 函数对汽车速度时间序列的模拟

2.5.3　函数 scape

调用格式：pp=scape(x,y,'method')

解释：返回分段三次插值多项式的 pp 形。method 表示想用的方法，主要有以下几种。

complete：所给边界条件是第一边界条件，即固定边界条件。

second：所给边界条件是第二边界条件。

periodic：所给边界条件是第三边界条件，此时无须指定边界条件值，x 和 y 即为要插值的函数的节点值及对应的函数值。

not-a-knot：所给节点为非节点边界条件。

在计算一个三次样条表达式的时候，必须将 pp 形中的不同域提取出来进行计算，这个过程可以由 unmkpp(pp)完成。

调用格式：[breaks,coefs,npolys,ncoefs,dim]=unmkpp(pp)

解释：输入变量 pp 是样条插值函数 csape 的输出变量，breaks 是插值节点，coefs 是一个矩阵，其中的第 i 行是第 i 个三次多项式的系数，npolys 是多项式的个数，ncoefs 是每个多项式系数的个数，dim 是样条的维数。

注意：第 i 个三次多项式的系数是指形如

$$s_i(x)=a_3(x-x_{i-1})^3+a_2(x-x_{i-1})^2+a_1(x-x_{i-1})+a_0,\quad x\in[x_{i-1},x_i]$$

中的系数 a_j。

我们以例 2.4 为例。

```
>> x=[3 4.5 7 9]; y=[0 1 3 4 2 0]; pp=csape(x,y,'second')
pp =
    form: 'pp'
    breaks: [3 4.5000 7 9]
    coefs: [3×4 double]
    pieces: 3
    order: 4
    dim: 1
>> [breaks,coefs,nploys,ncoefs,dim]=unmkpp(pp)
breaks =
    3.0000    4.5000    7.0000    9.0000
coefs =
    0.1866         0   -1.4198    2.5000
   -0.2141    0.8395   -0.1605    1.0000
    0.1278   -0.7665    0.0221    2.5000
nploys =
     3
ncoefs =
     4
dim =
     1
>> polyval(coefs(2,:),5-4.5)       % polyval(p,a)计算多项式 p 在 a 处的取值
ans =
    1.1029
```

与前面的计算结果一致。

最新的 MATLAB 版本，不建议使用上述语法，建议使用 griddedInterpolant，具体用法请学习 MATLAB 的 griddedInterpolant 参考页。2016 版有中文的使用说明，一维到多维插值都可以实现。

习题 2

2-1. 下面的数据定义了淡水中溶解氧的海平面浓度，该浓度是温度函数，如表 2.11 所示。

表 2.11 浓度温度表

T（℃）	0	8	16	24	32	40
o（mg/l）	14.621	11.843	9.870	8.418	7.305	6.413

（1）请用线性插值估计 $o(27)$。

（2）请用牛顿插值估计 $o(27)$。

注意：准确值是 7.986mg/L。

2-2. 请分析例 2.1 中线性插值和抛物插值的截断误差。

2-3. 用罗尔中值定理证明均差与导数的关系式（2-12）。

2-4. 用线性插值估计以 10 为底的常用对数。

（1）在 $\lg 8 = 0.903090$ 与 $\lg 12 = 1.0791812$ 之间进行插值。

（2）在 $\lg 9 = 0.9542425$ 与 $\lg 11 = 1.0413927$ 之间进行插值。

对于每一个插值结果，计算其相对误差。

2-5. 给全 $\cos x$（$0° \leqslant x \leqslant 90°$）的函数表，步长 $h = 1' = (1/60)°$，若函数表具有 5 位有效数字，研究用线性插值求 $\cos x$ 近似值时的总误差界。

2-6. 求一个次数不高于 4 次的多项式 $P(x)$，使它满足 $P(0) = P'(0) = 0$，$P(1) = P'(1) = 1$，$P(2) = 1$。

2-7. 计算节点-1,0,1 上的三次样条插值 $s(x)$，使 $s''(-1) = s''(1) = 0$，$s(-1) = s(1) = 0$，$s(0) = 1$。

第3章 函数逼近

通俗地讲，函数逼近或者曲线拟合就是找一个简单的函数 $p(x)$ 去近似一个复杂的函数 $f(x)$，其中后者已知或者仅以表格的形式给出。第 2 章的插值法就是解决逼近问题的一个方法，但是由于被拟合的数据带往往有比较大的误差或者“噪声”，每个数据点都可能是不正确的，所以没有必要使拟合曲线经过每个已知的数据点，只需要设计一条符合这些数据点的整体趋势的曲线即可，这种方法称为最小二乘曲线拟合或者最小二乘回归（Least-squares Regression）。

如图 3.1 所示，给出五个点上的实验测量数据，理论上的结果应该满足线性关系，即图 3.1 中的实线。由于实验数据的误差太大，不能用过任意两点的直线逼近函数。插值法就是用过 5 个点的四次多项式逼近线性函数，不仅误差太大，而且它们的导数值误差更大。

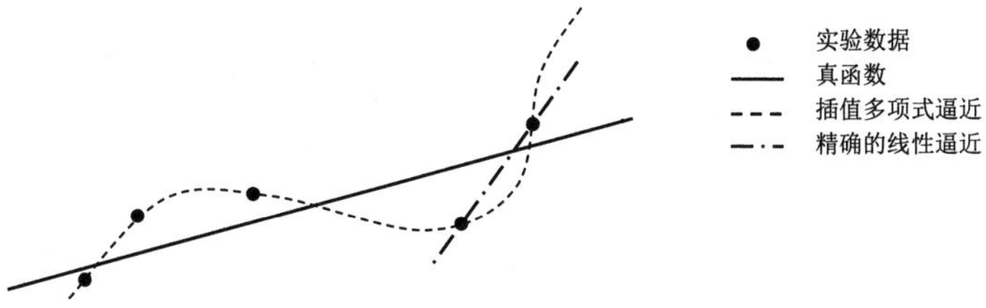

图 3.1　逼近演示图

下面我们给出函数逼近正式一些的定义：用简单函数组成的函数类 M 中的函数 $p(x)$ 近似代替函数类 X 中的函数 $f(x)$，称 $p(x)$ 是 $f(x)$ 的一个逼近，$f(x)$ 称为被逼近函数。

这里必须表明两点。一是函数类 M 的选取。何为简单函数？在数值分析中所谓简单函数主要是指可以用四则运算进行计算的函数，最常用的有多项式及有理分式函数。二是如何确定 p 与 f 之间的度量。我们用范数 $\|\cdot\|$ 来表示这种度量，关于范数的理论我们不再展开，它就是绝对值的推广。

定义 3.1 设 X 和 M 都是函数集合，如果对于 X 中给定的 f，在 M 中存在元素 φ^*，使

$$\|f-\varphi^*\| = \inf_{\varphi\in M}\|f-\varphi\| \tag{3-1}$$

则称 φ^* 是 M 中对 f 的最佳逼近。

若 $\|f\|=\|f\|_\infty \triangleq \max_{a\leqslant x\leqslant b}|f(x)|$，称为最佳一致逼近；若 $\|f\|=\|f\|_2 \triangleq \left(\int_a^b |f(x)|^2\,\mathrm{d}x\right)^{\frac{1}{2}}$，称为最佳平方逼近。

由于最佳一致逼近难度较大且实际应用较少，本章主要讨论最佳平方逼近。

3.1 函数的最佳平方逼近

3.1.1 一般概念及方法

定义 3.2 设 $f(x)\in C[a,b]$ 及 $C[a,b]$ 中的子集 $\varPhi=\mathrm{span}\{\varphi_0(x),\varphi_1(x),\cdots,\varphi_n(x)\}$，若存在 $S_n^*(x)\in\varPhi$，使

$$\|f(x)-S_n^*(x)\|_2^2 = \min_{S(x)\in\varPhi}\|f(x)-S(x)\|_2^2 = \min_{S(x)\in\varPhi}\int_a^b \rho(x)[f(x)-S(x)]^2\,\mathrm{d}x \tag{3-2}$$

其中，$\rho(x)$ 为权函数，则称 $S_n^*(x)$ 为函数 $f(x)$ 在 $\varPhi$ 中关于权函数 $\rho(x)$ 的最佳平方逼近函数。

在具体问题中，权函数 $\rho(x)$ 是给定的，如果没有特别指明，就表示 $\rho(x)\equiv 1$。

因为 $S(x)\in\varPhi$，所以 $S(x)$ 可以表示成 $\varphi_0(x),\varphi_1(x),\cdots,\varphi_n(x)$ 的线性组合，即

$$S(x)=\sum_{j=0}^n a_j\varphi_j(x)$$

从而式（3-2）等价于求多元函数

$$I(a_0,a_1,a_2,\cdots,a_n)=\int_a^b \rho(x)\left[\sum_{j=0}^n a_j\varphi_j(x)-f(x)\right]^2\mathrm{d}x$$

的最小值点问题。由多元函数极值的必要条件

$$\frac{\partial I}{\partial a_k}=2\int_a^b \rho(x)\left[\sum_{k=0}^n a_j\varphi_j(x)-f(x)\right]\varphi_k(x)\mathrm{d}x=0,\quad k=0,1,\cdots,n$$

即

$$\sum_{j=0}^{n}(\varphi_j(x),\varphi_k(x))a_j=(f(x),\varphi_k(x)),\ \ k=0,1,\cdots,n \tag{3-3}$$

也可写成

$$\left(f-S,\varphi_k\right)=0,\ \ k=0,1,\cdots,n$$

这里函数的加权内积定义为$\left(f(x),g(x)\right)=\int_a^b\rho(x)f(x)g(x)\mathrm{d}x$，从而$\|f\|_2^2=\left(f,f\right)$。

将式（3-3）写成矩阵形式

$$\boldsymbol{Ha}=\boldsymbol{d} \tag{3-4}$$

其中，$\boldsymbol{a}=\left[a_0,\cdots,a_n\right]^{\mathrm{T}}$；$\boldsymbol{d}=\left[d_0,\cdots,d_n\right]^{\mathrm{T}}=\left[(f,\varphi_0),\cdots,(f,\varphi_n)\right]^{\mathrm{T}}$；

$$\boldsymbol{H}=\left(h_{ij}\right)=\begin{bmatrix}(\varphi_0,\varphi_0) & (\varphi_0,\varphi_1) & \cdots & (\varphi_0,\varphi_n)\\(\varphi_1,\varphi_0) & (\varphi_1,\varphi_1) & \cdots & (\varphi_1,\varphi_n)\\ \vdots & \vdots & & \vdots\\(\varphi_n,\varphi_0) & (\varphi_n,\varphi_1) & \cdots & (\varphi_n,\varphi_n)\end{bmatrix}$$

式（3-3）或式（3-4）称为法方程。可以证明，如果$\varphi_0,\varphi_1,\cdots,\varphi_n$线性无关，系数矩阵$\boldsymbol{H}$非奇异，那么式（3-4）存在唯一的解$a_k=a_k^*$，$k=0,1,\cdots,n$。令

$$S^*(x)=\sum_{j=0}^{n}a_j^*\varphi_j(x) \tag{3-5}$$

下证式（3-5）的确是$f(x)$最佳平方逼近函数。

定理 3.1　设$[a,b]$上的连续函数组$\{\varphi_i\}_{i=0}^n$线性无关，$\varPhi=\mathrm{span}\{\varphi_0,\varphi_1,\cdots,\varphi_n\}$。$f\in C[a,b]$且$f\notin\varPhi$，则$S^*(x)=\sum_{j=0}^{n}a_j^*\varphi_j(x)$是$f(x)$在$\varPhi$中关于权函数$\rho(x)$最佳平方逼近函数的充分必要条件为

$$\left(f-S^*,\varphi_i\right)=0,\ \ i=0,1,\cdots,n \tag{3-6}$$

证明　由式（3-3）可知，必要性成立。

下证充分性。因为$\left(f-S^*,\varphi_k\right)=0$，$k=0,1,\cdots,n$，所以对$\forall S\in\varPhi$，有$\left(f-S^*,S\right)=0$，从而有

$$\left(f-S^*,S^*-S\right)=0$$

因此，对$\forall S\in\varPhi$有

$$\begin{aligned}\|f-S\|^2&=\left(f-S^*+S^*-S,f-S^*+S^*-S\right)\\&=\left\|f-S^*\right\|_2^2+2(f-S^*,S^*-S)+\left\|S^*-S\right\|_2^2\end{aligned}$$

$$=\|f-S^*\|_2^2+\|S^*-S\|_2^2$$
$$\geqslant\|f-S^*\|_2^2$$

故 $S^*(x)$ 是 $f(x)$ 在 Φ 中关于权 $\rho(x)$ 的最佳平方逼近函数。

式（3-6）表明，$f-S^*$ 与内积空间 Φ 中的任意函数正交，从而可视 S^* 为 f 在内积空间 Φ 中的投影，如图 3.2 所示。

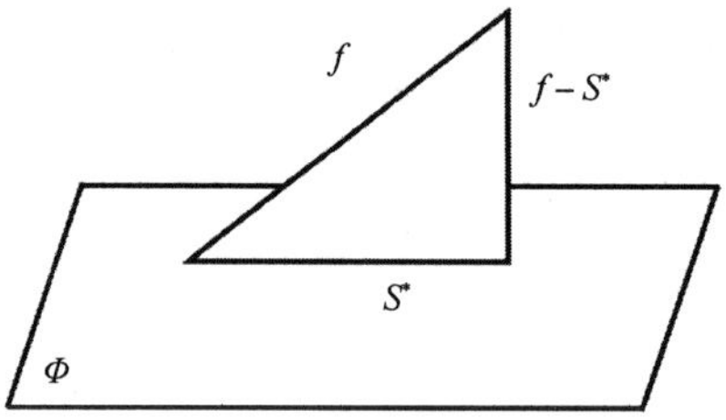

图 3.2　投影示意图

最佳平方逼近函数是唯一的。事实上，设 S_1^*,S_2^* 均为最佳平方逼近函数，有

$$\begin{aligned}\left(S_1^*-S_2^*,S_1^*-S_2^*\right)&=\left(S_1^*-f+f-S_2^*,S_1^*-S_2^*\right)\\&=-\left(f-S_1^*,S_1^*-S_2^*\right)+\left(f-S_2^*,S_1^*-S_2^*\right)\\&=0\end{aligned}$$

所以 $S_1^*=S_2^*$。

令 $\delta=f(x)-S^*(x)$，则平方误差为

$$\begin{aligned}\|\delta\|_2^2&=\left(f(x)-S^*(x),f(x)-S^*(x)\right)\\&=\|f\|_2^2-\left(f(x),S^*(x)\right)-\left(S^*(x),f(x)-S^*(x)\right)\\&=\|f\|_2^2-\left(f(x),S^*(x)\right)\\&=\|f\|_2^2-\sum_{j=0}^{n}a_j^*(\varphi_j,f)\end{aligned}$$

如果取 Φ 为不超过 n 次的多项式空间，则称 $S_n^*(x)$ 为 $f(x)$ 在 $[a,b]$ 上关于权函数 $\rho(x)$ 的 n 次最佳平方逼近多项式。特别地，如果取 $f(x)\in C[0,1]$，$\varphi_k(x)=x^k$，$\rho(x)\equiv1$。对于式（3-4）有

$$h_{jk}=\left(\varphi_j(x),\varphi_k(x)\right)=\int_0^1x^{k+j}\mathrm{d}x=\frac{1}{k+j+1},\quad \mathrm{d}_k=\left(f(x),\varphi_k(x)\right)=\int_0^1f(x)x^k\mathrm{d}x,\quad k,j=0,1,\cdots,n$$

于是，式（3-4）中的系数矩阵为

$$
\boldsymbol{H}=\begin{bmatrix}
1 & \frac{1}{2} & \cdots & \frac{1}{n} & \frac{1}{(n+1)} \\
\frac{1}{2} & \frac{1}{3} & \cdots & \frac{1}{(n+1)} & \frac{1}{(n+2)} \\
\vdots & \vdots & & \vdots & \vdots \\
\frac{1}{n} & \frac{1}{(n+1)} & \cdots & \frac{1}{(2n-1)} & \frac{1}{(2n)} \\
\frac{1}{(n+1)} & \frac{1}{(n+2)} & \cdots & \frac{1}{(2n)} & \frac{1}{(2n+1)}
\end{bmatrix} \tag{3-7}
$$

称为希尔伯特矩阵。

例 3.1　设 $f(x)=\sqrt{1+x^2}$，求 $[0,1]$ 上的一次最佳平方逼近多项式。

解　这是 $\rho(x)\equiv 1$ 的情形。取 $\varphi_0(x)=1$，$\varphi_1(x)=x$，$\Phi=\mathrm{span}\{1,x\}$。于是

$$(\varphi_0,\varphi_0)=\int_0^1 1\mathrm{d}x=1,\ (\varphi_0,\varphi_1)=\int_0^1 x\mathrm{d}x=\frac{1}{2},\ (\varphi_1,\varphi_1)=\int_0^1 x^2\mathrm{d}x=\frac{1}{3}$$

$$d_0=(f,\varphi_0)=\int_0^1\sqrt{1+x^2}\mathrm{d}x=\frac{1}{2}\ln(1+\sqrt{2})+\frac{\sqrt{2}}{2}\approx 1.148$$

$$d_1=(f,\varphi_1)=\int_0^1 x\sqrt{1+x^2}\mathrm{d}x=\frac{1}{3}\left(1+x^2\right)^{3/2}\bigg|_0^1=\frac{2\sqrt{2}-1}{3}\approx 0.609$$

得方程组

$$\begin{pmatrix} 1 & \frac{1}{2} \\ \frac{1}{2} & \frac{1}{3}\end{pmatrix}\begin{pmatrix} a_0 \\ a_1\end{pmatrix}=\begin{pmatrix}1.148 \\ 0.609\end{pmatrix}$$

解出 $a_0=0.938$，$a_1=0.42$。故

$$S_1^*(x)=0.938+0.42x$$

平方误差

$$\|\delta\|_2^2=\left(f(x),f(x)\right)-\left(S_1^*(x),f(x)\right)=\int_0^1(1+x^2)\mathrm{d}x-0.42d_1-0.938d_0=7.293\times 10^{-4}$$

图 3.3 所示为例 3.1 的逼近效果示意图。

用 $\{1,x,\cdots,x^n\}$ 做基，求最佳平方逼近多项式。当 n 较大时，希尔伯特矩阵是高度病态的，因此直接求解法方程是相当困难的，通常是采用正交多项式做基。用正交函数族做最佳平方逼近的内容，请读者自己查找相关书籍学习。

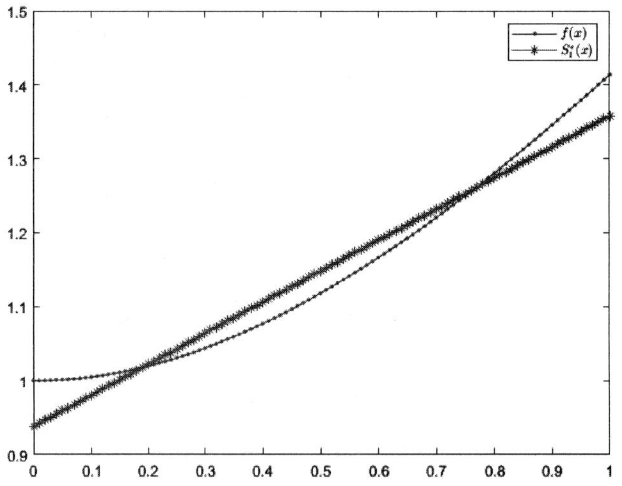

图 3.3　例 3.1 的逼近效果示意图

人物介绍

戴维·希尔伯特（David Hilbert）（1862—1943），德国著名数学家，是 20 世纪最伟大的数学家之一。他对数学的贡献是巨大的和多方面的，研究领域涉及代数不变式、代数数域、几何基础、变分法、积分方程、无穷维空间、物理学和数学基础等。他在 1899 年出版的《几何基础》成为近代公理化方法的代表作，且由此推动形成了“数学公理化学派”，可以说希尔伯特是近代形式公理学派的创始人。1900 年 8 月 8 日，在巴黎第二届国际数学家大会上，希尔伯特提出了 20 世纪数学家应当努力解决的 23 个数学问题，被认为是 20 世纪数学的至高点。对这些问题的研究有力推动了 20 世纪数学的发展，在世界上产生了深远的影响。希尔伯特领导的数学学派是 19 世纪末 20 世纪初数学界的一面旗帜，希尔伯特被称为“数学界的无冕之王”，他是天才中的天才。

3.2 曲线拟合的最小二乘法

在实际应用领域，往往要从一组数据或平面上一组点 (x_i, y_i)（$i = 0,1,\cdots,m$）出发去寻找隐含在数据背后的函数关系 $y = f(x)$ 的近似表达式，用几何语言来说就是寻求一条曲线

$y=\varphi(x)$ 来拟合（平滑）这 m 个点，即求曲线拟合。

下面我们先举例说明。

例 3.2　塑料的抗张强度（Tensile Strength）是加热时间的函数，通过采集得到表 3.1 所示的塑料的抗张强度表。对表 3.1 所示的数据进行拟合，并用该方程计算在 32 分钟时的抗张强度。

表 3.1　塑料的抗张强度表

时间（分）	10	15	20	25	40	50	55	60	75
抗 张 强 度	5	20	18	40	33	54	70	60	78

解　先作草图。如图 3.4 所示，这些点的分布接近一条直线，因此可设想时间与抗张强度关系为一次函数。设

$$y=a_1x+a_0 \tag{3-8}$$

从图 3.4 不难看出，无论 a_0,a_1 取何值，直线都不可能同时过全部数据点。怎样选取 a_0,a_1，才能使式（3-8）“最好”地反映数据点的基本趋势呢？首先要建立好的标准。

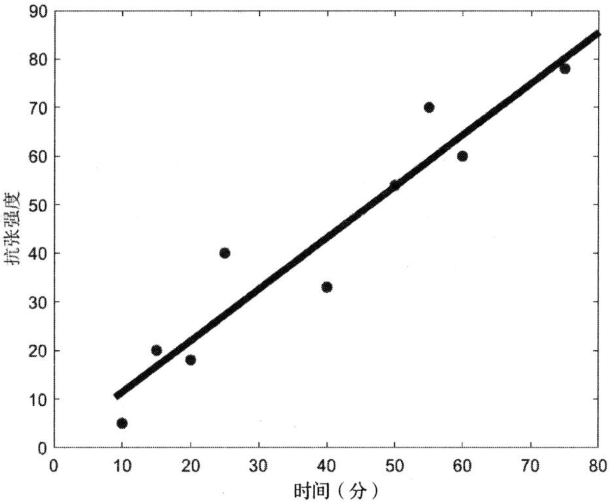

图 3.4　例 3.2 的图形

假设 a_0,a_1 已确定，$y_i^*=a_1x_i+a_0$ $(i=0,1,\cdots,8)$ 为由近似函数求得的近似值，它与观测值 y_i 之差

$$\delta_i=y_i-y_i^*=y_i-a_1x_i-a_0,\quad i=0,1,\cdots,8$$

称为残差。显然，残差的大小可作为衡量近似函数好坏的标准。常用的准则有以下三种。

（1）使残差的绝对值之和最小，即 $\min\sum_i|\delta_i|$。

（2）使残差的最大绝对值最小，即 $\min\max_i|\delta_i|$。

（3）使残差的平方和最小，即 $\min\sum_i\delta_i^2$。

准则（1）的提出很自然，也合理，但数学性质不好，实际适用不方便。按准则（2）来求近似函数的方法称为函数的最佳一致逼近。按准则（3）确定参数，求得近似函数的方法称为最佳平方逼近，也称曲线拟合（或数据拟合）的最小二乘法。它的计算比较简便，是实践中常用的一种函数比较方法。

3.2.1 最小二乘原理

根据给定的实验数据组 (x_i,y_i)，$i=0,1,\cdots,m$，选取近似函数形式，设 $\varphi_0,\varphi_1,\cdots,\varphi_n$ 为 $C[a,b]$ 上的线性无关族，令 $\varPhi=\mathrm{span}\{\varphi_0,\varphi_1,\cdots,\varphi_n\}$。求函数 $S^*(x)=\sum_{i=0}^{n}a_i^*\varphi_i(x)\in\varPhi$，使

$$\sum_{i=0}^{m}\delta_i^2=\sum_{i=0}^{m}[y_i-S^*(x_i)]^2=\min_{S(x)\in\varPhi}\sum_{i=0}^{m}[y_i-S(x_i)]^2$$

为最小。这种求近似函数的方法称为数据拟合的最小二乘法，$S^*(x)$ 称为这组数据的最小二乘解。

用最小二乘法求拟合曲线时，最困难和关键的问题是确定 $S^*(x)$ 的形式，这不单纯是数学问题，还与所研究问题的运动规律及所得观察数据 (x_i,y_i) 有关。通常是通过观察数据画出草图，并结合实际问题的运动规律，确定 $S^*(x)$ 的形式。

此外，在实际问题中，由于各点的观测数据精度不同，常常引入加权方差，即确定参数的准则为使 $\sum_{i=0}^{m}\omega_i\delta_i^2$ 最小，其中 ω_i（$i=0,1,\cdots,m$）为加权系数（可以是实验次数或 y_i 的可信程度等）。

3.2.2 法方程

在指定的函数类 $\varPhi$ 中求拟合已知数据的最小二乘解 $S^*(x)=\sum_{j=0}^{n}a_j\varphi_j(x)\in\varPhi$ 的关键在于确定系数 a_k^*（$k=0,1,\cdots,n$）。它可转化为多元函数

$$I(a_0,a_1,\cdots,a_n)=\sum_{i=0}^{m}\omega_i\left[y_i-\sum_{j=0}^{n}a_j\varphi_j(x_i)\right]^2$$

最小值问题。由极值的必要条件 $\frac{\partial I}{\partial x_k}=0$（$k=0,1,\cdots,n$）得

$$\sum_{i=0}^{m}\omega_i\left[\sum_{j=0}^{n}a_j\varphi_j(x_i)-y_i\right]\varphi_k(x_i)=0\text{，}\quad k=0,1,\cdots,n$$

即

$$\sum_{j=0}^{n}a_j\sum_{i=0}^{m}\omega_i\varphi_j(x_i)\varphi_k(x_i)=\sum_{i=0}^{m}\omega_i y_i\varphi_k(x_i)$$

若记 $\left(\varphi_j,\varphi_k\right)=\sum_{i=0}^{m}\omega_i\varphi_j(x_i)\varphi_k(x_i)$，$\left(y,\varphi_k\right)=\sum_{i=0}^{m}\omega_i y_i\varphi_k(x_i)$，法方程组为

$$\boldsymbol{Ga}=\boldsymbol{d} \tag{3-9}$$

其中，

$$\boldsymbol{a}=\begin{bmatrix}a_0\\a_1\\\vdots\\a_n\end{bmatrix};\quad \boldsymbol{d}=\begin{bmatrix}(f,\varphi_0)\\(f,\varphi_1)\\\vdots\\(f,\varphi_n)\end{bmatrix};\quad \boldsymbol{G}=\begin{bmatrix}(\varphi_0,\varphi_0) & (\varphi_0,\varphi_1) & \cdots & (\varphi_0,\varphi_n)\\(\varphi_1,\varphi_0) & (\varphi_1,\varphi_1) & \cdots & (\varphi_1,\varphi_n)\\\vdots & \vdots & & \vdots\\(\varphi_n,\varphi_0) & (\varphi_n,\varphi_1) & \cdots & (\varphi_n,\varphi_n)\end{bmatrix}$$

必须指出的是，由函数族的线性无关性，不能保证以上矩阵非奇异，请读者举例说明。为保证 $\boldsymbol{G}$ 非奇异，必须附加另外的条件。

定义 3.3　设 $\varphi_0,\varphi_1,\cdots,\varphi_n\in C[a,b]$ 的任意线性组合在点集 $X=\{x_i,i=0,1,\cdots,m\}$（$m\geqslant n$）上至多只有 n 个不同的零点，则称 $\varphi_0,\varphi_1,\cdots,\varphi_n$ 在点集 $X=\{x_i,i=0,1,\cdots,m\}$ 上满足哈尔条件。

显然 $1,x,\cdots,x^n$ 在任意 m（$m\geqslant n$）个点上满足哈尔条件。

可以证明，$\varphi_0,\varphi_1,\cdots,\varphi_n$ 在点集 $X=\{x_i,i=0,1,\cdots,m\}$ 上满足哈尔条件，则式（3-9）的系数矩阵 $\boldsymbol{G}$ 非奇异，于是式（3-9）存在唯一的解 $\{a_k^*\}_{k=0}^{n}$，从而可获得最小二乘拟合函数 $S^*(x)=\sum_{j=0}^{n}a_j^*\varphi_j(x)$。这样可以证明得到的 $S^*(x)$ 的确是最小二乘解。

3.2.3　常用的拟合方法

3.2.3.1　多项式拟合

数据是 (x_i,y_i)（$i=0,1,\cdots,m$），$\omega_i=1$，$\varphi_j(x)=x^j$（$j=0,1,\cdots,n$）。法方程为

$$\sum_{j=0}^{n}\left(\sum_{i=0}^{m}x_i^{k+j}\right)a_j=\sum_{i=0}^{m}y_ix_i^k,\ \ k=0,1,\cdots,n$$

即

$$\begin{cases}(m+1)a_0+a_1\sum_{i=0}^{m}x_i+a_2\sum_{i=0}^{m}x_i^2+\cdots+a_n\sum_{i=0}^{m}x_i^n=\sum_{i=0}^{m}y_i\\ a_0\sum_{i=0}^{m}x_i+a_1\sum_{i=0}^{m}x_i^2+a_2\sum_{i=0}^{m}x_i^3+\cdots+a_n\sum_{i=0}^{m}x_i^{n+1}=\sum_{i=0}^{m}y_ix_i\\ \quad\vdots\\ a_0\sum_{i=0}^{m}x_i^n+a_1\sum_{i=0}^{m}x_i^{n+1}+a_2\sum_{i=0}^{n}x_i^{n+2}+\cdots+a_n\sum_{i=0}^{m}x_i^{2n}=\sum_{i=0}^{n}y_ix_i^n\end{cases}$$

下面我们求解例 3.2。

解 设一次拟合多项式为$P_1(x)=a_0+a_1x$，将数据代入式（3-9），可得

$$\begin{cases}9a_0+3350a_1=378\\ 350a_0+17700a_1=19030\end{cases}$$

其解为

$$a_0=0.81793,\ \ a_1=1.05900$$

所以，时间与抗张强度的最小二乘一次拟合多项式为

$$P_1(x)=0.81793+1.05900x$$

由此，可计算在 32 分钟时的抗张强度为$P_1(32)=34.705$。

理论分析和大量数值实验表明，多项式拟合当次数很大时，属于“病态问题”。

例 3.3 研究黄河小浪底排沙量与流量的函数关系。从试验数据可以看出，开始排沙量是随着流量的增加而增长，而后是随着流量的减少而减少。显然变化规律并非是线性的关系，为此我们将问题分为两部分，从开始流量增加到最大值 2720m^3/s（即增长的过程）为第一段，从流量的最大值到结束为第二段，分别来研究流量与排沙量的关系。

第一阶段试验的观测数据如表 3.2 所示。用 MATLAB 作图可以看出其变化趋势，可以用多项式进行最小二乘拟合。

表 3.2 第一阶段试验的观测数据

序号	1	2	3	4	5	6	7	8	9	10	11
水流量	1800	1900	2100	2200	2300	2400	2500	2600	2650	2700	2720
含沙量	32	60	75	85	90	98	100	102	108	112	115

设拟合函数为 $S(x)=\sum_{k=0}^{m}a_kx^k$，确定待定常数 a_k（$k=0,1,\cdots,m$），使

$$R=\sum_{i=1}^{11}\left[S(x_i)-y_i\right]^2=\sum_{i=1}^{11}\left[\sum_{k=0}^{m}a_kx_i^k-y_i\right]^2$$

有最小值。于是可以得到正规方程组为

$$\sum_{j=0}^{m}\left[\sum_{i=1}^{11}x_i^{k+j}\right]a_j=\sum_{i=1}^{11}y_ix_i^k，\ k=0,1,\cdots,m$$

当 $m=3$ 时，即取三次多项式拟合，则

$$\left(\sum_{i=1}^{11}x_i^k\right)a_0+\left(\sum_{i=1}^{11}x_i^{k+1}\right)a_1+\left(\sum_{i=1}^{11}x_i^{k+2}\right)a_2+\left(\sum_{i=1}^{11}x_i^{k+3}\right)a_3=\sum_{i=1}^{11}y_ix_i^k，\ k=0,1,2,3$$

求解可得

$$a_0=-2492.9318，\ a_1=3.1784$$
$$a_2=-1.3172\times10^{-3}，\ a_3=1.8423\times10^{-7}$$

于是可得拟合多项式为

$$S(x)=-2492.9318+3.1784x-1.3172\times10^{-3}x^2+1.8423\times10^{-7}x^3$$

最小误差为 $R=72.847$。第一阶段三次多项式拟合效果如图 3.5 所示。

类似地，当 $m=4$ 时，即取四次多项式拟合，则正规方程组为

$$\left(\sum_{i=1}^{11}x_i^k\right)a_0+\left(\sum_{i=1}^{11}x_i^{k+1}\right)a_1+\left(\sum_{i=1}^{11}x_i^{k+2}\right)a_2+\left(\sum_{i=1}^{11}x_i^{k+3}\right)a_3+\left(\sum_{i=1}^{11}x_i^{k+4}\right)a_4=\sum_{i=1}^{11}y_ix_i^k$$

其中，$k=0,1,2,3,4$。

求解可得

$$a_0=-7434.6557，\ a_1=12.0624，\ a_2=-7.2626\times10^{-3}，\ a_3=1.94\times10^{-6}，\ a_4=-1.9312\times10^{-10}$$

于是可得拟合多项式为

$$S(x)=-7434.6557+12.0624x-7.2626\times10^{-3}x^2+1.94\times10^{-6}x^3-1.9312\times10^{-10}x^4$$

最小误差为 $R=66.102$。第一阶段四次多项式拟合效果如图 3.6 所示。

从图 3.5 的三次多项式拟合和图 3.6 的四次多项拟合效果来看，拟合程度差别不大。基本可以看出排沙量与流量的关系。

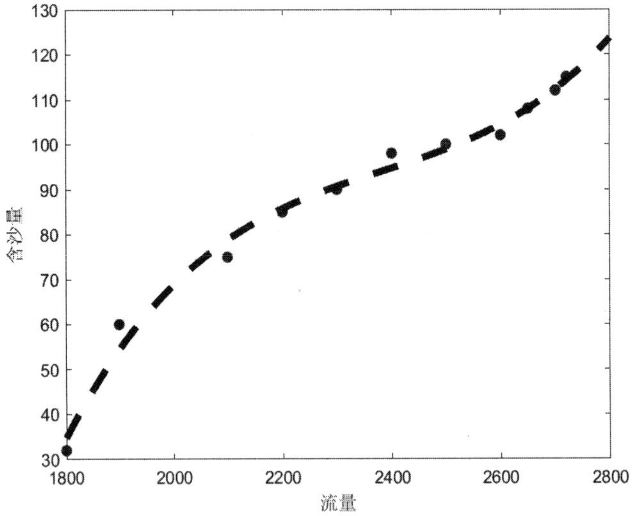

图 3.5　第一阶段三次多项式拟合效果

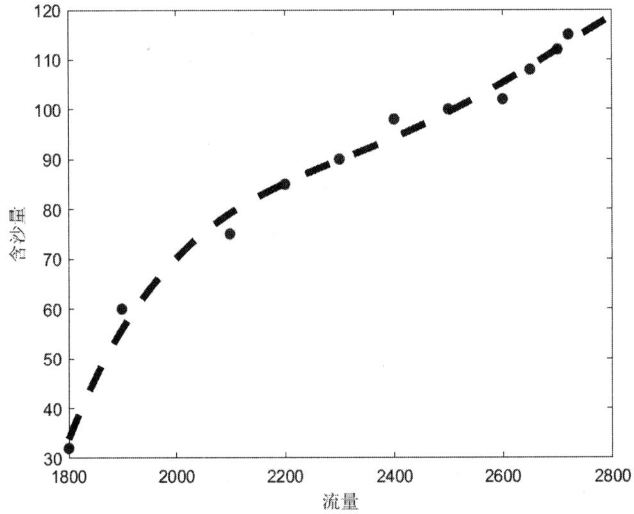

图 3.6　第一阶段四次多项式拟合效果

第二阶段试验的观测数据如表 3.3 所示。表 3.3 可以类似地处理。采用线性最小二乘法分别进行三次和四次多项式拟合，其最小误差分别为 $R = 459.5$ 和 $R = 236.1$，拟合效果分别如图 3.7 和图 3.8 所示。

表 3.3　第二阶段试验的观测数据

序　号	1	2	3	4	5	6	7	8	9	10	11	12	13
水 流 量	2650	2600	2500	2300	2200	2000	1850	1820	1800	1750	1500	1000	900
含 沙 量	116	118	120	118	105	80	60	50	40	32	20	8	5

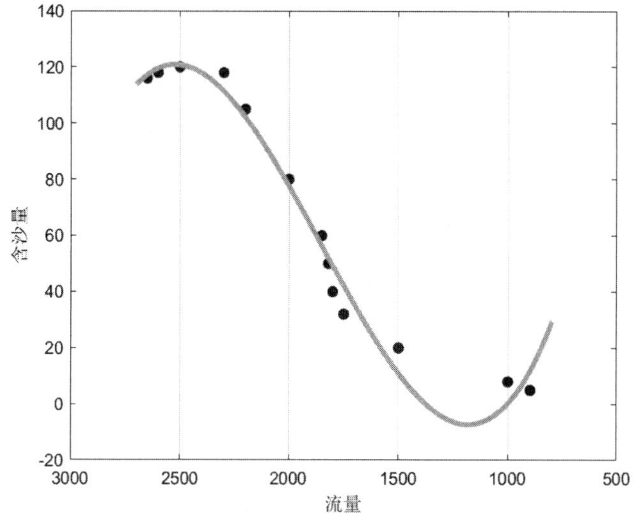

图 3.7　第二阶段三次多项式拟合效果

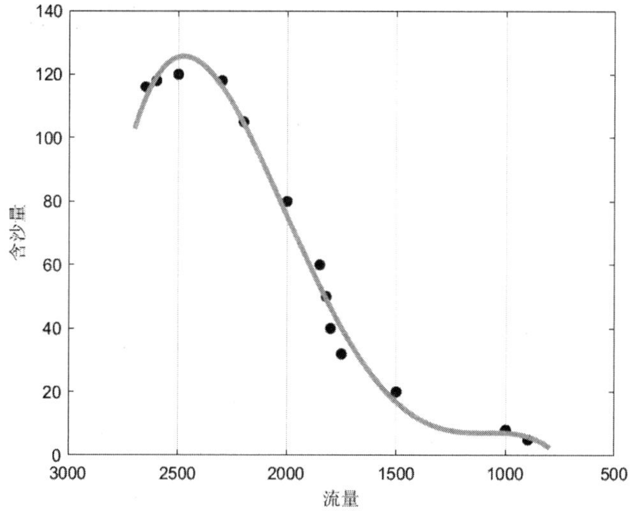

图 3.8　第二阶段四次多项式拟合效果

从拟合图形效果和误差分析可知，四次多项式拟合明显好于三次多项式拟合。

3.2.3.2　通过变换将非线性拟合问题转化为线性拟合问题

我们的基本思路是通过进行变换，将非线性拟合问题转化为线性拟合问题求解，然后经逆变换求出非线性拟合函数。仅以指数函数为例说明，如果数据组 (x_i, y_i)（$i = 0,1,\cdots,m$）的分布近似指数曲线，则可考虑用指数函数 $y = b\mathrm{e}^{ax}$ 去拟合数据，按最小二乘原理，a,b 的选取使 $F(a,b) = \sum_{i=0}^{m}(y_i - b\mathrm{e}^{ax_i})^2$ 为最小。由此导出的正则方程组是关于参数 a,b 的非线性方程组，称其为非线性最小二乘问题。

进行变换：$z=\ln y$，则有

$$z=a_0+a_1x$$

其中，$a_0=\ln b$；$a_1=a$。上式右端是线性函数。当函数 z 求出后，则 $y=e^z=e^{a_0}e^{a_1x}$。

函数 y 的数据组 (x_i,y_i)（$i=0,1,\cdots,m$）经变换后，对应函数 z 的数据组为 $(x_i,z_i)=(x_i,\ln y_i)$，$i=0,1,\cdots,m$。

例 3.4 设一发射源的发射强度公式形如 $I=I_0e^{-\alpha t}$，现测得 I 与 t 的数据如表 3.4 所示。

表 3.4 发射强度表

t_i	0.2	0.3	0.4	0.5	0.6	0.7	0.8
I_i	3.16	2.38	1.75	1.34	1.00	0.74	0.56

解 先求数据表 3.5 的最小拟合直线。将此表数据代入正则方程组，可得

表 3.5 发射强度的对数函值表

t_i	0.2	0.3	0.4	0.5	0.6	0.7	0.8
$\ln I_i$	1.1506	0.8671	0.5596	0.2927	0.0000	−0.3011	−0.5798

$$\begin{cases}7a_0+3.5a_1=1.9891\\3.5a_0+2.03a_1=0.1858\end{cases}$$

其解为 $a_0=1.73$，$a_1=-2.89$。所以

$$I_0=e^{a_0}=5.64,\quad \alpha=-a_1=2.89$$

发射强度公式近似为 $I=5.64e^{-2.89t}$。

大量的案例研究表明，绝对不能仅凭个别统计量来判断拟合结果的优劣，最好绘制拟合函数的图形以评估结果。如果解题过程中使用了变换，那么一般也应该检查未变换的模型和数据的图形。

虽然某些数据经过变换之后可以得到一个令人满意的拟合结果，但是结果变回原始坐标系之后不一定是合理的。原因是，虽然变换后数据的残差平方达到了最小值，但这并不能保证未变换数据的残差平方也达到了最小值。由于实际计算时，人们主要关心的是问题的简化，就把两者较小的差别忽略了。当然，也有学者认为，与其进行线性化处理，不如直接用非线性函数拟合数据，直接对未变换的残差平方进行最小化处理。

3.3 最佳平方三角逼近与快速傅里叶变换

前面的讨论重点放在了多项式上，现在我们转入另一类函数，这一类函数在工程应用中具有非常重要的地位，它们就是三角函数族：$1, \cos x, \sin x, \cdots, \cos kx, \sin kx, \cdots$。

工程师经常处理一些振荡或振动的系统，与期望的一样，对这样的问题建模时，三角函数扮演了一个非常重要的角色。本节的内容为工程应用提供了一个使用三角级数的系统框架。傅里叶分析的特点之一是，它同时处理时域和频域。

3.3.1 最佳平方三角逼近与三角插值

设 $f(x)$ 是以 2π 为周期的平方可积函数，用在 $[0, 2\pi]$ 上的正交函数族

$$1, \cos x, \sin x, \cdots, \cos kx, \sin kx, \cdots$$

所构成的三角级数对 $f(x)$ 进行最佳平方逼近多项式是

$$S_n(x) = \frac{1}{2}a_0 + \sum_{k=1}^{n}(a_k \cos kx + b_k \sin kx)$$

其中，

$$a_k = \frac{1}{\pi}\int_0^{2\pi} f(x)\cos kx\mathrm{d}x,\quad k = 0, 1, \cdots, n$$

$$b_k = \frac{1}{\pi}\int_0^{2\pi} f(x)\sin kx\mathrm{d}x,\quad k = 1, \cdots, n$$

a_k, b_k 称为傅里叶系数。如果 $f'(x)$ 在 $[0, 2\pi]$ 上分段连续，那么当 $n \to \infty$ 时，傅里叶级数

$$S(x) = \frac{1}{2}a_0 + \sum_{k=1}^{\infty}(a_k \cos kx + b_k \sin kx)$$

一致收敛到 $f(x)$。

对于最佳平方三角逼近多项式 $S_n(x)$ 满足

$$\|f(x) - S_n(x)\|_2^2 = \|f(x)\|_2^2 - \|S(x)\|_2^2$$

事实上，由定理 3.1 可知，$(f(x) - S_n(x), S_n(x)) = 0$，即 $(f(x), S_n(x)) = (S_n(x), S_n(x))$，所以

$$(f(x)-S_n(x),f(x)-S_n(x))=(f(x),f(x))-2(f(x),S_n(x))+(S_n(x),S_n(x))$$
$$=(f(x),f(x))-(S_n(x),S_n(x))$$

故

$$\|S(x)\|_2^2 \leqslant \|f(x)\|_2^2$$

即贝塞尔不等式

$$\frac{1}{2}a_0^2+\sum_{k=1}^{n}(a_k^2+b_k^2)\leqslant\frac{1}{\pi}\int_0^{2\pi}[f(x)]^2\mathrm{d}x$$

当 $f(x)$ 只在给定的离散点集 $\left\{x_j=\frac{2\pi}{N}j,\ j=0,1,\cdots,N-1\right\}$ 上已知时，则可类似得到离散点集正交性与相应的离散傅里叶系数。为方便起见，下面只给出奇数个点（$N=2m+1$）的情形。因为

$$\sum_{j=0}^{N-1}\left(\cos k\frac{2\pi j}{N}+i\sin k\frac{2\pi j}{N}\right)=\sum_{j=0}^{N-1}\mathrm{e}^{ik\frac{2\pi j}{N}}=\frac{1-\mathrm{e}^{i2k\pi}}{1-\mathrm{e}^{ik\frac{2\pi}{N}}}=0$$

$$\sum_{j=0}^{N-1}\cos k\frac{2\pi j}{N}\cos l\frac{2\pi j}{N}=\frac{1}{2}\sum_{j=0}^{N-1}\left[\cos(k+l)\frac{2\pi j}{N}+\cos(k-l)\frac{2\pi j}{N}\right]$$

所以

$$\sum_{j=0}^{N-1}\cos k\frac{2\pi j}{N}\cos l\frac{2\pi j}{N}=\begin{cases}0, & k\neq l\\ \frac{N}{2}, & k=l\neq 0\\ N, & k=l=0\end{cases}$$

同理，

$$\sum_{j=0}^{N-1}\sin k\frac{2\pi j}{N}\sin l\frac{2\pi j}{N}=\begin{cases}0,\ k\neq l,\ l=k=0\\ \frac{N}{2},\ k=l\neq 0\end{cases}$$

$$\sum_{j=0}^{N-1}\cos k\frac{2\pi j}{N}\sin l\frac{2\pi j}{N}=0,\ 0<k,\ l<m$$

这表明函数族 $\{1,\cos x,\sin x,\cdots,\cos mx,\sin mx\}$ 在点集 $\left\{x_j=\frac{2\pi j}{2m+1},\ j=0,1,\cdots,2m\right\}$ 上正交。若令 $f_j=f(x_j)$，$j=0,1,\cdots,2m$，则 $f(x)$ 的最小二乘三角逼近为

$$S_n(x)=\frac{1}{2}a_0+\sum_{k=1}^{m}(a_k\cos kx+b_k\sin kx),\quad n<m$$

其中

$$a_k = \frac{2}{N}\sum_{j=0}^{2m} f_j \cos\frac{2\pi jk}{N},\quad k = 0,1,\cdots,n$$

$$b_k = \frac{2}{N}\sum_{j=0}^{2m} f_j \sin\frac{2\pi jk}{N},\quad k = 1,\cdots,n$$

当 $n = m$ 时，可证明：$S_m(x_j) = f_j$，$j = 0,1,\cdots,2m$ 。事实上，

$$\begin{aligned}
S_m(x_j) &= \frac{1}{2}a_0 + \sum_{k=1}^{m}\left(a_k \cos kx_j + b_k \sin kx_j\right)\\
&= \frac{1}{N}\sum_{q=0}^{2m} f_q + \sum_{k=1}^{m}\left[\frac{2}{N}\sum_{q=0}^{2m} f_q\left(\cos kx_q \cos kx_j + \sin kx_q \sin kx_j\right)\right]\\
&= \frac{1}{N}f_j + \frac{2m}{N}f_j + \frac{1}{N}\left\{\sum_{\substack{q=0\\ j\neq q}}^{2m} f_q + 2\sum_{k=1}^{m}\left[\sum_{\substack{q=0\\ j\neq q}}^{2m} f_q\left(\cos kx_q \cos kx_j + \sin kx_q \sin kx_j\right)\right]\right\}\\
&= f_j + \frac{1}{N}\left\{\sum_{\substack{q=0\\ j\neq q}}^{2m} f_q + 2\sum_{\substack{q=0\\ j\neq q}}^{2m} f_q\left[\sum_{k=1}^{m}\cos k\left(x_q - x_j\right)\right]\right\}\\
&= f_j + \frac{1}{N}\left[\sum_{\substack{q=0\\ j\neq q}}^{2m} f_q + 2\sum_{\substack{q=0\\ j\neq q}}^{2m} f_q\left(-\frac{1}{2}\right)\right]\\
&= f_j\\
& j = 0,1,\cdots,2m
\end{aligned}$$

于是

$$S_m(x) = \frac{1}{2}a_0 + \sum_{k=1}^{m}(a_k \cos kx + b_k \sin kx)$$

就是三角插值多项式。

一般情形，设 $f(x)$ 是以 2π 为周期的复函数，给定 N 个等分点 $x_j = \frac{2\pi j}{N}$（$j = 0,1,\cdots,N-1$）上的值 $f_j = f\left(\frac{2\pi}{N}j\right)$。$e^{ijx} = \cos(jx) + i\sin(jx)$，$i = \sqrt{-1}$，函数族 $\left\{1, e^{ix}, \cdots, e^{i(N-1)x}\right\}$ 关于点集 $\{x_k\}_{k=0}^{N-1}$ 正交，即

$$(e^{ilx}, e^{isx}) = \sum_{k-0}^{N-1} e^{il\frac{2\pi}{N}k} e^{-is\frac{2\pi}{N}k} = \sum_{k-0}^{N-1} e^{i(l-s)\frac{2\pi}{N}k} = \begin{cases}0, & l \neq s\\ N, & l = s\end{cases}$$

这里的内积是复内积，即 $(x, y) = y^H x$ 。因此，$f(x)$ 在 N 个点 $x_j = \frac{2\pi j}{N}$ $(j = 0,1,\cdots,N-1)$ 上的最小二乘傅里叶逼近是

$$S(x) = \sum_{k-0}^{n-1} c_k e^{ikx},\quad n \leqslant N$$

其中，

$$c_k = \frac{1}{N}\sum_{j=0}^{N-1} f_j \mathrm{e}^{-\mathrm{i}kj\frac{2\pi}{N}}, \quad k = 0,1,\cdots,n-1 \tag{3-10}$$

特别地，当 $n = N$，则 $S(x)$ 为 $f(x)$ 在点 x_j（$j = 0,1,\cdots,N-1$）的插值函数，即 $S(x_j) = f(x_j)$，于是有

$$f_j = \sum_{k-0}^{N-1} c_k \mathrm{e}^{\mathrm{i}k\frac{2\pi}{N}j}, \quad j = 0,1,\cdots,N-1 \tag{3-11}$$

称由 $\{f_j\}$ 求 $\{c_k\}$ 的过程为 $f(x)$ 的离散傅里叶变换；称由 $\{c_k\}$ 求 $\{f_j\}$ 的过程为离散傅里叶反变换。

离散傅里叶变换用于测定复杂波形的离散个点上的值，经变换后就可将复杂波形分解为具有不同频率的许多简谐波，并确定其谱（振幅），从而确定哪些波起主要作用，哪些起次要作用。离散傅里叶反变换用于通过简谐波的频谱（振幅）还原，或者说合成原波形。

3.3.2 快速傅里叶转换

由式（3-10）和式（3-11）计算傅里叶系数 a_k, b_k 都可归结为计算

$$c_j = \sum_{k=0}^{N-1} x_k \omega^{kj}, \quad j = 0,1,\cdots,N-1$$

其中，$\omega = \mathrm{e}^{-\mathrm{i}\frac{2\pi}{N}}$（正变换）或 $\omega = \mathrm{e}^{\mathrm{i}\frac{2\pi}{N}}$（反变换），$\{x_k\}$（$k = 0,1,\cdots,N-1$）是已知复数序列。

分析计算量：直接计算 c_j，需要 N 次复数乘法和 $N-1$ 次复数加法，称为 N 次操作，计算全部 c_j，共需要 N^2 次操作。当 N 较大且处理数据很多时，就是用高速的电子计算机，很多实际问题仍然无法计算，直到 20 世纪 60 年代中期产生了快速傅里叶转换（Fast Fourier Transformation，简称 FFT）算法，大大提高了运算速度，才使傅里叶变换得以广泛应用。

分析现象：实际上，不管 kj 如何，利用周期性只有 N 个不同的 $\omega^0, \omega^1, \cdots, \omega^{N-1}$。特别当 $N = 2^p$ 时，只有 $N/2$ 个不同的值。

原始思想：等式 $ab + ac = a(b + c)$ 将两次乘法变成一次乘法，即将相同的进行合并。

手段：利用同余关系 $m = qN + r$，其中 r 称为 m 的 N 同余数，用 $m \overset{N}{\equiv} r$ 表示。显然，$\omega^m = \omega^r$，因此我们可用 ω^r 代替 ω^m。下面我们以 $N = 2^3$ 为例，说明 FFT 的计算方法。

$$c_j = \sum_{k-0}^{7} x_k \omega^{kj}, \quad j = 0,1,\cdots,7 \tag{3-12}$$

将 k, j 用二进制数表示为

$$k = k_2 2^2 + k_1 2 + k_0 2^0 = (k_2 k_1 k_0),\quad j = j_2 2^2 + j_1 2 + j_0 2^0 = (j_2 j_1 j_0)$$

其中，k_r, j_r（$r = 0,1,2$）只能取 0 或 1。按照这样的表示法，c_k, x_k 可表示为

$$c_k = c(k_2 k_1 k_0),\quad x_k = x(k_2 k_1 k_0)$$

式（3-12）可表示为

$$\begin{aligned} c(j_2 j_1 j_0) &= \sum_{k_0=0}^{1}\sum_{k_1=0}^{1}\sum_{k_2=0}^{1} x(k_2 k_1 k_0)\omega^{(k_2 k_1 k_0)\,(j_2 2^2 + j_1 2 + j_0 2^0)} \\ &= \sum_{k_0=0}^{1}\left\{\sum_{k_1=0}^{1}\left[\sum_{k_2=0}^{1} x(k_2 k_1 k_0)\omega^{j_0 (k_2 k_1 k_0)}\right]\omega^{j_1 (k_1 k_0 0)}\right\}\omega^{j_2 (k_0 00)} \end{aligned} \tag{3-13}$$

若引入记号

$$\begin{cases} A_0(k_2 k_1 k_0) = x(k_2 k_1 k_0), & A_1(k_1 k_0 j_0) = \displaystyle\sum_{k_2=0}^{1} A_0(k_2 k_1 k_0)\omega^{j_0 (k_2 k_1 k_0)} \\ A_2(k_0 j_1 j_0) = \displaystyle\sum_{k_1=0}^{1} A_1(k_1 k_0 j_0)\omega^{j_1 (k_1 k_0 0)}, & A_3(j_2 j_1 j_0) = \displaystyle\sum_{k_0=0}^{1} A_2(k_0 j_1 j_0)\omega^{j_0 (k_0 00)} \end{cases} \tag{3-14}$$

则式（3-13）变成

$$c(j_2 j_1 j_0) = A_3(j_2 j_1 j_0)$$

说明：利用 N 同余数可把计算 c_j 分为 p 步，每计算一个 A_q 只需用 2 次复数乘法，计算一个 c_j 用 $2p$ 次复数乘法，计算全部 c_j 共用 $2pN$ 次复数乘法。若注意 $\omega^{j_0 2^{p-1}} = \omega^{j_0 N/2} = (-1)^{j_0}$，式（3-14）还可进一步简化为

$$\begin{aligned} A_1(k_1 k_0 j_0) &= \sum_{k_2=0}^{1} A_0(k_2 k_1 k_0)\omega^{j_0 (k_2 k_1 k_0)} \\ &= A_0(0k_1 k_0)\omega^{j_0 (0 k_1 k_0)} + A_0(1 k_1 k_0)\omega^{j_0 2^2}\omega^{j_0 (0 k_1 k_0)} \\ &= \left[A_0(0 k_1 k_0) + (-1)^{j_0} A_0(1 k_1 k_0)\right]\omega^{j_0 (0 k_1 k_0)} \end{aligned}$$

$$A_1(k_1 k_0 0) = A_0(0 k_1 k_0) + A_0(1 k_1 k_0),\quad A_1(k_1 k_0 1) = \left[A_0(0 k_1 k_0) - A_0(1 k_1 k_0)\right]\omega^{(0 k_1 k_0)}$$

将这表达式中二进制数表示还原为十进制数表示：$k = (0 k_1 k_0) = k_1 2^1 + k_0 2^0$，即 $k = 0,1,2,3$，得

$$\begin{cases} A_1(2k) = A_0(k) + A_0(k + 2^2) \\ A_1(2k+1) = \left[A_0(k) - A_0(k + 2^2)\right] \end{cases},\quad k = 0,1,2,3 \tag{3-15}$$

同样式（3-14）中的 A_2 也可简化为

$$A_2(k_0 j_1 j_0) = \left[A_1(0k_0 j_0) + (-1)^{j_1} A_1(1k_0 j_0)\right]\omega^{j_1(0k_1 0)}$$

即

$$A_2(k_0 0 j_0) = A_1(0k_0 j_0) + A_1(1k_0 j_0),\ A_2(k_0 1 j_0) = \left[A_1(0k_0 j_0) - A_1(1k_0 j_0)\right]\omega^{(0k_0 0)}$$

把二进制数表示还原为十进制数表示，得

$$\begin{cases} A_1(k2^2 + j) = A_0(2k + j) + A_0(2k + j + 2^2) \\ A_1(k2^2 + j + 2) = \left[A_1(2k + j) - A_1(2k + j + 2^2)\right]\omega^{2k} \end{cases},\quad k = 0,1,\ j = 0,1 \tag{3-16}$$

同理，式（3-14）中 A_3 可简化为

$$A_3(j_2 j_1 j_0) = A_2(0 j_1 j_0) + (-1)^{j_2} A_2(1 j_1 j_0)$$

即

$$A_3(0 j_1 j_0) = A_2(0 j_1 j_0) + A_2(1 j_1 j_0),\ A_3(1 j_1 j_0) = A_2(0 j_1 j_0) - A_2(1 j_1 j_0)$$

表示为十进制数，有

$$\begin{cases} A_3(j) = A_2(j) + A_2(j + 2^2) \\ A_3(j + 2^2) = A_2(j) - A_2(j + 2^2) \end{cases},\quad j = 0,1,2,3 \tag{3-17}$$

根据式（3-15）至式（3-17），由 $A_0(k) = x(k) = x_k$（$k = 0,1,\cdots,7$）逐次计算得

$$A_3(j) = c_j,\quad j = 0,1,\cdots,7$$

上面推导的 $N = 2^3$ 的计算公式可类似地推广到 2^p 的情形，根据式（3-15）至式（3-17），一般情况的快速傅里叶变换计算公式如下：

$$\begin{cases} A_q(k2^q + j) = A_{q-1}(k2^{q-1} + j) + A_{q-1}(k2^{q-1} + j + 2^{p-1}) \\ A_q(k2^q + j + 2^{q-1}) = \left[A_{q-1}(k2^{q-1} + j) - A_{q-1}(k2^{q-1} + j + 2^{p-1})\right]\omega^{k2^{q-1}} \end{cases}$$

其中，$q = 1,\cdots,p$；$k = 0,1,\cdots,2^{p-q}$；$j = 0,1,\cdots,2^{q-1} - 1$。$A_q$ 括号内的数代表它的位置，在计算机中代表存放数的地址。

分析计算量：除最后一步无须乘法外，每步计算（$q = 1,\cdots,p-1$）需要 $N/2$ 次乘法，所以全部计算需要 $(p-1)N/2$ 次复数乘法。

人物介绍

让·巴普蒂斯·约瑟夫·傅里叶（Jean Baptiste Joseph Fourier）（1768—1830），法国著

名数学家、物理学家，生于法国中部欧塞尔一个裁缝家庭，8 岁时沦为孤儿，就读于地方军校，1795 年任巴黎综合工科大学助教，1798 年随拿破仑军队远征埃及，受到拿破仑器重，回国后被任命为格伦诺布尔省省长。他提出傅里叶级数，并将其应用于热传导理论与振动理论。傅里叶变换也以他命名。他被归功为温室效应的发现者。他是名字被刻在埃菲尔铁塔的七十二位法国科学家与工程师中的一位。

3.4 案例及 MATLAB 实现

本节我们将结合前面的例子说明函数逼近问题的 MATLAB 实现。

3.4.1 polyfit 函数

调用格式：a=polyfit(x,y,n)

解释：x,y 为已知的数据向量，n 为需拟合的多项式的次数。

例 3.5　例 3.2 的 MATLAB 求解

```
>> x=[10 15 20 25 40 50 55 60 75]; y=[5 20 18 40 33 54 70 60 78];
>> a=polyfit(x,y,1)
   a =  1.0590e+00   8.1793e-01
>> yi=a(2)+a(1)*32
   yi = 3.4705e+01
```

与前面的计算结果一致。

3.4.2 lsqcurvefit 函数

调用格式：[p,res]=lsqcurvefit(fun,a0,x,y)

解释：该函数用于求解非线性的最小二乘问题。fun 为原型函数的 MATLAB 表示，可以是 M 文件或 inline( )函数，a0 为最优化的初值，x 和 y 为原始输入输出数据向量，res 为在此待定系数下的目标函数的值，即残差的平方和。

其他的调用格式和使用方法请自行查阅 MATLAB 的帮助系统。

例 3.6 例 3.4 的 MATLAB 求解

方法一：

```
>> t=[0.2 0.3 0.4 0.5 0.6 0.7 0.8]'; I=[3.16 2.38 1.75 1.34 1 0.74 0.56]';
>> f=inline('a(1)*exp(-a(2)*t)','a','t')
    f =
        Inline function:
      f(a,t) = a(1)*exp(-a(2)*t)
>> [p,res]=lsqcurvefit(f,[0,0],t,I)
Optimization terminated: first-order optimality less than OPTIONS.TolFun, and no
negative/zero curvature detected in trust region model.
p =   5.6361    2.8906
res =   8.9397e-004
```

方法二：

```
>> [q,b]=nlinfit(t,I,f,[1,1])  %语法与 lsqcurvefit 类似，只是参数的顺序上有些差异，不
再赘述
    q =   5.6361    2.8906
    b =   -0.0016   0.0121   -0.0235   0.0117  0.0052  -0.0051  0.0019
>> res=sum(b.^2)
    res = 8.9397e-004
```

3.4.3 函数 fft

在 MATLAB 中，fft( )是一个内部函数，其值是向量的离散傅里叶系数的倍。在数字信号处理、全息技术、光谱和声谱分析等领域称该值为向量的离散谱。ifft( )也是一个内部函数，是离散傅里叶变换的逆变换。

函数 fft 对数据进行一维快速傅里叶变换，有多种调用格式，本节主要介绍下面格式的应用，其他调用格式，请读者自行查阅。

调用格式：Y=fft(X)

解释：若 X 是向量，则采用快速傅里叶变换算法进行 X 的离散傅里叶变换；若 X 是矩阵，则计算矩阵每一列的傅里叶变换；若 X 是多维数组，则对第一个非单元素的维进行计算。

函数 ifft 的用法和 fft 完全相同。

例 3.7 设 $f(x)=x^4-3x^3+2x^2-\tan x(x-2)$，给定数据

$$\{x_j, f(x_j)\}_{j=0}^{7}, x_j = \frac{j}{4},\quad \{x_j, f(x_j)\}_{j=0}^{8},\ x_j = \frac{j}{9} \text{和} \{x_j, f(x_j)\}_{j=0}^{8},\ x_j = \frac{j}{4}$$

分别确定三角插值多项式。

（1）带有偶数个点的情况。通过变换 $y = \pi x$ 将区间 $[0,2]$ 变成 $[0,2\pi]$，以数据 $\left\{y_j, f\left(\frac{y_j}{\pi}\right)\right\}_{j=0}^{7}$ 确定 8 个参数的三角多项式

$$S(y) = \frac{1}{2}a_0 + \sum_{k=1}^{3}(a_k \cos ky + b_k \sin ky) + \frac{a_4}{2}\cos 4y$$

```
>> x=0:7; x=x/4
  x = 0    0.2500    0.5000    0.7500    1.0000    1.2500    1.5000    1.7500
>>y=pi*x
  y = 0    0.7854    1.5708    2.3562    3.1416    3.9270    4.7124    5.4978
>> f1=x.^4-3*x.^3+2*x.^2-tan(x.*(x-2))
  f1 = 0    0.5498    1.1191    1.5379    1.5574    1.0691    0.3691   -0.1065
>> c=2*fft(f1)/8
  c =   1.5240     -0.7718 - 0.3864i   0.0173 - 0.0469i  -0.0069 - 0.0114i
       -0.0012     -0.0069 + 0.0114i    0.0173 + 0.0469i  -0.7718 + 0.3864i
>> a=real(c)
  a = 1.5240   -0.7718    0.0173   -0.0069   -0.0012   -0.0069    0.0173   -0.7718
>> b=-imag(c)
  b = 0    0.3864    0.0469    0.0114    0   -0.0114   -0.0469   -0.3864
>>s1=a(1)/2+a(2)*cos(y)+b(2)*sin(y)+a(3)*cos(2*y)+b(3)*sin(2*y)+a(4)*cos(3*y)
      +b(4)*sin(3*y)+a(5)*cos(4*y)/2
  s1 = -0.0000    0.5498    1.1191    1.5379    1.5574    1.0691    0.3691   -0.1065
```

与 f1 完全一样，即满足插值条件。最后得到

$$\begin{aligned}S(y) = {} & 0.7620 - 0.7718\cos(y) + 0.3864\sin(y) + 0.01730\cos(2y) + 0.046875\sin(2y) \\ & - 0.006863\cos(3y) + 0.01137\sin(3y) - 0.0005785\cos(4y)\end{aligned}$$

在 $[0,2]$ 上的三角插值多项式为

$$P(x) = S(\pi x)$$

图 3.9 所示为 $y = f(x)$ 和 $y = P(x)$ 的图像，通过以下命令得到：

```
>>x=0:0.01:2; f=x.^4-3*x.^3+2*x.^2-tan(x.*(x-2));
>>p=a(1)/2+a(2)*cos(pi*x)+b(2)*sin(pi*x)+a(3)*cos(2*pi*x)+b(3)*sin(2*pi*x)+a(
4)*cos(3*pi*x)
     +b(4)*sin(3*pi*x)+a(5)*cos(4*pi*x)/2;
>> plot(x,f,'r',x,p,'b+')
```

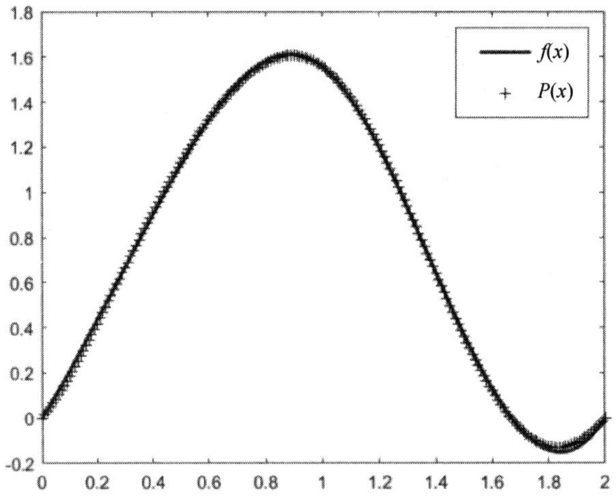

图 3.9 拟合曲线与原曲线的比较

（2）$n=m=4$ 的情况。通过变换 $y=2\pi x$ 将区间 $[0,1]$ 变成 $[0,2\pi]$，以数据 $\left\{y_j, f\left(\frac{y_j}{2\pi}\right)\right\}_{j=0}^{8}$ 确定带有 9 个参数的三角插值多项式，最后得到

$$S(y)=\frac{a_0}{2}+a_1\cos(y)+b_1\sin(y)+a_2\cos(2y)+b_2\sin(2y)+a_3\cos(3y)+b_3\sin(3y)+a_4\cos(4y)+b_4\sin(4y)$$

过程如下：

```
    >> x=0:8; x=x/9; y=2*pi*x
    >> f2=x.^4-3*x.^3+2*x.^2-tan(x.*(x-2))
  f2 = 0   0.2337   0.4853   0.7442   0.9983    1.2329   1.4293   1.5645   1.6135
    >> c=2*fft(f2)/9
     c = 1.8448  -0.3139 + 0.5829i  -0.2184 + 0.2186i  -0.1979 + 0.1030i  -0.1922+
0.0312i  -0.1922 - 0.0312i  -0.1979 - 0.1030i  -0.2184 - 0.2186i  -0.3139 - 0.5829i
    >> a=real(c)
    a  =1.8448    -0.3139    -0.2184    -0.1979    -0.1922    -0.1922    -0.1979
-0.2184   -0.3139
    >> b=-imag(c)
    b  = 0   -0.5829   -0.2186   -0.1030   -0.0312    0.0312    0.1030    0.2186    0.5829
  >>s2=a(1)/2+a(2)*cos(y)+b(2)*sin(y)+a(3)*cos(2*y)+b(3)*sin(2*y)++a(4)*cos(3*y)
+b(4)*sin(3*y)
     +a(5)*cos(4*y)+b(5)*sin(4*y)
  s2 =0.0000   0.2337   0.4853   0.7442   0.9983   1.2329   1.4293   1.5645   1.6135
```

与 f2 一致，最后得到

$$S(y)=0.9224-0.3139\cos(y)-0.5829\sin(y)-0.2184\cos(2y)-0.2186\sin(2y)$$
$$-0.1979\cos(3y)-0.1030\sin(3y)-0.1922\cos(4y)-0.0312\sin(4y)$$

在 [0,1] 上的三角插值多项式为

$$P(x)=S(2\pi x)$$

3.4.4　MATLAB 曲线拟合

MATLAB 曲线拟合工具的调用命令为 cftool，下面以例 3.7 为例介绍其应用。

```
>> x=0:7; x=x/4; y=pi*x
>> f1=x.^4-3*x.^3+2*x.^2-tan(x.*(x-2));
>> cftool
```

弹出 MATLAB 拟合工具箱界面，如图 3.10 所示。

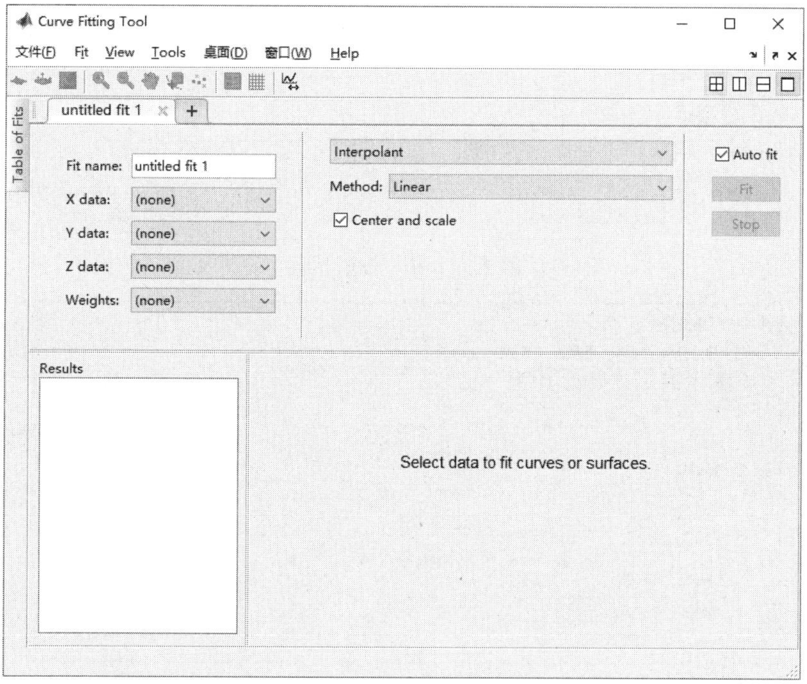

图 3.10　MATLAB 拟合工具箱界面

首先，在如图 3.11 所示的导入数据界面中输入要拟合的数据，输入数据的横坐标为 y，纵坐标为 f1，在坐标中生成点，结果如图 3.11 所示。现在进行拟合，先后单击“Fit”和“New Fit”按钮，其中有好多种拟合类型供我们选择，还有自定义函数“Custom Equation”选项。不妨随便选择一种拟合函数：选择“Polynomial”，在“Degree”下拉列表中选择 7，即多项式类中的七次多项式。拟合方式选择界面如图 3.12 所示。因为数据点有 8 个，所以这应该是插值，单击“Fit”按钮得到的拟合结果如图 3.13 所示。

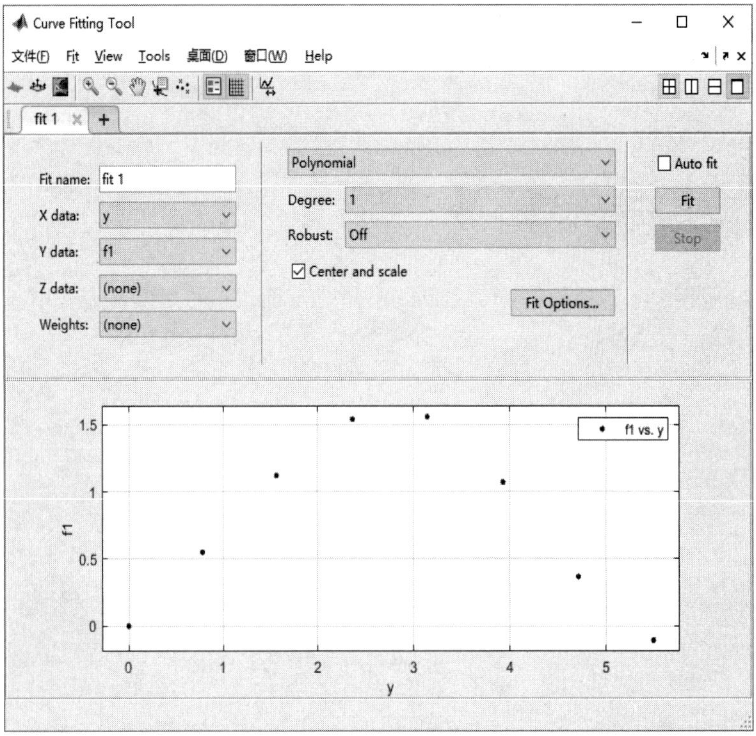

图 3.11 导入数据界面

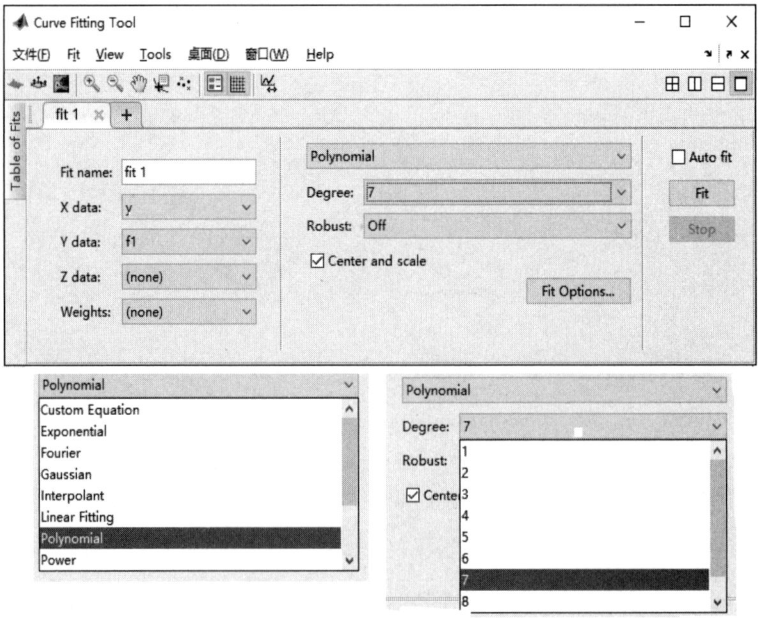

图 3.12 拟合方式选择界面

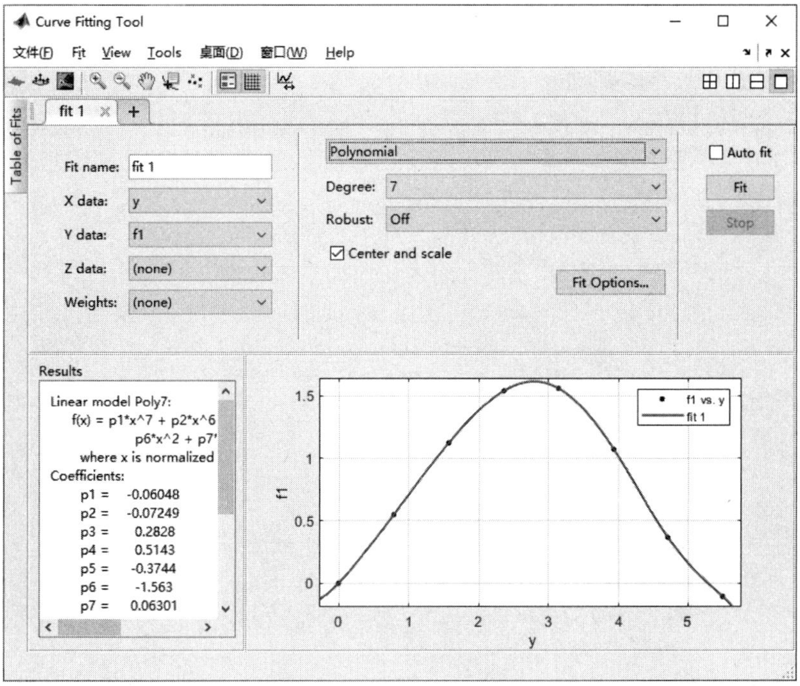

图 3.13　拟合结果

其次，考虑如何计算拟合函数在其他点出的值。单击“Save to workspace”按钮，弹出如图 3.14 所示的“Save Fit to MATLAB Workspace”对话框，单击“OK”按钮。如图 3.15 所示为拟合函数在 1 和 0.7854 处的函数值，后者就是 f1 中的一个值。

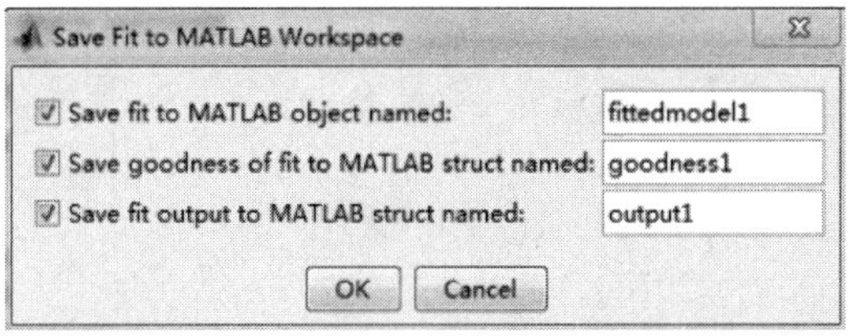

图 3.14　“Save Fit to MATLAB Workspace”对话框

```
>> fittedmodel1(1)
ans =    0.7096
>> fittedmodel1(0.7854)
ans =    0.5498
```

图 3.15　拟合结果

下面我们选择多项式类中的五次多项式进行拟合，结果如图 3.16 和图 3.17 所示。

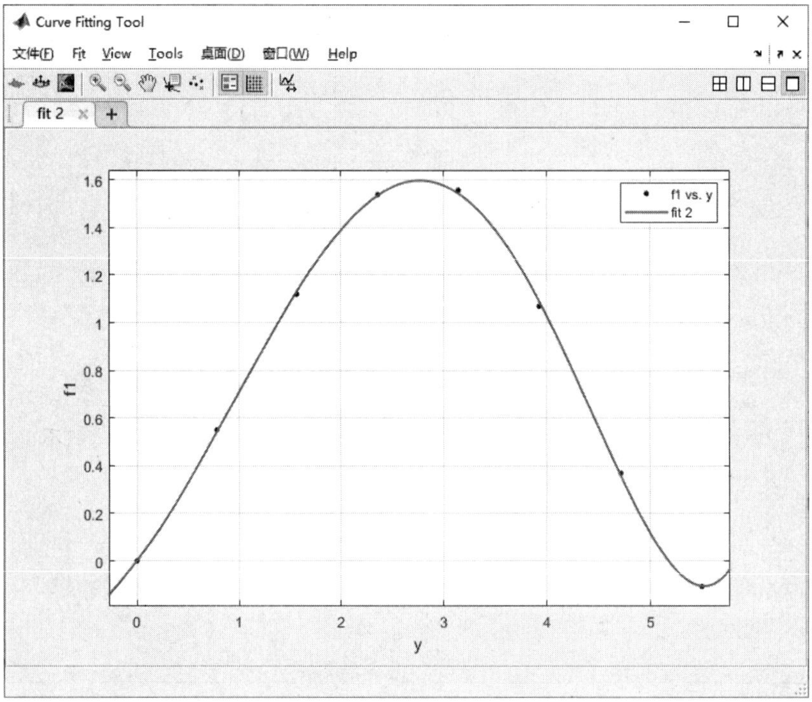

图 3.16 五次多项式拟合结果图示

```
Linear model Poly5:
f(x) =p1*x^5+p2*x^4+p3*x^3+p4*x^2+ p5*x+p6
Coefficients (with 95% confidence bounds):
   p1 =    0.00306  (-0.001717, 0.007837)
   p2 =    -0.02065  (-0.08657, 0.04527)
   p3 =    -0.03171  (-0.3527, 0.2893)
   p4 =    0.1823  (-0.4675, 0.8321)
   p5 =    0.5729  (0.0922, 1.054)
   p6 =    0.001663  (-0.09345, 0.09678)
Goodness of fit:
  SSE: 0.0009814
  R-square: 0.9997
  Adjusted R-square: 0.9989
  RMSE: 0.02215
```

图 3.17 五次多项式拟合结果

再次，附加对图 3.17 中的一些说明。

confidence bounds 置信区间，p1 = 0.00306(−0.001717, 0.007837)——p1 的真实值以 95% 的概率落在区间(−0.001717, 0.007837)中。

Goodness of fit 拟合优度。

SSE	误差平方和，即拟合函数和原函数在节点处的函数值差的平方和，此例中指 $\|f(y)-f1\|^2 = 0.0009814$，一般来说这个指标越接近 0，拟合越好。
R-square	决定系数，表示拟合得有多成功，一般来说这个指标越接近于 1，拟合越好。
Adjusted R-square	自由度调整的决定系数，一般来说这个指标越接近于 1，拟合越好。
RMSE	均方根误差，一般来说这个指标越接近 0，拟合越好。

注意： 置信水平 95%以及各个参数的范围都是可以设置的，具体我们不再展开演示。

习题 3

3-1. 某城市一社区 20 年内人口增长很快，数据如表 3.6 所示。

表 3.6　某市一社区 20 年内人口增长表

年份 x	0	5	10	15	20
人口数 y	100	200	450	950	2000

假设某通信公司的工程师，为了测试设备功能的需求，需要知道未来 5 年内该小区人口数，请根据上述数据分别用指数模型和线性模型得到想要的数据。

3-2. $f(x)=|x|$，在 $[-1,1]$ 上求关于 $\varPhi=\mathrm{span}\{1,x^2,x^4\}$ 的最佳平方逼近多项式。

3-3. 已知实验数据如表 3.7 所示。

表 3.7　实验数据表

x_i	19	25	31	38	44
y_i	19.0	32.3	49.0	73.3	97.8

用最小二乘法求形如 $y=a_0+a_1x^2$ 的经验公式，并计算均方误差。

3-4. 对彗星 1968Tentax 的移动在某个坐标系下有如表 3.8 所示的观察数据。

表 3.8　彗星移动观察数据表

r	2.70	2.00	1.61	1.20	1.02
φ	48°	67°	83°	108°	126°

假设忽略来自行星的干扰，坐标应满足

$$r=\frac{p}{1-e\cos\varphi}$$

其中，p 为参数；e 为偏心率。用最小二乘法拟合 p 和 e，并计算均方误差。

3-5. 某城市每月平均气温如表 3.9 所示。

表 3.9　某城市每月平均气温表

月　份	1	2	3	4	5	6	8	9	10	11	12
温　度	18.9	21.1	23.3	27.8	32.2	37.2	36.1	34.4	29.4	23.3	18.9

表 3.9 中没有 7 月份的数据。假设每个月都是 30 天，用模型 $y=a_0+a_1\cos(wx)+a_2\sin(wx)$ 拟合这些数据，并预测 7 月份的气温。

提示：请分别以 x=[1 2 3 4 5 6 8 9 10 11 12]和 x=[15 45 75 105 135 165 225 255 285 315 345]拟合，比较一下结果。

第4章 数值积分

工程中经常会出现变化的系统和过程需要计算定积分。求定积分最常用的是牛顿-莱布尼公式，由于该公式需要找到被积函数的原函数$F(x)$才可使用，所以在很多情况下，其应用受到很大限制。对于使用牛顿-莱布尼公式求定积分困难的情形主要有以下3类。

（1）原函数$F(x)$虽然能够求得，但形式复杂，寻找难度很高。例如，对于形式简单的被积函数

$$f(x)=\frac{1}{1+x^n},\ n\in N^+$$

随着n增大，原函数形式是非常复杂的。

例如，取$n=3$，其原函数为

$$F(x)=\int\frac{1}{1+x^3}\mathrm{d}x=\frac{1}{3}\left(\ln|x+1|-\frac{1}{2}\ln|x^2-x+1|+\sqrt{3}\arctan\frac{2x-1}{\sqrt{3}}\right)+C$$

（2）原函数无法用初等函数表达。例如，被积函数为$f(x)=\dfrac{\sin x}{x}$，$f(x)=\mathrm{e}^{x^2}$等。

（3）并不知道被积函数$f(x)$的形式，只是通过测量或数值计算得到一系列离散点上的函数值。

为解决牛顿-莱布尼公式的上述困难，就需要建立不用寻找原函数的数值积分方法。本章从数值积分的基本思想开始，介绍多种有效的数值积分方法。

4.1 基本概念

4.1.1 数值积分的基本思想

为了得到数值积分公式，我们从定积分的定义和几何意义两个角度进行介绍。

4.1.1.1 定积分的定义

定积分的定义为，在区间 $[a,b]$ 上的任意划分 $a=x_0<x_1<x_2<\cdots x_n=b$ ，取任一点 $\xi_i\in[x_{i-1},x_i]$ ，

$$\lim_{\lambda\to 0}\sum_{i=1}^{n}f(\xi_i)\Delta x_i \tag{4-1}$$

极限存在且与划分无关，与 ξ_i 取法无关，则式（4-1）即为 $f(x)$ 在 $[a,b]$ 上的定积分。其中，$\lambda=\max\limits_{1\leqslant i\leqslant n}(\Delta x_i)$ 。

由式（4-1）可知，积分和式 $\sum\limits_{i=1}^{n}f(\xi_i)\Delta x_i$ 是一些点上函数值 $f(\xi_i)$ 的线性组合，由此我们可以得到数值积分的基本思想，即在区间 $[a,b]$ 上适当选取某些节点 x_k ，然后用 $f(x_k)$ 的线性组合作为定积分的近似值，得到以下求积公式：

$$I(f)=\int_a^b f(x)\mathrm{d}x\approx\sum_{k=0}^{n}A_k f(x_k)=I_n(f) \tag{4-2}$$

其中， x_k 为求积节点； A_k 为求积系数，即线性组合的系数。这里系数 A_k 仅与节点 x_k 的选取有关，不依赖于被积函数 $f(x)$ 。通常，式（4-2）被称为机械求积公式，它避免牛顿-莱布尼公式寻求原函数的困难，将积分求值问题归结为函数值的计算。式（4-2）主要包含两个要素，即确定求积节点 $\{x_k\}$ 和相应的系数 $\{A_k\}$ ，根据这两个要素选定的不同，这类公式可以有无穷多种。

4.1.1.2 定积分的几何意义

定积分的几何意义实际表示的就是被积函数与坐标轴围成的图形的面积，如图 4.1 所示的区域 S 的面积即为 $f(x)$ 在 $[a,b]$ 上的定积分。

由积分中值定理：对 $f(x) \in C[a,b]$，存在 $\xi \in [a,b]$，有

$$\int_a^b f(x)\mathrm{d}x = (b-a)f(\xi)$$

可知，曲边梯形区域 S 的面积等于底为 $b-a$ 而高为 $f(\xi)$ 的矩形 $abBA$ 的面积。积分中值定理图示如图 4.2 所示。

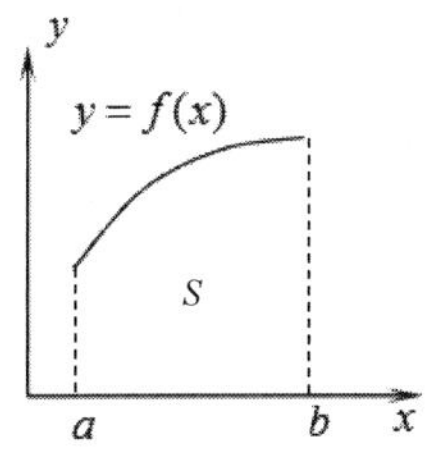

图 4.1　定积分的几何意义

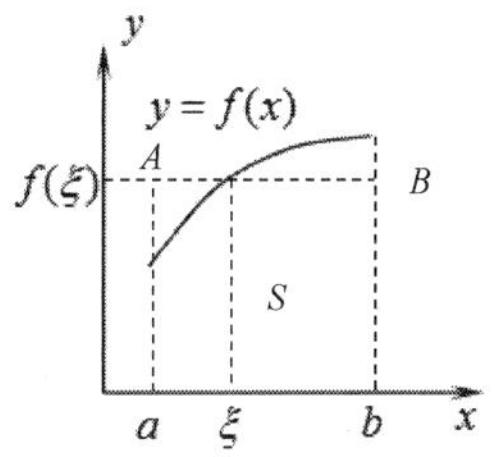

图 4.2　积分中值定理图示

$f(\xi)$ 为区间 $[a,b]$ 上的平均高度。因为点 ξ 的具体位置一般不知道，所以难以准确算出平均高度 $f(\xi)$。通过对平均高度 $f(\xi)$ 取不同的近似就可以得到不同的数值积分方法。

如果用两端的算术平均近似平均高度 $f(\xi)$，导出的求积公式

$$\int_a^b f(x)\mathrm{d}x \approx (b-a)\frac{f(a)+f(b)}{2} = T \tag{4-3}$$

被称为梯形公式，梯形公式几何意义如图 4.3 所示。

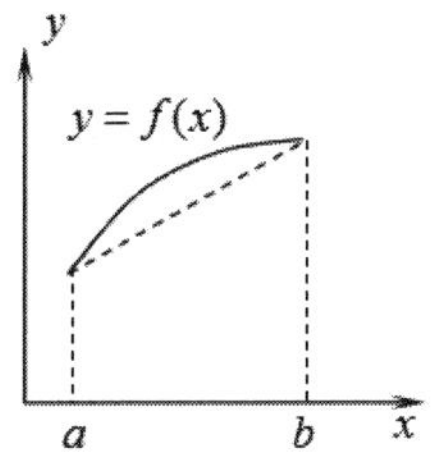

图 4.3　梯形公式几何意义

如果改用区间中点 $\dfrac{a+b}{2}$ 的“高度” $f\left(\dfrac{a+b}{2}\right)$ 近似平均高度 $f(\xi)$，可导出所谓中矩形公式（简称矩形公式）

$$\int_a^b f(x)\mathrm{d}x \approx (b-a)f\left(\frac{a+b}{2}\right) = R \tag{4-4}$$

如果取左端点和右端点的函数值近似平均高度 $f(\xi)$，得到的公式 $\int_a^b f(x)\mathrm{d}x \approx (b-a)f(a)$ 和 $\int_a^b f(x)\mathrm{d}x \approx (b-a)f(b)$ 分别被称为左矩形公式和右矩形公式。

将该思路一般化，即在区间$[a,b]$上适当选取某些节点x_k，然后用$f(x_k)$的加权平均得到平均高度$f(\xi)$的近似值，这样同样可以构造出式（4-2）的求积公式。

4.1.2 代数精度

数值积分的基本问题就是针对某些函数类，选择合适的求积节点$\{x_k\}$和相应的系数$\{A_k\}$使式（4-2）尽可能地逼近所求积分。为此，引入以下截断误差的概念。

定义 4.1 对于在$[a,b]$上定义的函数$f(x)$，称

$$E_n(f)=I(f)-I_n(f) \tag{4-5}$$

为式（4-2）求积分$I(f)$的截断误差。

截断误差是一个与被积函数$f(x)$密切相关的标量函数，因此无法直接用来描述求积公式本身的好坏，这就需要再引入其他概念对数值积分的效果进行评价。

由 Weierstrass（魏尔施特拉斯）定理可知，对闭区间上任意的连续函数，都可用多项式一致逼近。一般来说，多项式的次数越高，逼近程度越好。因此，我们可以根据该结论引入代数精度的概念。

定义 4.2 如果某个求积公式对于次数不超过m的多项式均精确成立，但对于$m+1$次多项式不精确成立，则称该求积公式具有m次代数精度。

例 4.1 求证：式（4-3）具有 1 阶代数精度。

证明 梯形公式为$\int_a^b f(x)\mathrm{d}x\approx(b-a)\dfrac{f(a)+f(b)}{2}$，当$f(x)=1$时，左边$=\int_a^b f(x)\mathrm{d}x=\int_a^b 1\mathrm{d}x=b-a$，右边$=(b-a)\dfrac{1+1}{2}=b-a$，故左边＝右边，所以公式至少具有 0 次代数精度。

当$f(x)=x$时，左边$=\int_a^b f(x)\mathrm{d}x=\int_a^b x\mathrm{d}x=\dfrac{1}{2}(b^2-a^2)$，右边$=(b-a)\dfrac{a+b}{2}=\dfrac{1}{2}(b^2-a^2)$，故左边＝右边，所以公式至少具有 1 次代数精度。

当$f(x)=x^2$时，左边$=\int_a^b f(x)\mathrm{d}x=\int_a^b x^2\mathrm{d}x=\dfrac{1}{3}(b^3-a^3)$，右边$=(b-a)\dfrac{a^2+b^2}{2}$，故左边$\neq$右边，所以公式具有 1 次代数精度。

除了用于确定已知数值积分公式的代数精度，通过代数精度的定义我们还可以选择出合适的求积节点$\{x_k\}$和相应系数$\{A_k\}$，使式（4-2）精度尽量高。

例 4.2 试确定求积公式

$$\int_0^2 f(x)\mathrm{d}x\approx A_1f(0)+A_2f(x_1)+A_3f(2)$$

中的待定参数 A_1,A_2,A_3,x_1，使其代数精度尽可能高。

解 根据题意可令 $f(x)=1,x,x^2,x^3$，分别代入求积公式，使它精确成立。

当 $f(x)=1$ 时，左边 $=\int_0^2 f(x)\mathrm{d}x=2$，右边 $=A_1+A_2+A_3$，要使左边=右边，得方程 $A_1+A_2+A_3=2$。

当 $f(x)=x$ 时，左边 $=\int_0^2 f(x)\mathrm{d}x=2$，右边 $=A_2x_1+2A_3$，要使左边=右边，得方程 $A_2x_1+2A_3=2$。

当 $f(x)=x^2$ 时，左边 $=\int_0^2 f(x)\mathrm{d}x=\frac{8}{3}$，右边 $=A_2x_1^2+4A_3$，要使左边=右边，得方程 $A_2x_1^2+4A_3=\frac{8}{3}$。

当 $f(x)=x^3$ 时，左边 $=\int_0^2 f(x)\mathrm{d}x=4$，右边 $=A_2x_1^3+8A_3$，要使左边=右边，得方程 $A_2x_1^3+8A_3=4$。

联立上述 4 个方程，解得 $A_1=\frac{1}{3}$，$A_2=\frac{4}{3}$，$A_3=\frac{1}{3}$，$x_1=1$。于是，$\int_0^2 f(x)\mathrm{d}x\approx\frac{1}{3}f(0)+\frac{4}{3}f(1)+\frac{1}{3}f(2)$。

令 $f(x)=x^4$ 时，上式左边 $=\int_0^2 x^4\mathrm{d}x=\frac{32}{5}$，而上式右边 $=A_2x_1^4+16A_3=\frac{20}{3}$，左边 $\neq$ 右边，故公式对 $f(x)=x^4$ 不精确成立，所以该求积公式的代数精度为 3。

实际上，按照代数精度的定义，求积公式不只局限于被积函数值的线性组合，如果求积公式中除了 $f(x_i)$ 还有 $f'(x_i)$ 在某些节点上的值，同样可得到相应的求积公式。

例 4.3 试确定形如

$$\int_0^2 f(x)\mathrm{d}x\approx A_1f(0)+A_2f(1)+Bf'(2)$$

的求积公式的待定参数 A_1,A_2,B，使其代数精度尽可能高。

解 根据题意可令 $f(x)=1,x,x^2$，分别代入求积公式，使它精确成立。类似于例 4.2 的做法依次代入，可得到以下方程组：

$$\begin{cases} A_1+A_2=2 \\ A_2+B=2 \\ A_2+4B=\dfrac{8}{3} \end{cases}$$

求解该方程组得 $A_1=\frac{2}{9}$，$A_2=\frac{16}{9}$，$B=\frac{2}{9}$。于是，$\int_0^2 f(x)\mathrm{d}x\approx\frac{2}{9}f(0)+\frac{16}{9}f(1)+\frac{2}{9}f'(2)$。

令 $f(x)=x^3$ 时，上式左边 $=\int_0^2 x^3\mathrm{d}x=4$，而上式右边 $=\dfrac{40}{9}$，左边 $\neq$ 右边，故公式对 $f(x)=x^3$ 不精确成立，所以该求积公式的代数精度为 2。

4.1.3 收敛性与稳定性

定义 4.3 在式（4-2）中，若

$$\lim_{\substack{n\to\infty\\h\to 0}}\sum_{k=0}^{n}A_k f(x_k)=\int_a^b f(x)\mathrm{d}x$$

其中，$h=\max\limits_{1\leqslant i\leqslant n}(x_i-x_{i-1})$，则称式（4-2）是收敛的。

对于数值积分公式的收敛性通常是通过截断误差分析判断的。

通常被积函数 $f(x)$ 在节点 x_k 处的准确值是很难求出的，实际计算用的是 $f(x_k)$ 的近似值 $\tilde{f}(x_k)$，因此会产生计算误差，记该误差为 δ_k，则有关系 $f(x_k)=\tilde{f}(x_k)+\delta_k$。讨论 δ_k 是否会对数值积分结果产生影响的问题即讨论数值积分的稳定性问题。

定义 4.4 对任给 $\varepsilon>0$，若存在 $\delta>0$，使 $\left|f(x_k)-\tilde{f}(x_k)\right|\leqslant\delta$（$k=0,1,\cdots,n$）有

$$\left|I_n(f)-I_n(\tilde{f})\right|=\left|\sum_{k=0}^{n}A_k\left(f(x_k)-\tilde{f}(x_k)\right)\right|\leqslant\varepsilon \tag{4-6}$$

成立，则称式（4-2）是稳定的。

通过该定义，我们立刻可以得到式（4-2）稳定的充分性定理。

定理 4.1 若式（4-2）中系数 $A_k>0$（$k=0,1,\cdots,n$），则此求积公式是稳定的。

证明 对任给 $\varepsilon>0$，取 $\delta=\dfrac{\varepsilon}{b-a}$，对 $k=0,1,\cdots,n$ 都有 $\left|f(x_k)-\tilde{f}(x_k)\right|\leqslant\delta$ 成立，则有

$$\left|I_n(f)-I_n(\tilde{f})\right|=\left|\sum_{k=0}^{n}A_k\left(f(x_k)-\tilde{f}(x_k)\right)\right|\leqslant\sum_{k=0}^{n}\left|A_k\right|\left|f(x_k)-\tilde{f}(x_k)\right|\leqslant\delta\sum_{k=0}^{n}\left|A_k\right|$$

由 $A_k>0$，则有

$$\left|I_n(f)-I_n(\tilde{f})\right|\leqslant\delta\sum_{k=0}^{n}A_k=\frac{\varepsilon}{b-a}\sum_{k=0}^{n}A_k$$

再由对任意代数精度大于或等于 0 的求积公式均有

$$\sum_{k=0}^{n}A_k=I_n(1)=I(1)=\int_a^b 1\mathrm{d}x=b-a$$

可得

$$\left|I_n(f)-I_n(\tilde{f})\right|\leqslant\varepsilon$$

即式（4-2）是稳定的。

4.2 牛顿-科茨公式

牛顿-科茨公式是一种常用的数值积分公式，它的基本策略就是用一个易于积分的近似函数替换被积函数或表格型数据。鉴于多项式是最简单的函数类，构造牛顿-科茨公式的最基本构思就是利用第 2 章的插值多项式。

4.2.1 插值型求积公式

定义 4.5　设 $[a,b]$ 上有 $n+1$ 个节点 $a=x_0<x_1<x_2<\cdots x_n=b$，则插值型求积公式为

$$I(f)\approx\int_a^b L_n(x)\mathrm{d}x=\sum_{k=0}^{n}A_k f(x_k) \tag{4-7}$$

其中，$L_n(x)=\sum\limits_{k=0}^{n}l_k(x)f(x_k)$ 为 n 次拉格朗日插值多项式。

由该定义可知，该求积公式的系数满足 $A_k=\int_a^b l_k(x)\mathrm{d}x,\ k=0,1,\cdots,n$，且 $\{A_k\}$ 仅由积分区间 $[a,b]$ 与插值节点 $\{x_k\}$ 确定，与被积函数 $f(x)$ 的形式无关，是式（4-2）的一种。

由第 2 章拉格朗日插值余项公式可知，式（4-7）的截断误差为

$$R_n(f)=\int_a^b f(x)\mathrm{d}x-\int_a^b L_n(x)\mathrm{d}x=\int_a^b\frac{f^{(n+1)}(\xi)}{(n+1)!}\omega_{n+1}(x)\mathrm{d}x \tag{4-8}$$

其中，$\xi\in(a,b)$ 且依赖于 $x,\omega_{n+1}(x)$。

通过该截断误差公式，我们可以立刻得到插值型求积公式的代数精度。

定理 4.2　形如式（4-2）的求积公式至少有 n 次代数精度的充分必要条件是，它是插值型求积公式。

证明　如果式（4-2）是插值型求积公式，由式（4-8）可知，对于次数不超过 n 的多项式 $f(x)$ 有 $f^{(n+1)}(x)=0$，这时求积公式至少具有 n 次代数精度。

反之，如果式（4-2）至少具有 n 次代数精度，插值基函数 $l_k(x)=\prod\limits_{\substack{j=0\\j\neq k}}^{n}\frac{x-x_i}{x_k-x_i}$ 为 n 次多项

式，那么对于 $l_k(x)$ 应精确成立，再由 $l_k(x_j)=\delta_{jk}$，有

$$\int_a^b l_k(x)\mathrm{d}x=\sum_{j=0}^{n}A_j l_k(x_j)=A_k$$

所以式（4-2）是插值型的。

4.2.2 牛顿-科茨公式的推导

计算插值型求积公式的求积系数 A_k 时通常较困难，而实际中考虑等距节点的情况，使插值型求积公式更容易计算，我们称等距节点的插值型求积公式为牛顿-科茨公式。下面给出具体推导。

将积分区间 $[a,b]$ 划分为 n 等分，记步长为 $h=\dfrac{b-a}{n}$，节点为 $x_k=a+kh$，$k=0,1,\cdots,n$。此时式（4-7）中的积分系数可得到简化

$$A_k=\int_a^b l_k(x)\mathrm{d}x=\int_a^b\prod_{\substack{j=0\\ j\neq k}}^{n}\frac{x-x_j}{x_k-x_j}\mathrm{d}x=\int_a^b\prod_{\substack{j=0\\ j\neq k}}^{n}\frac{x-a-jh}{(k-j)h}\mathrm{d}x$$

进行变换 $x=a+th$，则有 $\mathrm{d}x=h\mathrm{d}t$，代入得

$$A_k=\int_0^n\prod_{\substack{j=0\\ j\neq k}}^{n}\frac{(t-j)h}{(k-j)h}h\mathrm{d}t=\frac{(-1)^{n-k}h}{k!(n-k)!}\int_0^n\prod_{\substack{j=0\\ j\neq k}}^{n}(t-j)\mathrm{d}t=\frac{(-1)^{n-k}(b-a)}{k!(n-k)!n}\int_0^n\prod_{\substack{j=0\\ j\neq k}}^{n}(t-j)\mathrm{d}t$$

记

$$C_k^{(n)}=\frac{(-1)^{n-k}}{k!(n-k)!n}\int_0^n\prod_{\substack{j=0\\ j\neq k}}^{n}(t-j)\mathrm{d}t \tag{4-9}$$

为科茨系数，则 $A_k=(b-a)C_k^{(n)}$，式（4-7）可简化为

$$I(f)\approx(b-a)\sum_{k=0}^{n}C_k^{(n)}f(x_k) \tag{4-10}$$

被称为 n 阶牛顿-科茨公式。

由式（4-8）可知，牛顿-科茨公式的截断误差为

$$R_n(f)=\int_a^b\frac{f^{(n+1)}(\xi)}{(n+1)!}\prod_{j=0}^{n}(x-x_j)\mathrm{d}x=\frac{h^{n+2}}{(n+1)!}\int_0^n f^{(n+1)}(\xi)\prod_{j=0}^{n}(t-j)\mathrm{d}t \tag{4-11}$$

由式（4-10）可看出，科茨系数不仅与被积函数无关，而且与积分区间也无关。它仅与等分区间数 n 有关。根据 n 不同，下面给出常用的牛顿-科茨公式。

4.2.2.1 梯形公式

当$n=1$时，$C_0^{(1)}=\frac{1}{2}$，$C_1^{(1)}=\frac{1}{2}$，

$$T=(b-a)\left[\frac{1}{2}f(a)+\frac{1}{2}f(b)\right]=\frac{b-a}{2}[f(a)+f(b)] \tag{4-12}$$

4.2.2.2 辛普森公式

当$n=2$时，$C_0^{(2)}=\frac{1}{4}$，$C_1^{(2)}=\frac{4}{6}$，$C_2^{(2)}=\frac{1}{4}$，

$$S=(b-a)\left[\frac{1}{6}f(a)+\frac{4}{6}f\left(\frac{a+b}{2}\right)+\frac{1}{6}f(b)\right]=\frac{b-a}{6}\left[f(a)+4f\left(\frac{a+b}{2}\right)+f(b)\right] \tag{4-13}$$

4.2.2.3 科茨公式

当$n=4$时，

$$C=\frac{b-a}{90}\left[7f(a)+32f\left(a+\frac{b-a}{4}\right)+12f\left(\frac{b+a}{2}\right)+32f\left(a+\frac{3(b-a)}{4}\right)+7f(b)\right] \tag{4-14}$$

上述3个公式是最基本、最常用的数值积分公式。为了方便查阅，我们给出$n\leqslant 8$的科茨系数，如表4.1所示。因为科茨系数具有对称性，所以表4.1中只列出了系数的前半部分，利用对称性不难得到后半部分。

表4.1 科茨系数表

n	$C_k^{(n)}$				
1	$\frac{1}{2}$				
2	$\frac{1}{6}$	$\frac{4}{6}$			
3	$\frac{1}{8}$	$\frac{3}{8}$			
4	$\frac{7}{90}$	$\frac{16}{45}$	$\frac{2}{15}$		
5	$\frac{19}{288}$	$\frac{25}{96}$	$\frac{25}{144}$		
6	$\frac{41}{840}$	$\frac{9}{35}$	$\frac{9}{280}$	$\frac{34}{105}$	
7	$\frac{751}{17280}$	$\frac{3577}{17280}$	$\frac{1323}{17280}$	$\frac{2989}{17280}$	
8	$\frac{989}{28350}$	$\frac{5888}{28350}$	$-\frac{928}{28350}$	$\frac{10496}{28350}$	$-\frac{4540}{28350}$

从表 4.1 可看出，当$n=8$时出现了负系数，由定理 4.2 可知，此时牛顿-科茨公式的收敛性和稳定性得不到保证，因此实际计算中不用高阶牛顿-科茨公式。

4.2.3 牛顿-科茨公式的代数精度

由定理 4.2 可知，作为插值型的求积公式，n阶牛顿-科茨公式至少具有n次的代数精度。我们通过例 4.1 知道，对于$n=1$的情形，代数精度确实也为 1，那么是不是对于任意的n，代数精度只有n呢？

我们先看$n=2$的式(4-13)，由定理4.2可知，它至少有2次代数精度。进一步用$f(x)=x^3$进行检验，此时

$$I(x^3)=\int_a^b x^3\mathrm{d}x=\frac{1}{4}(b^4-a^4)$$

而按式（4-13）计算得

$$S=\frac{b-a}{6}\left[a^3+4\left(\frac{a+b}{2}\right)^3+b^3\right]=\frac{b^4-a^4}{4}$$

即对于次数不超过 3 次的多项式辛普森公式精确成立。又容易验证，对于$f(x)=x^4$通常是不准确的。故辛普森公式有 3 次代数精度。

由此可见，对于n阶牛顿-科茨公式代数精度不都是只有n。实际上，对于牛顿-科茨公式，当阶数n为偶数时，代数精度至少为$n+1$次。我们不加证明地给出以下定理。

定理 4.3 对于n阶牛顿-科茨公式，当n为偶数时，至少具有$n+1$次代数精度；当n为奇数时，至少具有n次代数精度。

注意：定理 4.3 中之所以说至少$n+1$（n）次代数精度，是因为一些特殊的函数在特定的区间可能还会有代数精度提高的情况。

4.2.4 常用的牛顿-科茨公式的截断误差

为了后续分析的方便，这里给出常用的牛顿-科茨公式的截断误差的进一步表达式。

4.2.4.1 梯形公式的截断误差

由式（4-11）可知，梯形公式的截断误差为

$$R_T(f)=I(f)-T=\int_a^b \frac{f''(\xi)}{2!}(x-a)(x-b)\mathrm{d}x$$

由于 $(x-a)(x-b)$ 在 $[a,b]$ 上不变号，利用积分中值定理有

$$R_T(f)=\frac{f''(\eta)}{2}\int_a^b (x-a)(x-b)\mathrm{d}x=-\frac{(b-a)^3}{12}f''(\eta),\quad \eta\in(a,b) \tag{4-15}$$

通过类似的方法，我们还可以求得辛普森公式和科茨公式的截断误差的进一步表达式。这里不加推导，直接给出结论。

4.2.4.2　辛普森公式的截断误差

$$R_s(f)=-\frac{(b-a)^5}{2880}f^{(4)}(\eta),\quad \eta\in(a,b) \tag{4-16}$$

4.2.4.3　科茨公式的截断误差

$$R_C(f)=-\frac{(b-a)^7}{945\times 2048}f^{(6)}(\eta),\quad \eta\in(a,b) \tag{4-17}$$

人物介绍

罗杰·科茨（Roger Cotes）（1682—1716），英国数学家、天文学家、哲学家。科茨英年早逝，生前只发表过一篇论文，但他在诸多领域都有许多贡献。科茨发明了角的弧度度量，预见了最小二乘法，发布了切线和割线图，并发现了一种用二项式分母积分有理分式的方法。科茨在数理论、积分学和数值方法，特别是十八类代数函数的插值和积分表构造方面的研究都取得了实质性进展。科茨还负责主编了牛顿的《自然哲学的数学原理》第二版。他的工作意义重大，但还未发挥其全部潜力。牛顿曾说："如果他活着，我们知道的会更多。"

4.3　复合数值积分

误差估计式表明，用牛顿-科茨公式计算积分近似值时，步长越小，截断误差就越小。但缩小步长等于提高插值多项式的次数，而且 8 阶以上的牛顿-科茨公式不具有稳定性，因

此为了提高计算精度，可考虑将积分区间分成若干小区间，在每个小区间上用低阶的求积公式，即复化数值积分。

4.3.1 复合梯形公式

将积分区间$[a,b]$划分为n等分，记步长为$h=\dfrac{b-a}{n}$，节点为$x_k=a+kh$，$k=0,1,\cdots,n$，若在每个小区间$[x_k,x_{k+1}]$（$k=0,1,\cdots,n-1$）上采用梯形公式，并求和得

$$I=\int_a^b f(x)\mathrm{d}x=\sum_{k=0}^{n-1}\int_{x_k}^{x_{k+1}} f(x)\mathrm{d}x\approx\frac{h}{2}\sum_{k=0}^{n-1}\left[f(x_k)+f(x_{k+1})\right] \tag{4-18}$$

记

$$T_n=\frac{h}{2}\sum_{k=0}^{n-1}\left[f(x_k)+f(x_{k+1})\right]=\frac{h}{2}\left[f(a)+2\sum_{k=1}^{n-1}f(x_k)+f(b)\right] \tag{4-19}$$

即为复合梯形公式。由式（4-15）可知，其截断误差为

$$R_{T_n}(f)=I-T_n=-\sum_{k=0}^{n-1}\frac{h^3}{12}f''(\eta_k)=-\frac{(b-a)h^2}{12}\frac{1}{n}\sum_{k=0}^{n-1}f''(\eta_k),\quad \eta_k\in(x_k,x_{k+1})$$

于是，当$f(x)\in C^2[a,b]$时，由介值定理，存在$\eta\in(a,b)$使

$$f''(\eta)=\frac{1}{n}\sum_{k=0}^{n-1}f''(\eta_k)$$

可得

$$R_{T_n}(f)=-\frac{(b-a)}{12}h^2 f''(\eta) \tag{4-20}$$

从式（4-20）可以看出，复合梯形公式的截断误差是h^2阶，并且当$f(x)\in C^2[a,b]$时，有

$$\lim_{n\to\infty}T_n=\int_a^b f(x)\mathrm{d}x$$

即复合梯形公式是收敛的。事实上，为得到收敛性，只需$f(x)\in C[a,b]$即可，因为式（4-19）可以改写为

$$T_n=\frac{1}{2}\left[\frac{b-a}{n}\sum_{k=0}^{n-1}f(x_k)+\frac{b-a}{n}\sum_{k=1}^{n}f(x_k)\right]\to\int_a^b f(x)\mathrm{d}x,\quad n\to\infty$$

另外，由于T_n的求积系数均为正数，由定理 4.2 可知复合梯形公式是稳定的。

4.3.2　复合辛普森公式

若在每个小区间$[x_k, x_{k+1}]$上采用辛普森公式，记$x_{k+1/2} = x_k + \frac{1}{2}h$，并求和得

$$I = \int_a^b f(x)\mathrm{d}x = \sum_{k=0}^{n-1}\int_{x_k}^{x_{k+1}} f(x)\mathrm{d}x \approx \frac{h}{6}\sum_{k=0}^{n-1}\left[f(x_k) + 4f(x_{k+1/2}) + f(x_{k+1})\right] \tag{4-21}$$

记

$$\begin{aligned} S_n &= \frac{h}{6}\sum_{k=0}^{n-1}\left[f(x_k) + 4f(x_{k+1/2}) + f(x_{k+1})\right] \\ &= \frac{h}{6}\left[f(a) + 4\sum_{k=0}^{n-1} f(x_{k+1/2}) + 2\sum_{k=1}^{n-1} f(x_k) + f(b)\right] \end{aligned} \tag{4-22}$$

即为复合辛普森公式。由式（4-16）可知，其截断误差为

$$R_{S_n}(f) = I - S_n = -\frac{(b-a)h^4}{2880}\frac{1}{n}\sum_{k=0}^{n-1} f^{(4)}(\eta_k)，\quad \eta_k \in (x_k, x_{k+1})$$

于是，当$f(x) \in C^4[a,b]$时，与复合梯形公式相似，由介值定理可得

$$R_{S_n}(f) = -\frac{(b-a)h^4}{2880} f^{(4)}(\eta)，\quad \eta \in (a,b) \tag{4-23}$$

从式（4-23）可以看出，复合辛普森公式的截断误差是h^4阶，并且当$f(x) \in C^4[a,b]$时，有

$$\lim_{n\to\infty} T_n = \int_a^b f(x)dx$$

即复合辛普森公式是收敛的。事实上，为得到收敛性，也只需$f(x) \in C[a,b]$即可，因为式（4-22）可以改写为

$$S_n = \frac{1}{6}\left[4\frac{b-a}{n}\sum_{k=0}^{n-1} f(x_{k+1/2}) + \frac{b-a}{n}\sum_{k=0}^{n-1} f(x_k) + \frac{b-a}{n}\sum_{k=1}^{n} f(x_k)\right] \to \int_a^b f(x)\mathrm{d}x，\ n \to \infty$$

另外，由于S_n的求积系数均为正数，由定理 4.2 可知复合辛普森公式也是稳定的。

4.3.3　复合数值积分之间的关系

容易验证，复合数值积分有良好的递推关系，能够方便地在计算机上实现。下面先推导T_n与T_{2n}之间的关系。仍沿用前面的n等分记号，由式（4-19）可以得到

$$T_{2n}=\frac{h}{4}\sum_{k=0}^{2n-1}\left[f(x_{k/2})+f(x_{k/2+1/2})\right]=\frac{h}{4}\sum_{k=0}^{n-1}\left[f(x_k)+f(x_{k+1/2})+f(x_{k+1/2})+f(x_{k+1})\right]$$
$$=\frac{1}{2}T_n+\frac{h}{2}\sum_{k=0}^{n-1}f(x_{k+1/2})=\frac{1}{2}(T_n+H_n) \tag{4-24}$$

其中，$H_n=h\sum_{k=0}^{n-1}f(x_{k+1/2})$。

类似地，可以推导出 T_n 与 S_n 之间的关系

$$S_n=\frac{1}{3}T_n+\frac{2}{3}H_n \tag{4-25}$$

利用式（4-24）消去式（4-25）中的 H_n，可以建立复合辛普森公式 S_n 与复合梯形公式 T_n 和 T_{2n} 之间的关系

$$S_n=\frac{4T_{2n}-T_n}{3} \tag{4-26}$$

另外，若在每个小区间 $[x_k,x_{k+1}]$ 上采用科茨公式，可以得到复合科茨公式 C_n。事实上，C_n 与复合辛普森公式 S_n 和 S_{2n} 也有类似于式（4-27）的递推公式

$$C_n=\frac{4^2S_{2n}-S_n}{4^2-1} \tag{4-27}$$

例 4.4 已知 $f(x)=\dfrac{\sin x}{x}$ 在 $x_k=\dfrac{k}{8}$，$k=0,1,\cdots,8$ 这 9 个点的函数值，试分别用复合梯形公式和复合辛普森公式计算 $I=\int_0^1\dfrac{\sin x}{x}\mathrm{d}x$ 的近似值及截断误差估计，并进行比较。

解 由已知的 9 个函数点条件，可将区间 $[0,1]$ 划分为 8 等分，在复合梯形公式（4-19）中代入 $a=0$，$b=1$，$n=8$，$h=\dfrac{1}{8}$，得到

$$T_8=\frac{1}{16}\left[f(0)+f(1)+2\sum_{k=1}^{7}f\left(\frac{k}{8}\right)\right]=0.94569086$$

由已知的 9 个函数点条件，可将区间 $[0,1]$ 划分为 4 等分，在复合辛普森公式（4-22）中代入 $a=0$，$b=1$，$n=4$，$h=\dfrac{1}{4}$，得到

$$S_4=\frac{1}{16}\left[f(0)+f(1)+2\sum_{k=1}^{3}f\left(\frac{k}{4}\right)+4\sum_{k=1}^{4}f\left(\frac{2k-1}{8}\right)\right]=0.94608331$$

与准确值 $I=0.9460830704\cdots$ 比较，显然用复合辛普森公式计算精度更高。

为了估计截断误差，需要得到 $f(x)=\dfrac{\sin x}{x}$ 的高阶导数，对该函数进行以下变换可得

$$f(x)=\frac{\sin x}{x}=\int_0^1\cos(xt)\mathrm{d}t \tag{4-28}$$

由式（4-28）可得其 k 阶导数为

$$f^{(k)}(x)=\int_0^1 \frac{\mathrm{d}^k \cos(xt)}{\mathrm{d}x^k}\mathrm{d}t=\int_0^1 t^k \cos\left(xt+\frac{k\pi}{2}\right)\mathrm{d}t$$

于是

$$\max_{0\leqslant x\leqslant 1}\left|f^{(k)}(x)\right|\leqslant\int_0^1\left|t^k\cos\left(xt+\frac{k\pi}{2}\right)\right|\mathrm{d}t\leqslant\int_0^1 t^k\mathrm{d}t=\frac{1}{k+1}$$

由复合梯形公式的截断误差公式（4-20）得

$$\left|R_{T_8}(f)\right|=\left|I-T_8\right|\leqslant\frac{h^2}{12}\max_{0\leqslant x\leqslant 1}\left|f''(x)\right|\leqslant\frac{1}{12}\left(\frac{1}{8}\right)^2\frac{1}{3}=0.000434$$

由复合辛普森公式的截断误差公式（4-23）得

$$\left|R_{S_4}(f)\right|=\left|I-S_4\right|\leqslant\frac{h^4}{2880}\max_{0\leqslant x\leqslant 1}|f^{(4)}(x)|\leqslant\frac{1}{2880}\left(\frac{1}{4}\right)^4\frac{1}{5}=0.271\times 10^{-6}$$

可见，复合辛普森公式的截断误差要比复合梯形公式的截断误差小 10^3 倍。

例 4.5　试讨论分别用复合梯形公式和复合辛普森公式计算积分

$$I=\int_0^1 \mathrm{e}^x\mathrm{d}x$$

的近似值，要将区间 $[0,1]$ 等分多少份才能使截断误差不超过 10^{-6}？

解　由题设可知

$$\left|f^{(k)}(x)\right|=\mathrm{e}^x\leqslant\mathrm{e},\quad x\in[0,1]$$

由复合梯形公式的截断误差公式（4-20）得误差上界为

$$\left|R_{T_n}\right|=\frac{h^2}{12}\left|f''(\xi)\right|\leqslant\frac{h^2}{12}\mathrm{e}=\frac{\mathrm{e}}{12n^2}\leqslant 10^{-6}$$

求出 $n\geqslant 475.94$。因此，若使用复合梯形公式应将区间 $[0,1]$ 划分为 476 等分才能使截断误差不超过 10^{-6}。

由复合辛普森公式的截断误差公式（4-23）得误差上界为

$$\left|R_{S_n}\right|=\frac{h^4}{2880}\left|f^{(4)}(\xi)\right|\leqslant\frac{h^4}{2880}\mathrm{e}=\frac{\mathrm{e}}{2880n^4}\leqslant 10^{-6}$$

求出 $n\geqslant 5.54$，即取 $n=6$ 能使截断误差不超过 10^{-6}，此时区间 $[0,1]$ 实际需要划分为 12 等分。

由上题可知，对于该定积分问题，要达到相同的精度，复合辛普森公式仅需要 13 个函数值，而复合梯形公式则需要 477 个函数值，工作量相差 37 倍。复合辛普森公式可以得到非常精确的结果，在很多应用中都优于复合梯形公式。

4.3.4 复合梯形公式的 MATLAB 函数

在 MATLAB 中有专门计算复合梯形公式的函数 trapz，具体调用格式如下：

Q=trapz(X,Y,dim)

MATLAB 只有这一个计算只知离散点处的函数值而不知道函数表达式的数值积分函数。

接下来，我们用该函数求例 4.4 中的定积分。

```
>> format long
>> x=0:1/8:1;
>> y=sin(x)./x;
>> y(1)=1;    %在 x=0 处，sin(x)/x 函数值取极限 1
>>T= trapz(x,y)
T=0.9456908063582701
```

该结果与例 4.4 中的计算结果完全一致。

人物介绍

托马斯·辛普森（Thomas Simpson）（1710—1761），英国皇家会员，著名的数学家、发明家。他生于英格兰列斯特郡，并卒于此地，因定积分近似计算的辛普森公式而流芳百世。辛普森最为人熟悉的是他在插值法及数值积分法方面的贡献，事实上他在概率方面也有一定的贡献，在 1740 年出版了 *The Nature and Laws of Chance* 一书，他在这方面大部分的结果是基于棣美弗的早期结果建立的。另外，当时有一群讲师在伦敦咖啡屋巡回讲学，而辛普森正是当中最突出的一位。他专研有关误差理论，意图证明算术平均值优于单一观测值的结论。

4.4 Romberg 求积公式

Romberg（龙贝格）求积公式是一种计算函数积分的高效数值方法。该方法只需进行很少的计算就可以得到十分精确的结果。

4.4.1　逐次分半算法

前面给出的数值积分公式都是针对等距节点的，需要预先确定步长。在实际问题中，根据精度要求给出一个合适的步长往往比较困难，如果步长取得太大精度难以保证，取得太小又会增加计算量。因此实际计算时，我们一般采用变步长的求积方法，即从某个步长出发计算近似值，若精度不够就将步长逐次分半以提高精度，直到求得满足要求的近似值。这种方法即为逐次分半算法。

下面以复合梯形公式为例进行分析。

由式（4-24）我们已经得到了 T_n 与 T_{2n} 之间的递推关系。

$$T_{2n}=\frac{1}{2}T_n+\frac{h}{2}\sum_{k=0}^{n-1}f(x_{k+1/2})=\frac{1}{2}(T_n+H_n)$$

这表明，将区间步长由 h 缩小为 $\frac{h}{2}$ 时，计算 T_{2n} 只需要求新增加的 n 个节点处的函数值。

由复合梯形公式的截断误差公式（4-20）可知

$$I-T_n=-\frac{1}{12}(b-a)h^2f''(\eta_1),\quad \eta_1\in(a,b)$$

由此可得

$$I-T_{2n}=-\frac{1}{12}(b-a)\left(\frac{h}{2}\right)^2f''(\eta_2),\quad \eta_2\in(a,b)$$

若 $f''(\eta_1)\approx f''(\eta_2)$，则有

$$I-T_{2n}\approx\frac{1}{3}(T_{2n}-T_n) \tag{4-29}$$

由上式可知，只要 T_n 和 T_{2n} 充分接近，就能保证最后一次计算值 T_{2n} 与积分精确值的误差很小，约为 $\frac{1}{3}(T_{2n}-T_n)$，所以可以用 $|T_{2n}-T_n|<\varepsilon$（ε 为给定的精度）作为复合梯形公式逐步分半算法的停止准则。

但是，逐步分半算法不是一种高效的数值积分方法，这是由于其做法是不断的二分区间长度，这样做的效率是非常低的。例如，用复合梯形公式逐步分半算法计算定积分 $\int_0^1\frac{\sin x}{x}\mathrm{d}x$，要达到 7 位有效数字的精度就需要二分区间 10 次，即要 1025 个节点，这样的计算量非常大。

4.4.2 Richardson 外推法

为构造高效的数值积分方法，我们需要利用加速收敛的技巧，构造出加速收敛的近似值序列，Richardson（理查森）外推法就是这样的一种方法。

假设用某种数值方法计算I的近似值，该近似值是步长h的函数，记为$I_1(h)$，相应的截断误差为

$$I - I_1(h) = \alpha_1 h^{p_1} + \alpha_2 h^{p_2} + \cdots + \alpha_k h^{p_k} + \cdots \tag{4-30}$$

其中，常数α_i（$i=1,2,\cdots$），$0 < p_1 < p_2 < \cdots < p_k < \cdots$与$h$无关。所以，用$I_1(h)$去逼近$I$的截断误差为$O(h^{p_1})$。

为了提高精度，可通过构造$I_1(h)$的线性组合产生更高阶逼近函数$I_2(h)$，方法是改变步长，用ah代替式（4-30）中的h，其中$1-a^{p_1} \neq 0$，则得

$$\begin{aligned} I - I_1(ah) &= \alpha_1 (ah)^{p_1} + \alpha_2 (ah)^{p_2} + \cdots + \alpha_k (ah)^{p_k} + \cdots \\ &= \alpha_1 a^{p_1} h^{p_1} + \alpha_2 a^{p_2} h^{p_2} + \cdots + \alpha_k a^{p_k} h^{p_k} + \cdots \end{aligned} \tag{4-31}$$

式（4-31）减去a^{p_1}倍的式（4-30），得

$$\begin{aligned} & I - I_1(ah) - a^{p_1}[I - I_1(h)] \\ &= \alpha_2 (a^{p_2} - a^{p_1}) h^{p_2} + \alpha_3 (a^{p_3} - a^{p_1}) h^{p_3} + \cdots + \alpha_k (a^{p_k} - a^{p_1}) h^{p_k} + \cdots \end{aligned}$$

以$1-a^{p_1}$除上式两端，得

$$I - \frac{I_1(ah) - a^{p_1} I_1(h)}{1 - a^{p_1}} = \beta_2 h^{p_2} + \beta_3 h^{p_3} + \cdots + \beta_k h^{p_k} + \cdots \tag{4-32}$$

其中，$\beta_i = \alpha_i (a^{p_i} - a^{p_1}) / (1 - a^{p_1})$（$i = 2,3,\cdots$）仍与$h$无关。令

$$I_2(h) = \frac{I_1(ah) - a^{p_1} I_1(h)}{1 - a^{p_1}}$$

由式（4-32）可知，以$I_1(h)$的线性组合$I_2(h)$作为I的近似值，其截断误差降低为$O(h^{p_2})$。不断重复上述做法，可以得到一个函数序列

$$I_{m+1}(h) = \frac{I_m(ah) - a^{p_m} I_m(h)}{1 - a^{p_m}}, \quad m = 1,2,\cdots \tag{4-33}$$

以$I_{m+1}(h)$逼近I，其截断误差为$O(h^{p_{m+1}})$。随着m的增大，收敛速度会越来越快，这种利用前一种逼近量的线性组合构造更高精度逼近量产生函数序列的方法就是 Richardson 外推法。

4.4.3　Romberg 求积公式

Romberg 求积公式是最典型的外推算法，它是从复合梯形公式的逐次分半算法出发，利用 Richardson 外推法加速得到的求积公式。

对于梯形公式，其截断误差可展开成级数形式，这就是著名的欧拉-麦克劳林公式。

设 $f(x) \in C^{\infty}[a,b]$，则有

$$I - T(h) = \alpha_1 h^2 + \alpha_2 h^4 + \cdots + \alpha_k h^{2k} + \cdots \tag{4-34}$$

其中，系数 α_k（$k = 1,2,\cdots$）与 h 无关。

在外推法式（4-30）中，取 $\alpha = \dfrac{1}{2}$，$p_k = 2k$，并记 $T_0(h) = T(h)$，则可得到从复合梯形公式出发的 Richardson 外推迭代公式

$$T_m(h) = \frac{4^m T_{m-1}\left(\dfrac{h}{2}\right) - T_{m-1}(h)}{4^m - 1},\quad m = 1,2,\cdots \tag{4-35}$$

经过 m 次加速后，截断误差为 $O(h^{2(m+1)})$。式（4-35）称为 Romberg 求积公式。

为研究 Romberg 求积公式的机器实现，引入以下记号，以 $T_0^{(k)}$ 表示二分 k 次后求得的数值积分值，以 $T_m^{(k)}$ 表示序列 $\left\{T_0^{(k)}\right\}$ 的 m 次加速值，则得到 Romberg 求积算法的递推公式

$$T_m^{(k)} = \frac{4^m}{4^m - 1} T_{m-1}^{(k+1)} - \frac{1}{4^m - 1} T_{m-1}^{(k)},\quad k = 1,2,\cdots \tag{4-36}$$

Romberg 求积算法的具体计算过程如表 4.2 所示。

表 4.2　Romberg 求积算法的计算过程

k	h	$T_0^{(k)}$		$T_1^{(k)}$		$T_2^{(k)}$		$T_3^{(k)}$		$T_4^{(k)}$	$\cdots$
0	$b-a$	(1) $T_0^{(0)}$									
1	$\dfrac{b-a}{2}$	(2) $T_0^{(1)}$		(3) $T_1^{(0)}$							
2	$\dfrac{b-a}{4}$	(4) $T_0^{(2)}$		(5) $T_1^{(1)}$		(6) $T_2^{(0)}$					
3	$\dfrac{b-a}{8}$	(7) $T_0^{(3)}$		(8) $T_1^{(2)}$		(9) $T_2^{(1)}$		(10) $T_3^{(0)}$			
4	$\dfrac{b-a}{16}$	(11) $T_0^{(4)}$		(12) $T_1^{(3)}$		(13) $T_2^{(2)}$		(14) $T_3^{(1)}$		(15) $T_4^{(0)}$	
$\vdots$	$\vdots$	$\vdots$		$\vdots$		$\vdots$		$\vdots$		$\vdots$	$\ddots$

取 $\left|T_k^{(0)} - T_{k-1}^{(0)}\right| < \varepsilon$ 作为停止准则，其中 ε 为预先给定的精度。取 $T_k^{(0)} \approx I$。

例 4.6　已知 $f(x) = \dfrac{\sin x}{x}$，用 Romberg 求积算法计算定积分 $I = \int_0^1 f(x)\mathrm{d}x$。

解 利用 Romberg 求积算法的递推公式（4-36）计算该问题可得以下结果。

（1）$T_0^{(0)}=\dfrac{1}{2}[f(0)+f(1)]=0.92073549$。

（2）$T_0^{(1)}=\dfrac{1}{2}T_0^{(0)}+\dfrac{1}{2}\times f\left(\dfrac{1}{2}\right)=0.93979328$。

（3）$T_1^{(0)}=\dfrac{4^1}{4^1-1}T_0^{(1)}-\dfrac{1}{4^1-1}T_0^{(0)}=0.94614588$。

这样继续下去，计算结果如表 4.3 所示。

表 4.3　例 4.6 的 Romberg 求积算法计算结果

k	$T_0^{(k)}$	$T_1^{(k)}$	$T_2^{(k)}$	$T_3^{(k)}$
0	0.9207355			
1	0.9397933	0.94614588		
2	0.9445135	0.94608693	0.94608300	
3	0.9456909	0.94608331	0.94608307	0.94608307

对比表 4.3 和例 4.4 的结果可知，Romberg 求积公式算到 $k=2$ 时已超过了复合辛普森公式的精度。经计算，Romberg 求积公式算到 $k=3$ 时，截断误差已经达到了 10^{-14} 量级。可见，Romberg 求积公式是非常高效的。

人物介绍

维尔纳·龙贝格（Werner Romberg）（1909—2003），德国数学家和物理学家。1955 年，他发表了《简化数值积分》，这篇论文包含了著名的龙贝格积分，对数值分析领域的发展产生了重要影响。1968 年，他返回德国，任海德堡大学的科学和数值分析数学方法主席，直到 1978 年退休。

4.5 高斯型求积公式

前面讨论的数值积分公式都是插值型求积公式，这类公式计算简单，使用方便，但是构造过程对节点的自由度产生了限制，进而限制了求积公式的代数精度。如果对节点不加限制，并选择适当的求积系数，可以得到更高精度的求积公式，这就是高斯型求积公式。

4.5.1　高斯型求积公式的基本思想

研究较式（4-2）更具一般性的带权积分 $I=\int_a^b f(x)\rho(x)\mathrm{d}x$ 的数值积分公式，设有 $n+1$ 个互异节点 $x_0,x_1,\cdots,x_n$，则有

$$\int_a^b \rho(x)f(x)\mathrm{d}x \approx \sum_{k=0}^{n} A_k f(x_k) \tag{4-37}$$

其中，非负函数 $\rho(x)$ 为权函数，当取 $\rho(x)=1$ 时，即式（4-2）。

设式（4-37）具有 m 次代数精度，则取 $f(x)=x^l$，$l=0,1,\cdots,m$，式（4-37）精确成立，即

$$\sum_{j=0}^{n} A_j x_j^l = \int_a^b \rho(x)x^l\mathrm{d}x,\quad l=0,1,\cdots,m \tag{4-38}$$

式（4-38）为关于 $2n+2$ 个未知数 x_k,A_k（$k=0,1,\cdots,n$）的 $m+1$ 阶非线性方程组。对于该非线性方程组，$\rho(x)$ 给定后，只要 $m+1\leqslant 2n+2$，即 $m\leqslant 2n+1$ 时，方程组有解。这表明 $n+1$ 个节点的求积公式的代数精度可达到 $2n+1$。

事实上，对于 $n+1$ 个节点的求积公式，其最高精度不可能超过 $2n+1$。这是因为对于 $2n+2$ 次多项式

$$p_{2n+2}(x)=\omega_{n+1}^2(x)=(x-x_0)^2(x-x_1)^2\cdots(x-x_n)^2$$

有 $\sum_{k=0}^{n} A_k p_{2n+2}(x_k)=0$，然而非负函数 $p_{2n+1}(x)$ 的加权积分 $\int_a^b \rho(x)p_{2n+1}(x)\mathrm{d}x>0$。

定义 4.6　如果求积分公式（4-37）具有 $2n+1$ 次代数精度，则称这组节点 $\{x_k\}$ 为高斯点，相应式（4-37）称为高斯型求积公式。

4.5.2　高斯型求积公式的具体构造

构造高斯型求积公式需要求解形如式（4-38）的非线性方程组，求解该方程组一般是较复杂的。

例 4.7　试构造下列积分的高斯型求积公式：

$$\int_0^1 \sqrt{x}f(x)\mathrm{d}x \approx A_0 f(x_0)+A_1 f(x_1)$$

解　令上述公式对于 $f(x)=1,x,x^2,x^3$ 精确成立，得方程组

$$\begin{cases} A_0 + A_1 = \dfrac{2}{3} & (a) \\ A_0x_0 + A_1x_1 = \dfrac{2}{5} & (b) \\ A_0x_0^2 + A_1x_1^2 = \dfrac{2}{7} & (c) \\ A_0x_0^3 + A_1x_1^3 = \dfrac{2}{9} & (d) \end{cases}$$

依次令（b）式减去（a）式乘以 x_0，依次令（c）式减去（b）式乘以 x_0，依次令（d）式减去（c）式乘以 x_0 可得

$$\begin{cases} A_1(x_1 - x_0) = \dfrac{2}{5} - \dfrac{2}{3}x_0 \\ A_1x_1(x_1 - x_0) = \dfrac{2}{7} - \dfrac{2}{5}x_0 \\ A_1x_1^2(x_1 - x_0) = \dfrac{2}{9} - \dfrac{2}{7}x_0 \end{cases}$$

求解该关系式可得 x_0 满足方程 $\left(\dfrac{2}{7} - \dfrac{2}{5}x_0\right)^2 = \left(\dfrac{2}{9} - \dfrac{2}{7}x_0\right)\left(\dfrac{2}{5} - \dfrac{x}{3}x_0\right)$，解之，得 $x_0 = 0.821162$ 或 $x_0 = 0.289949$。

若取 $x_0 = 0.821162$，可得到 $x_0 = 0.821162$，$x_1 = 0.289949$，$A_0 = 0.389111$，$A_1 = 0.277556$

若取 $x_0 = 0.289949$，可得到 $x_0 = 0.289949$，$x_1 = 0.821162$，$A_0 = 0.277556$，$A_1 = 0.389111$

这样，形如上述公式的 Gauss 公式是唯一的，即

$$\int_0^1 \sqrt{x} f(x)\mathrm{d}x \approx 0.389111 f(0.821162) + 0.277556 f(0.289949)$$

由例 4.7 可知，非线性方程组（4-38）的求解是很复杂的，对于 $n \geqslant 2$ 的情形就更难求解了。所以，一般不通过求解方程组（4-38）构造高斯型求积公式，而是通过分析高斯点的特性来构造。

定理 4.4　插值型求积公式的节点 $a \leqslant x_0 < x_1 < \cdots < x_n \leqslant b$ 是高斯点的充分必要条件是以这些节点为零点的多项式

$$\omega_{n+1}(x) = (x - x_0)(x - x_1)\cdots(x - x_n)$$

与任何次数不超过 n 的多项式 $p(x)$ 带权正交，即

$$\int_a^b \rho(x)p(x)\omega_{n+1}(x)\mathrm{d}x = 0 \tag{4-39}$$

证明　先证必要性。设 $x_0, x_1, \cdots, x_n$ 是高斯点，则对于 $f(x) = P(x)\omega_{n+1}(x) \in H_{2n+1}$，式

（4-37）精确成立，即满足

$$\int_a^b \rho(x)p(x)\omega_{n+1}(x)\mathrm{d}x=\sum_{k=0}^{n}A_k p(x_k)\omega_{n+1}(x_k)=0$$

故式（4-39）成立。

再证充分性。对于 $\forall f(x)\in H_{2n+1}$，根据欧几里得算法，有 $f(x)=p(x)\omega_{n+1}(x)+\ q(x)$，其中 $q(x)\in H_n$，由式（4-39）可得

$$\int_a^b \rho(x)f(x)\mathrm{d}x=\int_a^b \rho(x)q(x)\mathrm{d}x \tag{4-40}$$

由于所给求积公式（4-37）是插值型的，它对于 $q(x)\in H_n$ 是精确成立的，即

$$\int_a^b \rho(x)f(x)\mathrm{d}x=\sum_{k=0}^{n}A_k q(x_k)$$

再注意到 $\omega_{n+1}(x_k)=0$，$k=0,1,\cdots,n$，故 $q(x_k)=f(x_k)$，从而由式（4-40）可得

$$\int_a^b \rho(x)f(x)\mathrm{d}x=\int_a^b \rho(x)q(x)\mathrm{d}x=\sum_{k=0}^{n}A_k f(x_k)$$

可见，求积公式（4-37）对一切次数不超过 $2n+1$ 的多项式精确成立，因此 x_k（$k=0,1,\cdots,n$）为高斯点。证毕。

根据定理 4.4，我们找到了一种构造高斯型求积公式的新方式，将原来求解非线性方程组（4-38）的过程转换为先通过式（4-39）解线性方程组寻找高斯点，再根据高斯点解线性方程组确定积分系数的过程。

例 4.8　根据定理 4.4，重新求例 4.7 的高斯型求积公式：

$$\int_0^1 \sqrt{x}f(x)\mathrm{d}x\approx A_0 f(x_0)+A_1 f(x_1)$$

解　设 $\omega(x)=(x-x_0)(x-x_1)=x^2+bx+c$，由于 x_0 和 x_1 为高斯点，根据定理 4.4 可知，$\omega(x)$ 关于权函数 $\rho(x)=\sqrt{x}$ 与 1 及 x 正交，即

$$\begin{cases}\int_0^1 \sqrt{x}\omega(x)\mathrm{d}x=\dfrac{2}{7}+\dfrac{2}{5}b+\dfrac{2}{3}c=0\\[2ex] \int_0^1 \sqrt{x}x\omega(x)\mathrm{d}x=\dfrac{2}{9}+\dfrac{2}{7}b+\dfrac{2}{5}c=0\end{cases}$$

由此解得 $b=-\dfrac{10}{9}$，$c=\dfrac{5}{21}$，即 $\omega(x)==x^2-\dfrac{10}{9}x+\dfrac{5}{21}$。

求得两个根为 $x_0=0.289949$，$x_1=0.821162$。

由于两个节点的高斯型求积公式具有 3 次代数精度，故公式应对 $f(x)=1,x,x^2,x^3$ 都精

确成立，由于只剩 A_0 和 A_1 两个未知参数，为计算方便，我们只需取最简单的 $f(x)=1,x$ 构造线性方程组即可。

当 $f(x)=1$ 时，$A_0+A_1=\int_0^1\sqrt{x}\mathrm{d}x=\dfrac{2}{3}$。

当 $f(x)=x$ 时，$A_0x_0+A_1x_1=\int_0^1\sqrt{x}x\mathrm{d}x=\dfrac{2}{5}$。

由此解得 $A_0=0.277556$，$A_1=0.389111$。

下面讨论高斯型求积公式的稳定性和收敛性。

定理 4.5 高斯型求积公式的求积系数 A_k（$k=0,1,\cdots,n$）全是正的。

证明 由于具有高斯节点 x_k（$k=0,1,\cdots,n$）的高斯型求积公式具有 $2n+1$ 次代数精度，对于 $2n$ 次多项式 $l_k^2(x)$，$l_k(x)=\prod\limits_{\substack{j=0\\j\neq k}}^{n}\dfrac{x-x_j}{x_k-x_j}$（$k=0,1,\cdots,n$）公式精确成立，即

$$0<\int_a^b\rho(x)l_k^2(x)\mathrm{d}x=\sum_{j=0}^{n}A_jl_k^2(x_j)=A_k$$

定理得证。

推论 4.1 高斯求积公式是稳定的。

高斯型求积公式的截断误差为

$$R(f)=I-\sum_{k=0}^{n}A_kf(x_k)=\frac{f^{(2n+2)}(\eta)}{(2n+2)!}\int_a^b\rho(x)\omega_{n+1}^2(x)\mathrm{d}x$$

由此可以得到高斯型求积公式的收敛性。

定理 4.6 设 $f(x)\in C[a,b]$，高斯型求积公式是收敛的，即

$$\lim_{n\to\infty}\sum_{k=0}^{n}A_kf(x_k)=\int_a^b\rho(x)f(x)\mathrm{d}x$$

利用正交多项式的零点做高斯点，我们可以得到勒让德-高斯求积公式、切比雪夫-高斯求积公式和拉盖尔-高斯求积公式等，具体内容我们不再展开。

高斯型求积公式精度高，稳定性好，从而在使用时无须像牛顿-科茨公式那样将区间加细。高斯型求积公式还可以计算某些广义积分，是一种减少函数值计算的好方法。但是，由于高斯型求积公式需要正交多项式的零点作为节点，这在应用上受到限制。

人物介绍

约翰·卡尔·弗里德里希·高斯（Johann Carl Friedrich Gauss）（1777—1855），德国著名数学家、物理学家、天文学家、大地测量学家。1799 年，高斯于黑尔姆施泰特大学因证明代数基本定理获博士学位。从 1807 年起，他担任格丁根大学教授兼格丁根天文台台长直至逝世。高斯是近代数学奠基者之一，在历史上影响之大，可以和阿基米德、牛顿、欧拉并列，有"数学王子"之称。高斯发现了质数分布定理和最小二乘法。通过对足够多的测量数据进行处理后，可以得到一个新的、概率性质的测量结果。在这些基础之上，高斯随后专注于曲面与曲线的计算，并成功得到高斯钟形曲线（正态分布曲线）。其函数被命名为标准正态分布（或高斯分布），并在概率计算中大量使用。高斯的肖像已经被印在 1989 年至 2001 年流通的 10 德国马克的纸币上。

4.6 多重积分的数值方法

对于多重积分的数值方法至今尚未完全研究，这是由于高维区域比一维区域复杂得多。事实上，即便积分区域是单位方体，我们也无法得到十分完美的结果。因此，本节仅考虑矩形区域的二重积分问题，将前面讨论的方法做一定的推广。

对于矩形区域 $R=\{(x,y)\,|\,a\leqslant x\leqslant b, c\leqslant y\leqslant d\}$ 上的二重积分

$$\iint_R f(x,y)\mathrm{d}x\mathrm{d}y=\int_a^b(\int_c^d f(x,y)\mathrm{d}y)\mathrm{d}x \tag{4-41}$$

将区间 $[a,b]$ 和 $[c,d]$ 分别进行 N 和 M 等分，步长分别为 $h_1=\dfrac{b-a}{N}$，$h_2=\dfrac{d-c}{M}$。

我们首先考虑二重积分的复合辛普森公式，在 y 方向对积分

$$\int_c^d f(x,y)\mathrm{d}y$$

应用复合辛普森公式（4-22），令 $y_i=c+ih_2$，$y_{i+1/2}=c+\left(i+\dfrac{1}{2}h_2\right)$，有

$$\int_c^d f(x,y)\mathrm{d}y\approx\frac{h_2}{6}\left[f(x,y_0)+4\sum_{i=0}^{M-1}f(x,y_{i+1/2})+2\sum_{i=1}^{M-1}f(x,y_i)+f(x,y_M)\right]$$

代回式（4-41），可得

$$
\begin{aligned}
&\int_a^b\left(\int_c^d f(x,y)\mathrm{d}y\right)\mathrm{d}x \\
&\approx \frac{h_2}{6}\left[\int_a^b f(x,y_0)\mathrm{d}x+4\sum_{i=0}^{M-1}\int_a^b f(x,y_{i+1/2})\mathrm{d}x+2\sum_{i=1}^{M-1}\int_a^b f(x,y_i)\mathrm{d}x+\int_a^b f(x,y_M)\mathrm{d}x\right]
\end{aligned} \tag{4-42}
$$

再令 $x_j=a+jh_1$，$x_{j+1/2}=a+\left(j+\dfrac{1}{2}h_1\right)$，对式（4-42）中每个关于 x 的积分应用复合辛普森公式（4-22），可得

$$
\begin{aligned}
&\int_a^b(\int_c^d f(x,y)\mathrm{d}y)\mathrm{d}x \\
&\approx \frac{h_2}{6}\frac{h_1}{6}\left[f(x_0,y_0)+4\sum_{j=0}^{N-1}f(x_{j+1/2},y_0)+2\sum_{j=1}^{N-1}f(x_j,y_0)+f(x_N,y_0)\right]+ \\
&4\frac{h_2}{6}\frac{h_1}{6}\sum_{i=0}^{M-1}\left[f(x_0,y_{i+1/2})+4\sum_{j=0}^{N-1}f(x_{j+1/2},y_{i+1/2})+2\sum_{j=1}^{N-1}f(x_j,y_{i+1/2})+f(x_N,y_{i+1/2})\right]+ \\
&2\frac{h_2}{6}\frac{h_1}{6}\sum_{i=1}^{M-1}\left[f(x_0,y_i)+4\sum_{j=0}^{N-1}f(x_{j+1/2},y_i)+2\sum_{j=1}^{N-1}f(x_j,y_i)+f(x_N,y_i)\right]+ \\
&\frac{h_2}{6}\frac{h_1}{6}\left[f(x_0,y_M)+4\sum_{j=0}^{N-1}f(x_{j+1/2},y_M)+2\sum_{j=1}^{N-1}f(x_j,y_M)+f(x_N,y_M)\right]
\end{aligned} \tag{4-43}
$$

除了复合辛普森公式，二重积分公式（4-41）也可以用其他求积公式计算，特别是为了减小函数值计算可采用高斯型求积公式。

例 4.9 用 $N=M=2$ 的复合辛普森求积公式及 $n=2$ 的高斯型求积公式分别计算以下的二重积分

$$
I=\int_1^2\int_1^2\ln(x+y)\mathrm{d}x\mathrm{d}y
$$

并与真值 $I=1.0891386521\cdots$ 比较。

解 由 $N=M=2$，即 $h_1=h_2=0.5$，代入式（4-43）可得复合辛普森求积公式的积分结果：

$$
\begin{aligned}
I&\approx\frac{1}{12}\frac{1}{12}\left[\ln 2+4\left(\ln\frac{9}{4}+\ln\frac{11}{4}\right)+2\ln\frac{5}{2}+\ln 3\right]+ \\
&4\frac{1}{12}\frac{1}{12}\left[\ln\frac{9}{4}+\ln\frac{11}{4}+4\left(\ln\frac{5}{2}+\ln 3+\ln 3+\ln\frac{7}{2}\right)+2\left(\ln\frac{11}{4}+\ln\frac{13}{4}\right)+\ln\frac{13}{4}+\ln\frac{15}{4}\right]+ \\
&2\frac{1}{12}\frac{1}{12}\left[\ln\frac{5}{2}+4\left(\ln\frac{11}{4}+\ln\frac{13}{4}\right)+2\ln 3+\ln\frac{7}{2}\right]+ \\
&\frac{1}{12}\frac{1}{12}\left[\ln 3+4\left(\ln\frac{13}{4}+\ln\frac{15}{4}\right)+2\ln\frac{7}{2}+\ln 4\right] \\
&=1.0891348108
\end{aligned}
$$

所以，复合辛普森求积公式的积分结果精确到小数点后 5 位。

想用 $n=2$ 的高斯型求积公式，先将原积分区域 $R=\{(x,y)\,|\,1\leqslant x,y\leqslant 2\}$ 变换为 $[-1,1]$ 的正方形区域 $R'=\{(u,v)\,|\,-1\leqslant x,y\leqslant 1\}$，其中变换为

$$u=2x-3\,,\quad v=2y-3$$

即

$$x=\frac{1}{2}u+\frac{3}{2}\,,\quad y=\frac{1}{2}v+\frac{3}{2}$$

代入积分公式得

$$I=\int_1^2\int_1^2 \ln(x+y)\mathrm{d}x\mathrm{d}y=\int_{-1}^1\int_{-1}^1\frac{1}{2}\frac{1}{2}\ln\left(\frac{1}{2}u+\frac{1}{2}v+3\right)\mathrm{d}u\mathrm{d}v$$

对于 u,v 取 $n=2$ 时的高斯型求积公式节点及系数，即

$$u_0=v_0=-0.774596662\,,\quad u_1=v_1=0\,,\quad u_2=v_2=0.774596662$$

$$A_0=A_2=\frac{5}{9}\,,\quad A_1=\frac{8}{9}$$

可得 $n=2$ 的高斯型求积公式的积分结果：

$$\begin{aligned}I&=\int_{-1}^1\int_{-1}^1\frac{1}{4}\ln\left(\frac{1}{2}u+\frac{1}{2}v+3\right)\mathrm{d}u\mathrm{d}v\\&\approx\sum_{i=0}^{2}\sum_{j=0}^{2}A_iA_j\frac{1}{4}\ln\left(\frac{1}{2}u_i+\frac{1}{2}v_j+3\right)\\&=1.0891388591\end{aligned}$$

所以，高斯型求积公式的积分结果精确到小数点后 6 位，比复合辛普森求积公式的积分结果精确。

对于非矩形区域的二重积分，只要化为累次积分，也可类似矩形区域情形求得近似值，这里不再赘述。

4.7 案例及 MATLAB 实现

本节主要介绍使用 MATLAB 求数值积分的实际案例。除了前述的专门计算复合梯形公式的函数 trapz，MATLAB 还有许多求数值积分的函数。它们都是自适应求积方法。所谓自适应求积方法，是通过自动调节步长，在函数剧变区域使用小步长，在函数变化缓慢的区

域使用相对较大的步长的数值积分方法。

MATLAB 中的数值积分内置函数包括 quad、quadgk（勒让德-高斯积分法）、quadl、quadv（向量化积分）、quad2d（计算二重数值积分）、dblquad（矩形区域上的二重积分的数值计算）和 triplequad（对三重积分进行数值计算）。最常用的一维数值积分为 quad 和 quadl，这里我们重点介绍这两种数值积分函数的用法。

quad：自适应辛普森公式，对低精度或不光滑函数的效率更高。

quadl：自适应 Lobatto（洛巴托）公式，对高精度和光滑函数的效率更高。

两者的语法相同，均为

q=quad(fun,a,b,tol,trace,p1,p2,…)

其中，fun 为被积函数；a 和 b 为积分上下限，必须是有限的，因此不能为 inf；tol 为期望的绝对误差限（默认值为10^{-6}）；trace 为变量，如果它不为零，函数就会显示一些额外的计算细节；p1,p2,…是用户想要输入的 fun 的参数。值得一提的是，fun 的定义中需要使用数组运算.*、./ 和.^。此外，如果将 tol 和 trace 赋值为空矩阵，则使用默认值。

我们以计算 0 到 1 上函数

$$f(x)=\frac{1}{(x-q)^2+0.01}+\frac{1}{(x-r)^2+0.04}-s$$

的积分为例介绍这两种数值积分函数的使用。当$q=0.3$，$r=0.9$，$s=6$时就是 MATLAB 用于演示 quad 数值功能的内置函数 humps，该函数在相对较短的范围内同时展现出平滑和陡变的现象，因此对演示和测试相当有效。

注意：humps 函数在指定区间[0,1]上的积分可以通过解析方法计算出来，精确值为 29.85832539549867。

```
>> format long
>> quad(@humps,0,1)
ans =
  29.858326128427638  %具有 7 位有效数字
>> quadl(@humps,0,1)
ans =
  29.858325395684275  %具有 11 位有效数字
```

如果不使用内置的函数 humps，我们也可以自己建立。

```
>> F = @(x)1./((x-0.3).^2+0.01)+1./((x-0.9).^2+0.04)-6
F =
    @(x)1./((x-0.3).^2+0.01)+1./((x-0.9).^2+0.04)-6
```

```
>> quad(F,0,1)
ans =
  29.858326128427638
>> quadl(F,0,1)
ans =
  29.858325395684275
```

下面我们采用更宽松一点的误差限来计算同样的问题，参数 q,r,s 从外界输入。首先创建函数的 M 文件

```
  function  y=myhumps(x,q,r,s)
  y=1./((x-q).^2+0.01)+1./((x-r).^2+0.04)-s;
然后在 10^-4 误差限下积分
>> quad(@myhumps,0,1,1e-4,[],0.3,0.9,6)
ans =
  29.858121332144918  %由于采用了较大的误差限，结果只具有 5 位有效数字
>> quad(@myhumps,0,1,1e-6,[],0.3,0.9,6)
ans =
  29.858326128427638  %和默认的一样
```

例 4.10　热量计算是化学和生物工程中常见的问题。本例为这类计算的一个简单而有用的例子，即确定升高材料温度所需要的热量。

计算过程中所需要的特征量是比热容 c （$\mathrm{cal}/(g\cdot ℃)$），即单位质量的材料温度升高一摄氏度所需要的热量。在温度的变化 ΔT （℃）不大时，c 可以看作常数，此时计算需要的热量 ΔH （cal）公式为

$$\Delta H = mc\Delta T \tag{4-44}$$

其中，m 为质量（g）。

例如，质量为 20g 的水（水的热容量大约是 $1\,\mathrm{cal}/(g\cdot ℃)$），温度由 5℃上升到 10℃所需的热量为

$$\Delta H = mc\Delta T = 20\times 1\times (10-5) = 100 \text{（cal）}$$

对于 ΔT 比较小的情形，式（4-44）是足够的。但是，当温度变化比较大时，c 便不能看作常数，事实上，它是一个随温度变化的函数。例如，某种材料的比热容按照下列关系随温度增加：

$$c(T) = 0.132 + 1.56\times 10^{-4} T + 2.64\times 10^{-7} T^2 \tag{4-45}$$

试根据式（4-45）计算 1000g 这种材料的温度由−100℃上升到 300℃所需要的热量。

解：由题意，需要的热量为

$$\Delta H = m\int_{-100}^{300} c(T)\mathrm{d}T$$

因为 $c(T)$ 是一个二次多项式，所以该积分可通过解析方法求得，得到精确值 $\Delta H = 61504$ cal。下面我们将用数值积分的方法计算 ΔH，为此，必须先求出不同温度下的比热容。通过式（4-45）的计算，得到温度从−100℃到 300℃每隔 100℃的比热容数值，如表 4.4 所示。

表 4.4 不同温度下的比热容

T（℃）	-100	0	100	200	300
c（cal/(g · ℃)）	0.11904	0.13200	0.15024	0.17376	0.20256

通过表 4.4，使用等分 4 个区间的复合辛普森公式，求得这些点的积分估计值为 61.504，从而得到 $\Delta H = 61504\text{cal}$，该结果与解析解是一致的。其实不论子区间的数目为多少，这种一致性都成立，这是因为 c 是一个二次函数，而复合辛普森公式对次数小于或等于 3 次的多项式都是精确成立的。

表 4.5 中列出了不同步长使用梯形公式的结果。可以看出，梯形公式也能精确地估计总热量。不过，必须使用小步长（<10℃）才能达到 5 位有效数字的精度。

表 4.5 不同步长的梯形公式计算结果

步长（℃）	Δ*H*（cal）	误差（%）
400	64320	4.6
200	62208	1.1
100	61680	0.29
50	61548	0.07
25	61515	0.018
10	61506	<0.01
5	61504	<0.01
1	61504	<0.01

也可以使用 MATLAB 计算。

```
>> m=1000;
>> DH=m*quad(@(T) 0.132+1.56e-4.*T+2.64e-7.*T.^2,-100,300)
   DH =6.1504e+004
```

例 4.11 地球卫星轨道是一个椭圆，椭圆周长的计算公式是

$$S = a\int_{0}^{\frac{\pi}{2}} \sqrt{1-\left(\frac{c}{a}\right)^2 \sin^2\theta}\,\mathrm{d}\theta$$

其中，a 为椭圆的半径轴；c 是地球中心与轨道中心（椭圆中心）的距离。记 h 为近地点距

离，H 为远地点距离，$R=6371\text{km}$ 为地球半径，则

$$a=(2R+H+h)/2，c=(H-h)/2$$

我国第一颗地球卫星近地点距离 $h=439\text{km}$，远地点距离 $H=2384\text{km}$。试求卫星轨道的周长。

解　代入条件 $R=6371\text{km}$，$h=439\text{km}$，$H=2384\text{km}$，可得

$$a=(2R+H+h)/2=7782.5\text{（km）}，\ c=(H-h)/2=972.5\text{（km）}$$

代入椭圆周长的计算公式可得卫星轨道的周长为

$$S=a\int_0^{\frac{\pi}{2}}\sqrt{1-\left(\frac{c}{a}\right)^2\sin^2\theta}\mathrm{d}\theta=7782.5\int_0^{\frac{\pi}{2}}\sqrt{1-\left(\frac{972.5}{7782.5}\right)^2\sin^2\theta}\mathrm{d}\theta \tag{4-46}$$

由 MATLAB 计算式（4-46）可得

```
>> a=7782.5;c=972.5;
>> S=a*quadl(@(theta)sqrt(1-(c./a).^2.*sin(theta).^2),0,pi/2)
   S =1.2177e+004
```

所以，我国第一颗地球卫星轨道的周长为 12177km。

习题 4

4-1. 试确定求积公式 $\int_0^h f(x)\mathrm{d}x\approx\frac{h}{2}[f(0)+f(h)]+\frac{h^2}{12}[f'(0)-f'(h)]$ 的代数精度。

4-2. 求参数 A、B 使求积公式

$$\int_{-1}^1 f(x)\mathrm{d}x\approx A\left[f(-1)+f(1)\right]+B\left[f\left(-\frac{1}{2}\right)+f\left(\frac{1}{2}\right)\right]$$

的代数精确度尽量高，并求其代数精度。

4-3. 写出 $n=3$ 的牛顿-科茨公式，并求其代数精度。利用此公式计算定积分 $\int_0^1\frac{1}{1+x^2}\mathrm{d}x$ 的近似值。

4-4. 已知 $f(x)=\sqrt{x}$ 在 $x_k=k$，$k=1,2,\cdots,9$ 这 9 个点的函数值，试分别用复合梯形公式和复合辛普森公式计算 $I=\int_1^9\sqrt{x}\mathrm{d}x$ 的近似值及截断误差估计，并进行比较。

4-5. 若用复合梯形公式计算积分 $I=\int_0^1 \mathrm{e}^{-x}\mathrm{d}x$，区间 $[0,1]$ 应等分多少份才能使计算结果

有 5 位有效数字？若改用复合辛普森公式，又该等分多少份？

4-6. 用 Romberg 求积方法计算 $\int_1^3 e^x \sin x dx$，使误差不超过 10^{-5}。

4-7. 求高斯型求积公式

$$\int_0^1 \sqrt[3]{x} f(x) dx \approx A_0 f(x_0) + A_1 f(x_1)$$

4-8. 用辛普森公式（取 $N = M = 2$）计算二重积分 $\int_0^1 \int_0^1 e^{y-x} dy dx$。

第 5 章　线性方程组的直接解法

《九章算术》是中国古代的数学专著，是“算经十书”（汉唐之间出现的十部古算书）中最重要的一部。它的第八章提到这样一个问题：“今有上禾三秉，中禾二秉，下禾一秉，实三十九斗；上禾二秉，中禾三秉，下禾一秉，实三十四斗；上禾一秉，中禾二秉，下禾三秉，实二十六斗。问上中下禾实一秉各几何？”

这就是一个简单的三元一次方程组。《九章算术》采用分离系数的方法表示线性方程组，相当于现在的矩阵；解线性方程组时使用的直除法，与矩阵的初等变换一致。这是世界上最早的完整的线性方程组的解法。在西方，直到 17 世纪才由莱布尼茨提出完整的线性方程的解法法则。《九章算术》引进和使用了负数，并提出了正负术——正负数的加减法则，与现今代数中的法则完全相同。此外，它在解线性方程组时还施行了正负数的乘除法。这是世界数学史上一项重大的成就，第一次突破了正数的范围，扩展了数系。

线性方程组的求解是数值分析中最基本的问题，本章及下一章将讨论这个问题，即

$$\boldsymbol{A}\boldsymbol{x} = \boldsymbol{b}$$

的求解，其中 $\boldsymbol{A} \in \mathbb{R}^{m\times n}$， $\boldsymbol{b} \in \mathbb{R}^{n}$ 。通常情况下假定系数矩阵 $\boldsymbol{A}$ 为方阵，即 $m = n$ 。线性方程组的求解在数值计算中占有极其重要的地位。例如，函数的最小二乘拟合、样条插值，以及工程力学中求解微分方程问题的差分方法、有限元法等都包含了解线性方程组问题。又如，在经济学中的投入产出问题、化学中的方程式配平问题、物理学中的电路设计问题、图像处理领域的 CT 图像代数重建问题等都涉及线性方程组的求解。

对于 n 阶线性方程组 $\boldsymbol{A}\boldsymbol{x} = \boldsymbol{b}$ ，若 $\det(\boldsymbol{A}) \neq 0$，则方程组有唯一解，其解可由 Cramer 法则给出。但当 n 较大时，Cramer 法则计算消耗极大。由于当前许多实际应用涉及求解大规模线性方程组，其阶数通常可以达到上万阶，传统的线性代数方法已不能满足需要，因此寻求有效的数值计算方法极为必要。正是这类问题的处理促进了 MATLAB 等科学计算软件

的出现和发展。

线性方程组的类型很多，根据应用背景不同，大致可分为两类：一类是低阶稠密线性方程组，即系数矩阵阶数较低，含零元素很少；另一类是高阶稀疏线性方程组，即系数矩阵阶数较高，但零元素占比处较高。根据方程组的实际背景和具体类型不同，相应的求解方法也种类丰富。对于低阶稠密线性方程组，常采用直接法求解；而对于高阶稀疏线性方程组，常采用迭代法求解。

为方便计，假设本章讨论的线性方程组的系数矩阵为非奇异方阵。

5.1 原始的高斯消元法

消元法是一种古老的求解线性方程组的方法，早在公元前 250 年我们的祖先已掌握了三元一次方程组的消元法。然而，随着未知数个数的增加，求解变得越来越困难，当问题规模 n 很大时，用手工计算已经不可能，只能借助于计算机。这里，采用易于在计算机上实现的方式来介绍这一方法。

考虑线性方程组

$$\begin{cases} a_{11}x_1 + a_{12}x_2 + \cdots + a_{1n}x_n = b_1 \\ a_{21}x_1 + a_{22}x_2 + \cdots + a_{2n}x_n = b_2 \\ \qquad \vdots \\ a_{n1}x_1 + a_{n2}x_2 + \cdots + a_{nn}x_n = b_n \end{cases} \tag{5-1}$$

其矩阵形式为

$$\boldsymbol{Ax} = \boldsymbol{b}$$

其中，

$$\boldsymbol{A} = \begin{pmatrix} a_{11} & \cdots & a_{1n} \\ \vdots & & \vdots \\ a_{n1} & \cdots & a_{nn} \end{pmatrix};\ \boldsymbol{x} = \begin{pmatrix} x_1 \\ \vdots \\ x_n \end{pmatrix};\ \boldsymbol{b} = \begin{pmatrix} b_1 \\ \vdots \\ b_n \end{pmatrix}$$

消元法包含向前消元和向后回代两个过程，其基本思想是先利用方程组的同解变形，逐步将原方程组转化为一个简单的、易于求解的特殊形式的线性方程组，然后求解这一特殊形式的线性方程组。

高斯消元法是最常用的一类消元法，其基本策略为先将原方程组通过一系列消元过程转化为等价的上三角方程组，再执行回代运算求出上三角方程组的解。虽然在理论上，这些方法都适用于在计算机上求解，但是为了保证算法的稳定性，还需要进行一些修改。一种特殊的情况是，零不能作为除数，甚至很小的数也不适合作为除数，鉴于下面的方法无法避免这个问题，所以称它为“原始”的高斯消元法。

5.1.1　消元过程

消元过程是将系数矩阵的严格下三角部分的各元素逐次通过矩阵行初等变换全部约化为零的过程，消元后将得到等价的上三角方程组。这一任务可由中学阶段就已熟悉的加减消元实现。例如，考察以下三元一次方程组：

$$\begin{cases} x_1 + 2x_2 + 3x_3 = 0.4 \\ 2x_1 + 3x_2 + 4x_3 = 0.5 \\ 3x_1 + 4x_2 + 6x_3 = 0.6 \end{cases}$$

用消元法求解上述方程组的基本步骤如下。

首先，分别将方程组的第一个方程乘以−2 和−3 加到第二个方程和第三个方程上，消去两个方程的未知数 x_1 之后得

$$\begin{cases} x_1 + 2x_2 + 3x_3 = 0.4 \\ \quad -x_2 - 2x_3 = -0.3 \\ \quad -2x_2 - 3x_3 = -0.6 \end{cases}$$

其次，将上述方程组的第二个方程乘以−2 加到第三个方程上，消去第三个方程的未知数 x_2 之后得

$$\begin{cases} x_1 + 2x_2 + 3x_3 = 0.4 \\ \quad -x_2 - 2x_3 = -0.3 \\ \qquad\quad x_3 = 0 \end{cases}$$

这样，原方程组就转化为等价的上三角方程组。

现将以上消元的思想应用于规模为 n 的式（5-1）。为符号统一，记式（5-1）为

$$\boldsymbol{A}^{(1)}\boldsymbol{x} = \boldsymbol{b}^{(1)}$$

其中，$\boldsymbol{A}^{(1)} = (a_{ij}^{(1)}) = (a_{ij})$；$\boldsymbol{b}^{(1)} = \boldsymbol{b}$。

消元第 1 步：将 $\boldsymbol{A}^{(1)}$ 的第 1 列主对角元以下的元素全约化为 0。设 $a_{11}^{(1)} \neq 0$，计算

$$l_{i1} = a_{i1}^{(1)} / a_{11}^{(1)}, \quad i = 2,3,\cdots,n$$

用 $-l_{i1}$ 乘式（5-1）的第 1 个方程，加到第 i 个方程上，可得式（5-1）的同解方程组

$$\begin{cases} a_{11}^{(1)}x_1 + a_{12}^{(1)}x_2 + \cdots + a_{1n}^{(1)}x_n = b_1^{(1)} \\ \qquad a_{22}^{(2)}x_2 + \cdots + a_{2n}^{(2)}x_n = b_2^{(2)} \\ \qquad \vdots \\ \qquad a_{n2}^{(2)}x_2 + \cdots + a_{nn}^{(2)}x_n = b_n^{(2)} \end{cases} \tag{5-2}$$

记为 $\boldsymbol{A}^{(2)}\boldsymbol{x} = \boldsymbol{b}^{(2)}$，其中 $\boldsymbol{A}^{(2)},\boldsymbol{b}^{(2)}$ 的元素由下式给出。

$$\begin{cases} a_{ij}^{(2)} = a_{ij}^{(1)} - l_{i1}a_{1j}^{(1)} \\ b_i^{(2)} = b_i^{(1)} - l_{i1}b_1^{(1)} \end{cases}, \quad i,j = 2,\cdots,n$$

消元第 2 步：类似地，将 $\boldsymbol{A}^{(2)}$ 的第 2 列主对角元以下的元素逐次通过相应行初等变换全约化为 0。逐次进行该消元过程，假设当前已完成第 $k-1$ 步消元，得式（5-1）的同解方程组为

$$\begin{cases} a_{11}^{(1)}x_1 + a_{12}^{(1)}x_2 + \cdots + a_{1k}^{(1)}x_k + \cdots + a_{1n}^{(1)}x_n = b_1^{(1)} \\ \qquad a_{22}^{(2)}x_2 + \cdots + a_{2k}^{(2)}x_k + \cdots + a_{2n}^{(2)}x_n = b_2^{(2)} \\ \qquad\qquad \vdots \\ \qquad\qquad a_{kk}^{(k)}x_k + \cdots + a_{kn}^{(k)}x_n = b_k^{(k)} \\ \qquad\qquad \vdots \\ \qquad\qquad a_{nk}^{(k)}x_k + \cdots + a_{nn}^{(k)}x_n = b_n^{(k)} \end{cases} \tag{5-3}$$

简记为 $\boldsymbol{A}^{(k)}\boldsymbol{x} = \boldsymbol{b}^{(k)}$。

消元第 k 步：将 $\boldsymbol{A}^{(k)}$ 的第 k 列主对角元以下的元素全约化为 0。设 $a_{kk}^{(k)} \neq 0$，计算

$$l_{ik} = a_{ik}^{(k)} / a_{kk}^{(k)}, \quad i = k+1,\cdots,n$$

用 $-l_{ik}$ 乘式（5-3）的第 k 个方程加到第 i 个（$i = k+1,\cdots,n$）方程上，完成第 k 步消元。得同解方程组

$$\boldsymbol{A}^{(k+1)}\boldsymbol{x} = \boldsymbol{b}^{(k+1)}$$

其中，$\boldsymbol{A}^{(k+1)},\boldsymbol{b}^{(k+1)}$ 元素的计算公式为

$$\begin{cases} a_{ij}^{(k+1)} = a_{ij}^{(k)} - l_{ik}a_{kj}^{(k)} \\ b_i^{(k+1)} = b_i^{(k)} - l_{ik}b_k^{(k)} \end{cases}, \quad i,j = k+1,\cdots,n$$

完成 $n-1$ 步消元后，式（5-1）化成同解的上三角方程组

$$\begin{cases} a_{11}^{(1)}x_1 + a_{12}^{(1)}x_2 + a_{13}^{(1)}x_3 + \cdots + a_{1n}^{(1)}x_n = b_1^{(1)} \\ \qquad a_{22}^{(2)}x_2 + a_{23}^{(2)}x_k + \cdots + a_{2n}^{(2)}x_n = b_2^{(2)} \\ \qquad\qquad \vdots \\ \qquad\qquad a_{nn}^{(n)}x_n = b_n^{(n)} \end{cases} \tag{5-4}$$

简记为 $\boldsymbol{A}^{(n)}\boldsymbol{x} = \boldsymbol{b}^{(n)}$。

5.1.2　求解上三角方程组

通过前面介绍的消元过程，可将原方程组转化为式（5-4）。向后回代过程如下：若 $a_{kk}^{(\mathrm{k})} \neq 0$，$k = 1,2,...,n$，则原方程组的解为

$$\begin{cases} x_n = b_n^{(n)} \big/ a_{nn}^{(n)} \\ x_k = \left(b_k^{(k)} - \sum\limits_{l=k+1}^{n} a_{kl}^{(k)} x_l \right) \Big/ a_{kk}^{(k)}, \quad k = n-1,\cdots,1 \end{cases} \tag{5-5}$$

高斯消元步骤能顺利进行的条件是 $a_{kk}^{(k)} \neq 0,\ k = 1,2\cdots,n$，现在的问题是矩阵 $\boldsymbol{A}$ 应具有什么性质，才能保证此条件成立。若用 D_i 表示 $\boldsymbol{A}$ 的顺序主子式，即

$$D_i = \begin{vmatrix} a_{11} & \cdots & a_{1i} \\ \vdots & & \vdots \\ a_{i1} & \cdots & a_{ii} \end{vmatrix}, \quad i = 1,\cdots,n$$

则有下面定理。

定理 5.1　约化的主元素 $a_{ii}^{(i)} \neq 0$（$i = 1,\cdots,k$）的充要条件是矩阵 $\boldsymbol{A}$ 的顺序主子式

$$D_i \neq 0,\ i = 1,\cdots,k$$

***证明**　先证必要性。因主元素 $a_{ii}^{(i)} \neq 0$（$i = 1,\cdots,k$），可进行 $m-1$（$m \leqslant k$）步消元，每步消元过程为相应的行初等变换，该过程不改变顺序主子式的值，于是

$$D_m = a_{11}^{(1)} \times a_{22}^{(2)} \cdots \times a_{mm}^{(m)} \neq 0,\ m \leqslant k$$

必要性得证。

接下来，用归纳法证明充分性。$k = 1$ 时，命题显然成立。假设命题对 $k-1$ 成立。设 $D_i \neq 0$，$i = 1,\cdots,k$。由归纳法假设有 $a_{ii}^{(i)} \neq 0$，$i = 1,\cdots,k-1$，高斯消元法可以进行 $k-1$ 步，$\boldsymbol{A}$ 约化为

$$\boldsymbol{A}^{(k)} = \begin{vmatrix} \boldsymbol{A}_{11}^{(k)} & \boldsymbol{A}_{12}^{(k)} \\ \boldsymbol{0} & \boldsymbol{A}_{22}^{(k)} \end{vmatrix}$$

其中，$\boldsymbol{A}_{11}^{(k)}$ 是对角元为 $a_{11}^{(1)},a_{12}^{(2)},\cdots,a_{k-1,k-1}^{(k-1)}$ 的上三角阵。因 $\boldsymbol{A}^{(k)}$ 是通过 $k-1$ 步消元法得到的，每步消元过程不改变顺序主子式的值，所以 $\boldsymbol{A}$ 的 k 阶顺序主子式等于 $\boldsymbol{A}^{(k)}$，即

$$D_k = \det\begin{bmatrix} \boldsymbol{A}_{11}^{(k)} & * \\ 0 & a_{kk}^{(k)} \end{bmatrix} = a_{11}^{(1)} \times a_{22}^{(2)} \cdots \times a_{k-1,k-1}^{(k-1)} \times a_{kk}^{(k)}$$

由 $D_k \neq 0$ 可知，$a_{k,k}^{(k)} \neq 0$，充分性得证。

5.1.3 计算消耗

接下来，我们详细分析高斯消元法的计算消耗，具体包括以下两部分（只统计乘除运算）。

5.1.3.1 消元过程的计算量

第 k（$k=1,\cdots,n-1$）步消元过程：计算乘子 $l_{ik}=a_{ik}^{(k)}\big/a_{kk}^{(k)}$，$i=k+1,\cdots,n$，需要进行 $n-k$ 次除法运算；第 k 行乘 $-l_{ik}$ 加到第 i 行，$i=k+1,\cdots,n$，需要进行乘法和加法各 $n+1-k$ 次（第 k 列元素无需计算），共 $n-k$ 行，所以需要进行乘法 $(n-k)(n+1-k)$ 次。综上所述，消元过程中的乘、除法运算量为

$$\sum_{k=1}^{n-1}[(n-k)+(n-k)(n+k-1)] = \frac{n}{2}(n-1)+\frac{n}{3}(n^2-1)$$

5.1.3.2 回代过程的计算量

计算 $x_k=\left(b_k^{(k)}-\sum\limits_{l=k+1}^{n}a_{kl}^{(k)}x_l\right)\Big/a_{kk}^{(k)}$（$k=n-1,\cdots,1$）需要进行 $n-k+1$ 次乘除法，整个回代过程的运算量为

$$\sum_{k=1}^{n-1}(n-k+1)=\frac{n}{2}(n+1)$$

综上所述，高斯消元法所需乘除总运算量为

$$\frac{n}{3}(n^2-1)+\frac{n}{2}(n-1)+\frac{n}{2}(n+1)=\frac{n^3}{3}+n^2-\frac{n}{3}=\frac{n^3}{3}+O(n^2)$$

读者可以自己计算一下加减运算量，结果和上面类似，总运算量为

$$\frac{2n^3}{3}+O(n^2) \tag{5-6}$$

例 5.1　用高斯消元法求解方程组

$$\begin{cases} x_1 + 2x_2 + 3x_3 = 0.4 \\ 2x_1 + 3x_2 + 4x_3 = 0.5 \\ 3x_1 + 4x_2 + 6x_3 = 0.6 \end{cases}$$

请读者结合本小节内容自主完成。

5.1.4　MATLAB 函数

MATLAB 软件包的设计主要针对本章所讨论的问题，最初这个软件只是 LINPACK 和 EISPACK 子程序库中某些 Fortran 计算矩阵代数子程序的一个交互界面，一直到 MATLAB 5.3 版本，MATLAB 的计算核心都是 C 语言版的。从第六版开始，新的 LAPACK 程序代替了老版 LINPACK 和 EISPACK 中的相关内容。有的 LAPACK 程序使用了新的数值算法，最重要的是使用了基本线性代数子程序（BLAS）。这些专用的子程序充分利用了计算机的结构，特别是存储结果的特性，极大地提高了各种矩阵操作的速度。BLAS 可以分为三类：一级（向量-向量操作）、二级（矩阵-向量操作）和三级（矩阵-矩阵操作）。BLSA 的级别越高速度越快，同时优于传统的按元素操作。一般来说，MATLAB 只使用一级 BLAS（如用列的逐次点积进行矩阵乘法）。

在 MATLAB 中，一般采用矩阵形式存储并求解线性方程组。设待求线性方程组为 $\boldsymbol{Ax}=\boldsymbol{b}$，其中系数矩阵 $\boldsymbol{A}$ 非奇异，则可通过以下两种方式求解向量 $\boldsymbol{x}$。

（1）输入 x=inv(A)*b。其运算步骤为先调用函数 inv(A)求出 A 的逆矩阵，再求出解向量。尽管这种方式可求出方程组的解，但注意到矩阵求逆的计算量远大于 Gauss 消元法，且数值稳定性较差。因此，该方法计算效率较低，且当系数矩阵病态时求解精度较低，不推荐采用这种方式。

（2）利用 MATLAB 矩阵左除运算：x=A\b。该方式会调用一个非常复杂的求解算法。总的来说，MATLAB 会先判断系数矩阵的结构，然后选择一种最优的方法求解。其相对于前一种解法，既可以很好地保证计算的精度，又能大量地节省计算时间。

此外，MATLAB 还提供了若干矩阵相关的命令，其中常用的如下：

```
>> ones([3 3])                 % 生成一个规模为 3×3 的全 1 矩阵
>> size(ans)                   % 矩阵 ans 的规模
>> zeros(4,5)                  % 生成一个规模为 4×5 的全零矩阵
>> diag([1 2 3])               % 生成一个对角元依次为 1、2、3 的三阶对角阵
```

```
>> rand([4 4])                    % 生成一个规模为 4×4 的各元素独立且服从均匀分布的随机阵
>> rref(C)                        % 求解矩阵 C 经 Gauss 消元得到的行阶梯形矩阵
>>null(A)( null(A, ' r '))        % 取 A 矩阵的化零矩阵(规范形式)
>> A = [2,3,4; 3,5,2; 4,3,30];  b=[6; 5; 32];
>> x1 = inv(A) * b                           >> x2 = A\b
  x1 = -13.0000                                x2 = -13.0000
       8.0000                                       8.0000
       2.0000                                       2.0000
```

通过对比发现，分别通过两种方法求出的解向量 x1 和 x2 完全一致，从而验证了命令的正确性。在实际应用中，尤其是对于大规模线性方程组，后一种求解方法，即矩阵左除运算命令的执行效率和求解精度远远优于第一种方法。

例如，求解

$$\begin{pmatrix} 1 & 2 & 3 & 4 \\ 2 & 2 & 1 & 1 \\ 2 & 4 & 6 & 8 \\ 4 & 4 & 2 & 2 \end{pmatrix} x = \begin{pmatrix} 1 \\ 3 \\ 2 \\ 6 \end{pmatrix}$$

MATLAB 的求解程序如下：

```
>> A=[1 2 3 4; 2 2 1 1; 2 4 6 8; 4 4 2 2];  B=[1;3;2;6];
>> C=[A B]; [rank(A), rank(C)]        % 判断可解性
ans =     2     2
>> Z=null(A,'r')                       % 解出规范化的化零空间
Z = 2.0000     3.0000
   -2.5000    -3.5000
    1.0000        0
       0        1.0000
```
$$\%\ \begin{pmatrix} x1 \\ x2 \\ x3 \\ x4 \end{pmatrix} = \begin{pmatrix} 2 & 3 \\ -2.5 & -3.5 \\ 1 & 0 \\ 0 & 1 \end{pmatrix} \begin{pmatrix} x3 \\ x4 \end{pmatrix}$$

```
>> x0=pinv(A)*B                       % 得出一个特解，pinv(A) 为计算 A 的广义逆（M-P 逆）
x0=   0.9542
      0.7328
     -0.0763
     -0.2977
```
$$\%\ 全部解 \begin{pmatrix} x1 \\ x2 \\ x3 \\ x4 \end{pmatrix} = c1 \begin{pmatrix} 2 \\ -2.5 \\ 1 \\ 0 \end{pmatrix} + c2 \begin{pmatrix} 3 \\ -3.5 \\ 0 \\ 1 \end{pmatrix} + \begin{pmatrix} 0.9542 \\ 0.7328 \\ -0.0763 \\ -0.2977 \end{pmatrix}$$

验证得出的解
```
>> c1=randn(1); c2=rand(1);           % 取不同分布的随机数
>> x=c1*Z(:,1)+c2*Z(:,2)+x0; norm(A*x-B)
ans =
  4.4409e-015
```
解析解计算
```
>> Z=null(sym(A))                     % sym(A) 将数值矩阵 A 转换成符号矩阵
Z =[ 2,   3]
  [ -5/2, -7/2]
```

```
  [1,    0]
  [0,    1]
>> x0=sym(pinv(A)*B)
x0=[ 125/131]
   [96/131]
   [-10/131]
   [ -39/131]
```

% 全部解 $\begin{pmatrix} x1 \\ x2 \\ x3 \\ x4 \end{pmatrix} = c1\begin{pmatrix} 2 \\ -5/2 \\ 1 \\ 0 \end{pmatrix} + c2\begin{pmatrix} 3 \\ -7/2 \\ 0 \\ 1 \end{pmatrix} + \begin{pmatrix} 125/131 \\ 96/131 \\ -10/131 \\ -39/131 \end{pmatrix}$

验证得出的解

```
>> c1=randn(1); c2=rand(1);
> x=c1*Z(:,1)+c2*Z(:,2)+x0; norm(double(A*x-B))
ans =  0
```

在 MATLAB 的 Symbolic Toolbox 中提供了线性方程的符号求解函数，如 `linsolve(A,b)` 等同于 `x = sym(A)\sym(b)`。

```
>> A=sym('[10,-1,0;-1,10,-2;0,-2,10]'); b=('[9; 7; 6]');
>> linsolve(A,b)              >> vpa(ans)
ans =                         ans =
[ 473/475]                    [.99578947368421052631578947368421]
[ 91/95]                      [.95789473684210526315789473684211]
[ 376/475]                    [ .79157894736842105263157894736842]
```

5.2 高斯列主元消元法

前述的消元过程中，未知量是按其出现在方程组中的自然顺序消去的，所以又叫顺序消元法。实际上，顺序消元法有很大的缺点。设用作除数的 $a_{kk}^{(k-1)}$ 为主元素，首先，消元过程中可能出现 $a_{kk}^{(k-1)}$ 为零的情况，此时消元过程亦无法进行下去；其次，如果主元素 $a_{kk}^{(k-1)}$ 很小，由于舍入误差和有效位数消失等因素，其本身常常有较大的相对误差，用其作除数，就会导致其他元素数量级的严重增长和舍入误差的扩散，使所求的解误差过大，以致失真。

我们来看一个例子。

例 5.2　利用高斯消元法求解下列方程组

$$\begin{cases} 0.0003x_1 + 3.0000x_2 = 2.0001 \\ 1.0000x_1 + 1.0000x_2 = 1.0000 \end{cases}$$

不难推导，该方程组的精确解为 $x_1 = \dfrac{1}{3}$， $x_2 = \dfrac{2}{3}$ 。

解　第一个方程乘以 1/0.0003 得

$$x_1+10000x_2=6667$$

用它消掉第二个方程中的x_1得

$$-9999x_2=-6666$$

求解得到

$$x_2=\frac{2}{3}, \quad x_1=\frac{2.0001-3x_2}{0.0003}$$

由于相近数相减会损失有效数字位数，所以结果对计算中所采用的有效数字位数非常敏感，如表 5.1 所示。

表 5.1　例 5.2 计算结果 1

有效数字位数	x_2	x_1	x_1 的相对误差百分比数
3	0.667	−3.33	1099
4	0.6667	0.0000	100
5	0.66667	0.30000	10
6	0.666667	0.330000	1
7	0.6666667	0.3330000	0.1

改变方程的顺序，则含有较大主元的行已经被规范化了，于是方程组变为

$$\begin{cases}1.0000x_1+1.0000x_2=1.0000\\0.0003x_1+3.0000x_2=2.0001\end{cases}$$

消元和回代后同样得到$x_2=\dfrac{2}{3}$，$x_1=\dfrac{1-x_2}{1}$，此时结果对计算中所采用的有效数字位数就没有之前敏感了，如表 5.2 所示。

表 5.2　例 5.2 计算结果 2

有效数字位数	x_2	x_1	x_1 的相对误差百分比数
3	0.667	0.333	0.1
4	0.6667	0.3333	0.01
5	0.66667	0.33333	0.001
6	0.666667	0.333333	0.0001
7	0.6666667	0.3333333	0.0000

通过上述例子可以看出，小主元可能带来严重的后果，因此在消元过程中适当选取主元素是十分必要的。误差分析的理论和计算实践均表明：高斯消元法在系数矩阵 $\boldsymbol{A}$ 为对称正定时，可以保证此过程对舍入误差的数值稳定性，对一般的矩阵则必须引入选取主元素的技巧，方能得到满意的结果。一般地，可通过改变方程组中方程的次序或改动变量次序，

选择绝对值大的元素作为主元，可减少舍入误差，提高计算精度。

在列主元（Partial Pivoting）消元法中，未知数仍然是按顺序消去，但是把各方程中要消去的那个未知数的系数的最大绝对值作为主元素，然后用顺序消元法的公式求解。具体地，在第 k 步消元时，在 $\boldsymbol{A}^{(k)}$ 的第 k 列元素 $a_{ik}^{(k)}$（$i \geqslant k$）中选取绝对值最大者作为主元，并将其对换到 (k,k) 位置上，然后再进行消元计算。

用式（5-1）的增广矩阵

$$[\boldsymbol{A},\boldsymbol{b}]=\begin{pmatrix} a_{11} & a_{12} & \cdots & a_{1n} & b_1 \\ a_{21} & a_{22} & \cdots & a_{2n} & b_2 \\ \vdots & \vdots & & \vdots & \vdots \\ a_{n1} & a_{n2} & \cdots & a_{nn} & b_n \end{pmatrix} \tag{5-7}$$

表示它，并直接在增广矩阵上进行计算。具体步骤如下。

消元第 1 步：在上述矩阵的第 1 列中选取绝对值最大的，如 $a_{i_1 1}$，其满足 $\left|a_{i_1 1}\right| = \max\limits_{1 \leqslant i \leqslant n}\left|a_{i1}\right|$。将式（5-7）中第 1 行与第 i_1 行互换。为方便起见，记行互换后的增广矩阵为 $[\boldsymbol{A}^{(1)},\boldsymbol{b}^{(1)}]$，然后进行第 1 次消元，得矩阵

$$[\boldsymbol{A}^{(2)},\boldsymbol{b}^{(2)}]=\begin{pmatrix} a_{11}^{(1)} & a_{12}^{(1)} & \cdots & a_{1n}^{(1)} & b_1^{(1)} \\ 0 & a_{22}^{(2)} & \cdots & a_{2n}^{(2)} & b_2^{(2)} \\ \vdots & \vdots & & \vdots & \vdots \\ 0 & a_{n2}^{(2)} & \cdots & a_{nn}^{(2)} & b_n^{(2)} \end{pmatrix}$$

逐次进行消元过程，假设当前已完成 $k-1$ 步的主元素消元法，约化为

$$\begin{bmatrix} a_{11}^{(1)} & \cdots & a_{1k}^{(1)} & \cdots & a_{1n}^{(1)} & b_1^{(1)} \\ & \ddots & \vdots & & \vdots & \vdots \\ & & a_{kk}^{(k)} & \cdots & a_{kn}^{(k)} & b_k^{(k)} \\ & & \vdots & & \vdots & \vdots \\ & & a_{nk}^{(k)} & \cdots & a_{nn}^{(k)} & b_n^{(k)} \end{bmatrix}$$

消元第 k 步：在矩阵 $[\boldsymbol{A}^{(k)},\boldsymbol{b}^{(k)}]$ 的第 k 列中选主元，如 $a_{i_k k}^{(k)}$，使 $\left|a_{i_k k}^{(k)}\right| = \max\limits_{k \leqslant i \leqslant n}\left|a_{ik}^{(k)}\right|$。将 $[\boldsymbol{A}^{(k)},\boldsymbol{b}^{(k)}]$ 的第 k 行与第 i_k 行互换，进行第 k 次消元。经过 $n-1$ 步，式（5-7）被化成上三角形

$$\begin{bmatrix} a_{11}^{(1)} & a_{12}^{(1)} & \cdots & a_{1n}^{(1)} & b_1^{(1)} \\ & a_{22}^{(2)} & \cdots & a_{2n}^{(2)} & b_2^{(2)} \\ & & \ddots & \vdots & \vdots \\ & & & a_{nn}^{(n)} & b_n^{(n)} \end{bmatrix}$$

综上所述，列主元消元法计算步骤可归结如下。

（1）输入系数矩阵 $\boldsymbol{A}=(a_{ij})$，右端向量 $\boldsymbol{b}$。

（2）对 $k=1,2,\cdots,n-1$，按以下步骤操作。

① 按列选主元：选取 l 使 $|a_{lk}|=\max\limits_{k\leqslant i\leqslant n}|a_{ik}|\neq 0$。

② 如果 $l\neq k$，交换 $\boldsymbol{A}$ 的第 k 行与第 l 行元素，以及 $\boldsymbol{b}$ 的第 k 行与第 l 行元素。

③ 消元计算：

$$l_{ik}\leftarrow\frac{a_{ik}}{a_{kk}},\quad i=k+1,\cdots,n$$

$$a_{ij}\leftarrow a_{ij}-l_{ik}a_{kj},\quad i=k+1,\cdots,n,\quad j=k+1,\cdots,n$$

$$b_i\leftarrow b_i-l_{ik}a_k,\quad i=k+1,\cdots,n$$

（3）回代计算：

$$x_i\leftarrow b_i-\sum_{j=i+1}^{n}a_{ij}x_j,\quad i=n,n-1,\cdots,1$$

（4）输出解向量 $\boldsymbol{x}_1,\boldsymbol{x}_2,\cdots,\boldsymbol{x}_n$。

值得注意的是，在第 k 步消元时，在 $\boldsymbol{A}^{(k)}$ 的第 k 列元素 $a_{ik}^{(k)}$（$i\geqslant k$）中选取最大绝对值作为主元。若所有的 $a_{ik}^{(k)}$（$i=k,k+1,\ldots,n$）的值均为零，则算法失效。

例 5.3 用列主元高斯消元法求解方程

$$\begin{pmatrix}0&2&0&1\\2&2&3&2\\4&-3&0&1\\6&1&-6&-5\end{pmatrix}\begin{pmatrix}x_1\\x_2\\x_3\\x_4\end{pmatrix}=\begin{pmatrix}0\\-2\\-7\\6\end{pmatrix}$$

解

$$\begin{pmatrix}0&2&0&1&0\\2&2&3&2&-2\\4&-3&0&1&-7\\6^*&1&-6&-5&6\end{pmatrix}\xrightarrow{\text{第一步选主元}}\begin{pmatrix}6&1&-6&-5&6\\2&2&3&2&-2\\4&-3&0&1&-7\\0&2&-0&-1&0\end{pmatrix}\xrightarrow{\text{第一步消元}}$$

$$\begin{pmatrix}6&1&-6&-5&6\\0&\frac{5}{3}&5&\frac{11}{2}&-4\\0&-\frac{11}{3}^*&4&\frac{13}{3}&-11\\0&2&-0&-1&0\end{pmatrix}\xrightarrow{\text{第二步选主元、消元}}\begin{pmatrix}6&1&-6&-5&6\\0&-\frac{11}{3}^*&4&\frac{13}{3}&-11\\0&0&\frac{75}{11}&\frac{186}{33}&-9\\0&0&\frac{24}{11}&\frac{111}{33}&6\end{pmatrix}\xrightarrow{\text{第三步消元}}$$

$$\begin{pmatrix} 6 & 1 & -6 & -5 & 6 \\ 0 & -\frac{11}{3}^{*} & 4 & \frac{13}{3} & -11 \\ 0 & 0 & \frac{75}{11} & \frac{186}{33} & -9 \\ 0 & 0 & 0 & \frac{429}{275} & -\frac{78}{25} \end{pmatrix}$$

回代，得 $x_4=-2$，$x_3=\frac{1}{3}$，$x_2=1$，$x_1=-\frac{1}{2}$。

除列主元消元法外，还有一类被称为全主元（Complete Pivoting）消元法的求解方法。该方法在第 k 步消元时，在 $A^{(k)}$ 的右下方 $n-k+1$ 阶子矩阵的所有元素 $a_{ik}^{(k)}$（$i,j\geqslant k$）中，选取最大绝对值作为主元，并将其对换到 (k,k) 位置上，再进行消元计算。与列主元消元法相比，全主元消元法在每步消元过程中所选主元的范围更大，且对控制舍入误差更有效，求解结果更加可靠。全主元消元法的适用范围也比列主元消元法更广。在第 k 步消元时，全主元消元法在只有当 $A^{(k)}$ 的右下方 $n-k+1$ 阶子矩阵的所有元素 $a_{ik}^{(k)}$（$i,j\geqslant k$）都为零时才会失效。易知，此时系数矩阵的秩小于 n，方程组无解或有无穷多解。

尽管如此，注意到全主元法在计算过程中，需同时进行行与列的互换，因此程序比较复杂，计算时间较长。列主元消元法的精度虽稍低于全主元消元法，但其计算简单，工作量大为减少，且计算经验与理论分析均表明，它与全主元消元法同样具有良好的数值稳定性，故列主元消元法是求解中小型稠密线性方程组的最好方法之一。

5.3 矩阵的三角分解及其在解方程组中的应用

5.3.1 高斯消元过程的矩阵形式

前两节介绍的高斯消元法的消元过程是对式（5-1）的增广矩阵 $[\boldsymbol{A},\boldsymbol{b}]$ 进行一系列初等变换，将系数矩阵 $\boldsymbol{A}$ 化成上三角形矩阵的过程。这等价于用一系列行初等矩阵左乘增广矩阵，因此消元过程可以通过矩阵运算来表示。第 1 次消元等价于用初等矩阵

$$L_1 = \begin{pmatrix} 1 & & & & \\ -l_{21} & 1 & & & \\ -l_{31} & 0 & 1 & & \\ \vdots & \vdots & & \ddots & \\ -l_{n1} & 0 & \cdots & 0 & 1 \end{pmatrix}$$

左乘矩阵 $A^{(1)} = A$，其中 $l_{i1} = a_{i1}^{(1)} / a_{11}^{(1)}$，$i = 2,3,\cdots,n$，即

$$A^{(2)} = L_1 A^{(1)}$$

一般地，第 k 次消元等价于用初等矩阵

$$L_k = \begin{pmatrix} 1 & & & & & \\ & \ddots & & & & \\ & & 1 & & & \\ 0 & & -l_{k+1,k} & 1 & & \\ & & \vdots & \vdots & \ddots & \\ & & -l_{n,k} & 0 & \cdots & 1 \end{pmatrix}$$

左乘矩阵 $A^{(k)}$，其中 $l_{ik} = a_{ik}^{(k)} / a_{kk}^{(k)}$，$i = k+1,\cdots,n$，经过 $n-1$ 次消元后得到

$$L_{n-1} L_{n-2} \cdots L_1 [A^{(1)}, b^{(1)}] = [A^{(n)}, b^{(n)}]$$

即

$$L_{n-1} L_{n-2} \cdots L_1 A^{(1)} = A^{(n)}$$
$$L_{n-1} L_{n-2} \cdots L_1 b^{(1)} = b^{(n)}$$

将上三角矩阵 $A^{(n)}$ 记为 U，得到

$$A = L_1^{-1} L_2^{-1} \cdots L_{n-1}^{-1} U = LU$$

其中，

$$L = L_1^{-1} L_2^{-1} \cdots L_{n-1}^{-1} = \begin{pmatrix} 1 & & & & \\ l_{21} & 1 & & & \\ \vdots & \vdots & \ddots & & \\ l_{n-1,1} & l_{n-2,2} & \cdots & 1 & \\ l_{n1} & l_{n2} & \cdots & l_{n,n-1} & 1 \end{pmatrix}$$

为单位下三角阵。

这说明，消元过程实际上是把系数矩阵 A 分解为单位下三角阵与上三角矩阵的乘积的过程。这种分解称为 Doolittle（杜利特尔）分解，也称为 LU 分解。

定理 5.2 设 A 为 n 阶方阵，如果 A 的顺序主子式 $D_i \neq 0$，$i = 1,\cdots,n-1$，则存在单位下三角阵 L 和上三角阵 U，使 $A = LU$，且该分解唯一。

证明　由定理 5.1 可知，若 $\boldsymbol{A}$ 的顺序主子式 $D_i \neq 0$，$i=1,\cdots,n-1$，则高斯消元过程中约化的主元素 $a_{ii}^{(i)} \neq 0$，$i=1,\cdots,n-1$，以保证高斯消元可顺利执行，从而可由前述分析构造出 $\boldsymbol{A}$ 的一个 LU 分解。

下面仅在 $\boldsymbol{A}$ 为非奇异矩阵的假定下证明分解的唯一性，对于奇异情形留作练习。设 $\boldsymbol{A}$ 有两个分解式

$$\boldsymbol{A} = \boldsymbol{L}\boldsymbol{U} = \boldsymbol{L}_1\boldsymbol{U}_1$$

其中，$\boldsymbol{L},\boldsymbol{L}_1$ 为单位下三角阵；$\boldsymbol{U},\boldsymbol{U}_1$ 为上三角阵。因 $\boldsymbol{A}$ 非奇异，所以 $\boldsymbol{L},\boldsymbol{L}_1,\boldsymbol{U},\boldsymbol{U}_1$ 都可逆。于是

$$\boldsymbol{L}_1^{-1}\boldsymbol{L} = \boldsymbol{U}_1\boldsymbol{U}^{-1}$$

上式左边为单位下三角阵，右边为上三角阵，所以

$$\boldsymbol{L}_1^{-1}\boldsymbol{L} = \boldsymbol{U}_1\boldsymbol{U}^{-1} = \boldsymbol{I}$$

即有 $\boldsymbol{L}_1 = \boldsymbol{L}$，$\boldsymbol{U}_1 = \boldsymbol{U}$，唯一性得证。

对于列主元消元法对应的三角分解，我们有以下结果。

定理 5.3　（列主元三角分解定理）如果 $\boldsymbol{A}$ 为非奇异矩阵，则存在排列矩阵 $\boldsymbol{P}$，使

$$\boldsymbol{P}\boldsymbol{A} = \boldsymbol{L}\boldsymbol{U}$$

其中，$\boldsymbol{L}$ 为单位下三角矩阵；$\boldsymbol{U}$ 为上三角矩阵。

5.3.2　矩阵的直接三角分解法

前文介绍的高斯消元法是求解线性方程组的一种有效算法。不过，如果需要同时求解大量系数矩阵相同而右端向量不同的方程组，那么这种方法的效率很低。高斯消元法包括两个阶段：高斯消元和回代，其计算量主要消耗在高斯消元阶段。特别是当方程组的阶数增大时，这种情况更加明显。

LU 分解能够将时间开销较大的矩阵消元部分与关于右端项的操作分离开来。所以，一旦系数矩阵被“分解”，就可以高效地求解多个不同右端项的情况。本节将不通过高斯消元的步骤，而是利用三角矩阵的结构特征直接构造 LU 分解。设 $\boldsymbol{A} = \boldsymbol{L}\boldsymbol{U}$ 为以下形式

$$\begin{pmatrix} a_{11} & a_{12} & \cdots & a_{1n} \\ a_{21} & a_{22} & \cdots & a_{2n} \\ \vdots & \vdots & & \vdots \\ a_{n1} & a_{n2} & \cdots & a_{nn} \end{pmatrix} = \begin{pmatrix} 1 & & & \\ l_{21} & 1 & & \\ \vdots & \vdots & \ddots & \\ l_{n1} & l_{n2} & \cdots & 1 \end{pmatrix} \begin{pmatrix} u_{11} & u_{12} & \cdots & u_{1n} \\ & u_{22} & \cdots & u_{2n} \\ & & \ddots & \vdots \\ & & & u_{nn} \end{pmatrix}$$

由矩阵的乘法规则得

$$a_{1j}=u_{1j},\ j=1,2,\cdots,n$$

从而得到 $\boldsymbol{U}$ 的第 1 行元素；由 $a_{i1}=l_{i1}u_{11}$ 得

$$l_{i1}=\frac{a_{i1}}{u_{11}},\ i=2,3,\cdots,n$$

即 $\boldsymbol{L}$ 的第 1 列元素。设当前已经求出 $\boldsymbol{U}$ 的第 1 行至第 $r-1$ 行元素，$\boldsymbol{L}$ 的第 1 列至第 $r-1$ 列元素，由矩阵乘法可得：

$$a_{ri}=\sum_{k=1}^{n}l_{rk}u_{ki}=\sum_{k=1}^{r-1}l_{rk}u_{ki}+u_{ri},\ l_{rk}=0,\ r<k$$

$$a_{ir}=\sum_{k=1}^{n}l_{ik}u_{kr}=\sum_{k=1}^{r-1}l_{ik}u_{kr}+l_{ir}u_{rr}$$

即可计算出 $\boldsymbol{U}$ 的第 r 行以及 $\boldsymbol{L}$ 的第 r 列所有元素。

因此，矩阵 $\boldsymbol{L}$ 及 $\boldsymbol{U}$ 的所有元素可按以下步骤依次求出。

（1）计算 $\boldsymbol{U}$ 的第 1 行和 $\boldsymbol{L}$ 的第 1 列

$$\begin{aligned}&u_{1j}=a_{1j},\ j=1,2,\cdots,n\\&l_{i1}=a_{i1}/u_{11},\ i=2,\cdots,n\end{aligned} \tag{5-8}$$

（2）计算 $\boldsymbol{U}$ 的第 r 行和 $\boldsymbol{L}$ 的第 r 列，$r=2,\cdots,n$

$$u_{rj}=a_{rj}-\sum_{k=1}^{r-1}l_{rk}u_{kj},\ j=r,r+1,\cdots,n$$

$$l_{ir}=\left(a_{ir}-\sum_{k=1}^{r-1}l_{ik}u_{kr}\right)\bigg/u_{rr},\ i=r+1,\cdots,n,\ r\neq n \tag{5-9}$$

如果线性方程组 $\boldsymbol{Ax}=\boldsymbol{b}$ 的系数矩阵已进行三角分解，$\boldsymbol{A}=\boldsymbol{LU}$，则解方程组 $\boldsymbol{Ax}=\boldsymbol{b}$ 等价于求解两个三角形方程组 $\boldsymbol{Ly}=\boldsymbol{b}$，$\boldsymbol{Ux}=\boldsymbol{y}$，可通过执行两次回代运算得到方程组的解，步骤如下。

（1）求解下三角方程组 $\boldsymbol{Ly}=\boldsymbol{b}$

$$\boldsymbol{Ly}=\begin{pmatrix}1 & & & \\ l_{21} & 1 & & \\ \vdots & \vdots & \ddots & \\ l_{n1} & \cdots & l_{nn-1} & 1\end{pmatrix}\begin{pmatrix}y_1\\ y_2\\ \vdots\\ y_n\end{pmatrix}=\begin{pmatrix}b_1\\ b_2\\ \vdots\\ b_n\end{pmatrix}$$

得解

$$\begin{cases} y_1 = b_1 \\ y_k = b_k - \sum_{j=1}^{k-1} l_{kj} y_j, \quad k = 2,3,\cdots,n \end{cases}$$

（2）求解上三角方程组 $\boldsymbol{Ux} = \boldsymbol{y}$

$$\begin{pmatrix} u_{11} & u_{12} & \cdots & u_{1n} \\ & u_{22} & \cdots & u_{2n} \\ & & \ddots & \vdots \\ & & & u_{nn} \end{pmatrix} \begin{pmatrix} x_1 \\ x_2 \\ \vdots \\ x_n \end{pmatrix} = \begin{pmatrix} y_1 \\ y_2 \\ \vdots \\ y_n \end{pmatrix}$$

得解

$$\begin{cases} x_n = y_n / u_{nn} \\ x_k = (y_k - \sum_{j=k+1}^{n} u_{kj} x_j) \Big/ u_{kk}, \quad k = n-1, n-2, \cdots, 1 \end{cases}$$

不选主元的直接三角分解过程能进行到底的条件是 $u_{rr} \neq 0$，$r = 1,\cdots,n-1$。实际上，即使 $\boldsymbol{A}$ 非奇异，也可能出现某个 $u_{rr} = 0$ 的情况，这时分解过程将无法进行下去。另外，如果 $|u_{rr}| \neq 0$ 但很小，会使计算过程中的舍入误差急剧增大，导致解的精度很差。但如果 $\boldsymbol{A}$ 非奇异，我们可通过交换 $\boldsymbol{A}$ 的行实现矩阵 $\boldsymbol{PA}$ 的 LU 分解，实际上是采用与列主元消元法等价的选主元的三角分解法，即只要在直接三角分解法的每一步引进选主元的技术即可，具体过程不再赘述。

使用 LU 分解的优点之一是在内存中可以将矩阵 $\boldsymbol{A}$ 的位置用 $\boldsymbol{L}$ 和 $\boldsymbol{U}$ 替换，在约化的每一步用已形成的 $\boldsymbol{U}$ 部分覆盖 $\boldsymbol{A}$，同时将乘子存储在矩阵的下三角位置。下面以 4 阶矩阵为例描述该过程：

$$\begin{bmatrix} a_{11} & a_{12} & a_{13} & a_{14} \\ a_{21} & a_{22} & a_{23} & a_{24} \\ a_{31} & a_{32} & a_{33} & a_{34} \\ a_{41} & a_{42} & a_{43} & a_{44} \end{bmatrix} \to \begin{bmatrix} u_{11} & u_{12} & u_{13} & u_{14} \\ l_{21} & a_{22} & a_{23} & a_{24} \\ l_{31} & a_{32} & a_{33} & a_{34} \\ l_{41} & a_{42} & a_{43} & a_{44} \end{bmatrix} \to \begin{bmatrix} u_{11} & u_{12} & u_{13} & u_{14} \\ l_{21} & u_{22} & u_{23} & u_{24} \\ l_{31} & l_{32} & a_{33} & a_{34} \\ l_{41} & l_{42} & a_{43} & a_{44} \end{bmatrix}$$

$$\to \begin{bmatrix} u_{11} & u_{12} & u_{13} & u_{14} \\ l_{21} & u_{22} & u_{23} & u_{24} \\ l_{31} & l_{32} & u_{33} & u_{34} \\ l_{41} & l_{42} & l_{43} & a_{44} \end{bmatrix} \to \begin{bmatrix} u_{11} & u_{12} & u_{13} & u_{14} \\ l_{21} & u_{22} & u_{23} & u_{24} \\ l_{31} & l_{32} & u_{33} & u_{34} \\ l_{41} & l_{42} & l_{43} & u_{44} \end{bmatrix}$$

一般称这种做法为 LU 分解的紧凑格式（Compact Scheme）。紧凑格式虽然破坏了矩阵 $\boldsymbol{A}$，但如果需要仍可由 $\boldsymbol{L}$ 和 $\boldsymbol{U}$ 重新形成。

如果 $\boldsymbol{A}$ 是大型矩阵，存储两个如此规模的矩阵（ $\boldsymbol{L}$ 和 $\boldsymbol{U}$）成为问题的话，上面的方法将很有效，因为该方法只是将内存中 $\boldsymbol{A}$ 的对应位置的值做了改写。虽然现在机器的内存一般都很充裕，但这种存储方式在过去是很重要的，即使对于现在的条件，多数情况下这种技术也是非常有效的。

例 5.4 用直接三角分解法解

$$\begin{pmatrix} 1 & 0 & 2 & 0 \\ 0 & 1 & 0 & 1 \\ 1 & 2 & 4 & 3 \\ 0 & 1 & 0 & 3 \end{pmatrix}\begin{pmatrix} x_1 \\ x_2 \\ x_3 \\ x_4 \end{pmatrix}=\begin{pmatrix} 5 \\ 3 \\ 17 \\ 7 \end{pmatrix}$$

解 按紧凑格式直接得

$$\begin{array}{ccccc} 1 & 0 & 2 & 0 & 5 \\ 0 & 1 & 0 & 1 & 3 \\ 1 & 2 & 4 & 3 & 17 \\ 0 & 1 & 0 & 3 & 7 \end{array} \quad \Longrightarrow \quad \begin{array}{c|c|c|cc} 1 & 0 & 2 & 0 & 5 \\ \hline 0 & 1 & 0 & 1 & 3 \\ \cline{3-5} 1 & 2 & 2 & 1 & 6 \\ \cline{4-5} 0 & 1 & 0 & 2 & 4 \end{array}$$

于是

$$\boldsymbol{A}=\begin{pmatrix} 1 & & & \\ 0 & 1 & & \\ 1 & 2 & 1 & \\ 0 & 1 & 0 & 1 \end{pmatrix}\begin{pmatrix} 1 & 0 & 2 & 0 \\ & 1 & 0 & 1 \\ & & 2 & 1 \\ & & & 2 \end{pmatrix}$$

$\boldsymbol{Ly}=\boldsymbol{b}$ 中的 $\boldsymbol{y}$ 就是紧凑格式的最后 1 列，即 $\boldsymbol{y}=(5,3,6,4)^{\mathrm{T}}$，从而得到方程组的解 $x=(1,1,2,2)^{\mathrm{T}}$。

5.3.3 MATLAB 函数

MATLAB 提供了命令[L,U,P]=lu(A)求解非奇异矩阵的列主元 LU 分解。其中，A 表示待分解矩阵；L 为经三角分解得到的单位下三角矩阵；U 为经分解得到的上三角矩阵；P 为排列阵。求出的三个矩阵满足关系 $\mathrm{PA}=\mathrm{LU}$。

```
>> A = [1,2,3; 2,5,2; 3,1,5];
>> [L, U, P] = lu(A)
L = 1.0000        0        0
    0.6667   1.0000        0
    0.3333   0.3846   1.0000
U = 3.0000   1.0000   5.0000
         0   4.3333  -1.3333
         0        0   1.8462
```

```
P = 0    0    1
    0    1    0
    1    0    0
```

此外，输入

```
>> M = lu(A)
```

将得到 A 的紧凑格式。可以通过 MATLAB 的 triu 和 tril 命令提取上三角和下三角部分。输入

```
>> U1 = triu(M)
>> L1 = tril(M)
```

可以看到 U1 和 U 相同，但 L1 包含了 M 的整个下三角部分，即包含对角线。现在需要确定 L1 对角元的值。最常用的方式是采用循环赋值，即输入

```
>> for i = 1:size(L1,1)
>>    L1(i, i) = 1;
>> end
```

5.4 平方根法

在科学研究和工程技术的实际计算中遇到的线性方程组，其系数矩阵往往具有对称正定性。对于系数矩阵具有这种特殊性质的方程组，上面介绍的直接三角分解还可以简化，得到平方根法以及改进平方根法。下面讨论对称正定矩阵的三角分解。

设 $\boldsymbol{A}$ 是 n 阶实矩阵，由线性代数知识可知，$\boldsymbol{A}$ 是对称正定矩阵意味着 $\boldsymbol{A}=\boldsymbol{A}^{\mathrm{T}}$，且对于任意 n 维非零列向量 $\boldsymbol{x}\neq 0$，恒有 $\boldsymbol{x}^{\mathrm{T}}\boldsymbol{A}\boldsymbol{x}>0$。对称正定矩阵有以下性质。

若 $\boldsymbol{A}$ 为对称正定矩阵，则 $\boldsymbol{A}$ 的各阶顺序主子式 $D_k>0$，$k=1,2,\cdots,n$。根据这条性质，我们就可以来讨论对称正定矩阵的三角分解，从而给出求解方程组的平方根法。

5.4.1 Cholesky 分解与平方根法

对一般的对称矩阵，有以下结论。

定理 5.4　（对称阵的三角分解定理）设 $\boldsymbol{A}$ 是对称阵，且 $\boldsymbol{A}$ 的所有顺序主子式均不为零，则存在唯一的单位下三角阵 $\boldsymbol{L}$ 和对角阵 $\boldsymbol{D}$，使

$$A = LDL^{\mathrm{T}} \tag{5-10}$$

证明　因为 A 的各阶顺序主子式不为零，根据定理 5.2，存在唯一的 Doolittle 分解

$$A = LU$$

其中，L 为单位下三角矩阵；U 为上三角矩阵。令 $D = \mathrm{diag}(u_{11},\cdots,u_{nn})$，将 U 再分解为

$$U = DU_0$$

其中，D 为对角阵；U_0 为单位上三角矩阵。于是

$$A = LU = LDU_0$$

又

$$A = A^{\mathrm{T}} = U_0^{\mathrm{T}}(DL^{\mathrm{T}})$$

由分解的唯一性即得 $U_0^{\mathrm{T}} = L$，式（5-10）得证。

进一步地，若 A 为对称正定矩阵，分解式（5-10）可进一步约化。

定理 5.5　（对称正定阵的 Cholesky 分解）设 A 是对称正定矩阵，则存在唯一的对角元素为正的下三角阵 L，使

$$A = LL^{\mathrm{T}} \tag{5-11}$$

证明　因为 A 的对称性，由定理 5.4 可知 $A = L_1DL_1^{\mathrm{T}}$，其中 L_1 为单位下三角阵，$D = \mathrm{diag}(d_1,\cdots,d_n)$。若令 $U = DL_1^{\mathrm{T}}$，则 $A = L_1U$ 为 A 的 Doolittle 分解，U 的对角元即 D 的对角元。不难验证，A 的 m（$m = 1,2,\cdots,n$）阶顺序主子式为对应的 L_1 与 U 的 m 阶顺序主子阵的乘积，因此 A 的顺序主子式 $D_m = d_1\cdots d_m$。因为 A 正定，有 $D_m > 0$，由此可推出 $d_m > 0,\ m = 1,\cdots,n$。记

$$\sqrt{D} = \mathrm{diag}(\sqrt{d_1},\cdots,\sqrt{d_n})$$

则有

$$A = L_1\sqrt{D}\sqrt{D}L_1^{\mathrm{T}} = (L_1\sqrt{D})(L_1\sqrt{D})^{\mathrm{T}} = LL^{\mathrm{T}}$$

其中，$L = L_1\sqrt{D}$，它是对角元为正的下三角阵，所以式（5-11）成立。由分解 $L_1DL_1^{\mathrm{T}}$ 的唯一性，可得分解式（5-11）的唯一性。

分解式 $A = LL^{\mathrm{T}}$ 称为正定矩阵的 Cholesky 分解。利用 Cholesky 分解来求系数矩阵为对称正定矩阵的方程组 $Ax = b$ 的方法称为平方根法。当矩阵 A 完成 Cholesky 分解后，求解方程组 $Ax = b$ 就转化为依次求解方程组

$$Ly = b,\quad L^{\mathrm{T}}x = y$$

下面给出用平方根法解线性方程组的公式。

（1）用比较法可以导出 $\boldsymbol{L}$ 的计算公式。设

$$\boldsymbol{L}=\begin{pmatrix} l_{11} & & & \\ l_{21} & l_{22} & & \\ \vdots & \vdots & \ddots & \\ l_{n1} & l_{n2} & \cdots & l_{nn} \end{pmatrix}$$

比较 $\boldsymbol{A}$ 与 $\boldsymbol{L}\boldsymbol{L}^{\mathrm{T}}$ 的对应元素，可得

$$l_{ii}=\left(a_{ii}-\sum_{k=1}^{i-1}l_{ik}^{2}\right)^{\frac{1}{2}}，\ i=1,2,\cdots,n$$

$$l_{ij}=\left(a_{ij}-\sum_{k=1}^{i-1}l_{ik}l_{jk}\right)\Big/l_{jj}，\ j=1,2,\cdots,i-1$$

（2）求解下三角形方程组 $\boldsymbol{L}\boldsymbol{y}=\boldsymbol{b}$

$$y_{i}=\left(b_{i}-\sum_{k=1}^{i-1}l_{ik}y_{k}\right)\Big/l_{ii}，\ i=1,2,\cdots,\mathrm{n}$$

（3）求解上三角方程组 $\boldsymbol{L}^{\mathrm{T}}\boldsymbol{x}=\boldsymbol{y}$

$$x_{i}=\left(y_{i}-\sum_{k=i+1}^{n}l_{ki}x_{k}\right)\Big/l_{ii}，\ i=n,n-1,\cdots,1$$

对于 Cholesky 分解的计算消耗，由于 $\boldsymbol{L}^{\mathrm{T}}$ 是 $\boldsymbol{L}$ 的转置，当 $\boldsymbol{L}$ 的元素求出后，$\boldsymbol{L}^{\mathrm{T}}$ 的元素也就求出，所以平方根法约需 $\dfrac{n^3}{6}$ 次乘除法，大约为一般 LU 分解法计算量的一半。另外，由于 $\boldsymbol{A}$ 的对称性，计算过程只用到矩阵 $\boldsymbol{A}$ 的下三角部分的元素，而且一旦求出 l_{ij} 后，a_{ij} 就不需要了，所以 $\boldsymbol{L}$ 的元素可以存贮在 $\boldsymbol{A}$ 的下三角部分相应元素的位置。在计算机求解过程中时，只需用一维数组对应存放 $\boldsymbol{A}$ 的对角线以下部分相应元素。且由

$$a_{ii}=\sum_{k=1}^{i}l_{ik}^{2}$$

可知

$$|l_{ik}|\leqslant\sqrt{a_{ii}},\ \ k=1,2,\cdots,n,\ \ i=1,2,\cdots,n$$

这表明，在矩阵 $\boldsymbol{A}$ 的 Cholesky 分解过程中 $|l_{ik}|$ 的平方不会超过 $\boldsymbol{A}$ 的最大对角元。因此，只要 $\boldsymbol{A}$ 的对角元绝对值不是太大，不选主元素的平方根法就是数值稳定的。若干实践表明，不选主元的平方根法已有足够的精度，该方法目前已成为求解对称正定方程组的有效方法之一。平方根法的缺点是需要进行开方计算，从而带来一定的计算误差。

*5.4.2 改进的平方根法

利用平方根法解对称正定线性方程组，在计算矩阵 $\boldsymbol{L}$ 的元素 l_{ij} 时需要用到开方运算。另外，当我们解决工程问题时，有时得到的是一个系数矩阵为对称但不一定是正定的线性方程组，为了避免开方运算，我们引入改进的平方根法，即直接求解对称正定矩阵的 $\boldsymbol{A}=\boldsymbol{LDL}^{\mathrm{T}}$ 分解式：

$$\boldsymbol{A}=\begin{pmatrix}1 & & & \\ l_{21} & 1 & & \\ \vdots & \vdots & \ddots & \\ l_{n1} & l_{n2} & \cdots & 1\end{pmatrix}\begin{pmatrix}d_{11} & & & \\ & d_{22} & & \\ & & \ddots & \\ & & & d_{nn}\end{pmatrix}\begin{pmatrix}1 & l_{21} & \cdots & l_{n1} \\ & 1 & \cdots & l_{n2} \\ & & \ddots & \vdots \\ & & & 1\end{pmatrix}.$$

由矩阵乘法和比较对应元素得，对 $j=1,2,\cdots,n$

$$\begin{cases} d_{jj}=a_{jj}-\sum\limits_{k=1}^{j-1}l_{jk}^2 d_{kk} \\ l_{ij}=(a_{ij}-\sum\limits_{k=1}^{j-1}l_{ik}d_{kk}l_{jk})\Big/d_{jj}, \quad i=j+1,\cdots,n \end{cases} \tag{5-12}$$

d_{ii}, l_{ij} 的计算应按下列顺序进行：

$$\left|\begin{matrix}d_{11}\\ l_{21}\\ l_{31}\\ \vdots\\ l_{n1}\end{matrix}\right. \quad \left|\begin{matrix}d_{22}\\ l_{32}\\ \vdots\\ l_{n2}\end{matrix}\right. \quad \left|\ \vdots\ \right| \quad \left|d_{nn}\right. \tag{5-13}$$

与 Cholesky 分解相比，改进的平方根法避免了开方运算，优点明显。但在计算消耗方面，由于在计算每个元时多了相乘的因子，乘法运算次数比 Cholesky 分解约增加一倍，乘法总运算量又变成 $\dfrac{n^3}{3}$ 数量级。

例 5.5 用改进平方根法解

$$\begin{pmatrix}4 & -2 & 4 & 2\\ -2 & 10 & -2 & -7\\ 4 & -2 & 8 & 4\\ 2 & -7 & 4 & 7\end{pmatrix}\begin{pmatrix}x_1\\ x_2\\ x_3\\ x_4\end{pmatrix}=\begin{pmatrix}8\\ 2\\ 16\\ 6\end{pmatrix}$$

解： 容易验证，系数矩阵为对称正定矩阵。由式（5-12）计算得

$$d_{11}=a_{11}=4,\ l_{21}=\frac{a_{21}}{d_{11}}=\frac{-2}{4}=-\frac{1}{2},\ l_{31}=\frac{a_{31}}{d_{11}}=1,\ l_{41}=\frac{a_{41}}{d_{11}}=\frac{1}{2}$$

$$d_{22}=a_{22}-l_{21}^2d_{11}=10-1=9,\ l_{32}=\frac{a_{32}-l_{31}d_{11}l_{21}}{d_{22}}=0,\ l_{42}=\frac{a_{42}-l_{41}d_{11}l_{21}}{d_{22}}=-\frac{2}{3}$$

$$d_{33}=a_{33}-l_{31}^2d_{11}-l_{32}^2d_{22}=8-4=4,\ l_{43}=\frac{a_{43}-l_{41}d_{11}l_{31}-l_{42}d_{22}l_{32}}{d_{33}}=\frac{4-2}{4}=\frac{1}{2}$$

$$d_{44}=a_{44}-l_{41}^2d_{11}-l_{42}^2d_{22}-l_{43}^2d_{33}=7-1-4-1=1$$

从而我们得到正定矩阵的 $\boldsymbol{A}=\boldsymbol{LDL}^{\mathrm{T}}$ 分解式：

$$\boldsymbol{L}=\begin{pmatrix}1 & & & \\ -\frac{1}{2} & 1 & & \\ 1 & 0 & 1 & \\ \frac{1}{2} & -\frac{2}{3} & \frac{1}{2} & 1\end{pmatrix},\quad \boldsymbol{D}=\begin{pmatrix}4 & & & \\ & 9 & & \\ & & 4 & \\ & & & 1\end{pmatrix}$$

于是，先解 $\boldsymbol{Lz}=\boldsymbol{b}$ 得 $\boldsymbol{z}=(8,6,8,2)^{\mathrm{T}}$，再解 $\boldsymbol{Dy}=\boldsymbol{z}$ 得 $\boldsymbol{y}=\left(2,\frac{2}{3},2,2\right)^{\mathrm{T}}$，最后解 $\boldsymbol{L}^{\mathrm{T}}\boldsymbol{x}=\boldsymbol{y}$ 得 $\boldsymbol{x}=(1,2,1,2)^{\mathrm{T}}$。

5.4.3 MATLAB 函数

MATLAB 提供了以下函数求解对称矩阵的 Cholesky 分解。

（1）R = chol(A)，A 为待分解的对称正定矩阵，R 为满足关系 $\mathrm{R}^{\mathrm{T}}\mathrm{R}=\mathrm{A}$ 的上三角阵。若 A 不是对称正定矩阵，则程序报错。

（2）L = chol(A,'lower')，A 为待分解的对称正定矩阵，L 为满足关系 $\mathrm{LL}^{\mathrm{T}}=\mathrm{A}$ 的下三角阵，若 A 不是对称正定矩阵，则程序报错。

（3）[R, p] = chol(A)，A 为待分解的对称正定矩阵，R 为上三角阵，p 为一个整数。若 A 是对称正定矩阵，则输出矩阵 R 与 MATLAB 函数 R = chol(A)的输出结果一致，p=0; 若 A 对称但非正定，则输出矩阵 R 为一个 q = p−1 阶的上三角阵，且 $\mathrm{R}^{\mathrm{T}}\mathrm{R}=\mathrm{A}(1:\mathrm{q},1:\mathrm{q})$。

（4）[L, p] = chol(A,'lower')，A 为待分解的对称正定矩阵，L 为下三角阵，p 为一个整数。若 A 是对称正定矩阵，则输出矩阵 L 与 MATLAB 函数 L = chol(A,'lower')的输出结果一致，p=0；若 A 对称但非正定，则输出矩阵 L 为一个 q = p − 1 阶的下三角阵，且 $\mathrm{LL}^{\mathrm{T}}=\mathrm{A}(1:\mathrm{q},1:\mathrm{q})$。

```
>> A = [1,2,1,-3; 2,5,0,-5; 1,0,14,1;-3,-5,1,15];
>> L = chol(A,'lower')     >> R = chol(A)
L =  1   0   0   0          R = 1    2    1   -3
     2   1   0   0              0    1   -2    1
     1  -2   3   0              0    0    3    2
    -3   1   2   1              0    0    0    1
```

5.5 敏感性分析与误差分析

在用某种方法去求解一个给定的线性方程组而得到一个计算解之后，我们自然希望了解这一计算解的精确程度如何。要回答这一问题就需要对所求解的方程组和所用的方法进行必要的理论分析，即线性方程组的敏感性分析和数值方法的计算误差分析。为了研究线性代数方程组近似解的误差估计，我们需要引入衡量向量和矩阵“大小”的度量概念——向量和矩阵的范数。

5.5.1 向量范数与矩阵范数

本节我们只是简单地陈述范数的相关概念和性质，具体证明请有兴趣的读者自己完成。

定义 5.1 设对任意向量 $\boldsymbol{x}\in\mathbb{R}^n$，按一定的规则有一实数与之对应，记为 $\|\boldsymbol{x}\|$，若 $\|\boldsymbol{x}\|$ 满足以下条件，则称 $\|\boldsymbol{x}\|$ 为向量 $\boldsymbol{x}$ 的范数。

（1）$\|\boldsymbol{x}\|\geqslant 0$，而且 $\|\boldsymbol{x}\|=0$，当且仅当 $\boldsymbol{x}=\boldsymbol{0}$。

（2）对任意实数 α，都有 $\|\alpha\boldsymbol{x}\|=|\alpha|\|\boldsymbol{x}\|$。

（3）对任意 $\boldsymbol{x},\boldsymbol{y}\in\mathbb{R}^n$，都有 $\|\boldsymbol{x}+\boldsymbol{y}\|\leqslant\|\boldsymbol{x}\|+\|\boldsymbol{y}\|$。

向量空间 $\mathbb{R}^n$ 上可以定义多种范数，常用的几种范数如下。

（1）向量的 1-范数：$\|\boldsymbol{x}\|_1=\sum_{i=1}^{n}|x_i|$。

（2）向量的 2-范数：$\|\boldsymbol{x}\|_2=\left(\sum_{i=1}^{n}x_i^2\right)^{\frac{1}{2}}$。

（3）向量的 ∞-范数：$\|\boldsymbol{x}\|_\infty=\max\limits_{1\leqslant i\leqslant n}|x_i|$。

（4）更一般的 p -范数：$\|\boldsymbol{x}\|_p=\left(\sum_{i=1}^{n}|x_i|^p\right)^{\frac{1}{p}}$，$p\in[1,\infty)$。

容易证明，$\|\cdot\|_1,\|\cdot\|_2,\|\cdot\|_\infty$ 及 $\|\cdot\|_p$ 确实满足向量范数的三个条件，因此它们都是 $\mathbb{R}^n$ 上的向量范数。此外，前三种范数是 p -范数的特殊情况（$\|\boldsymbol{x}\|_\infty=\lim\limits_{p\to\infty}\|\boldsymbol{x}\|_p$）。

接下来，讨论矩阵范数，这里主要讨论 $\mathbb{R}^{n\times n}$ 中的范数及其性质，其范数先要符合一般线性空间中向量范数的定义 5.1。此外，考虑到矩阵乘法运算的性质，在矩阵范数的条件中需多加一个条件。

定义 5.2　如果对 $\mathbb{R}^{n\times n}$ 上任一矩阵 $\boldsymbol{A}$，按一定的规则有一实数与之对应，记为 $\|\boldsymbol{A}\|$。若 $\|\boldsymbol{A}\|$ 满足以下条件，则称 $\|\boldsymbol{A}\|$ 为矩阵 $\boldsymbol{A}$ 的范数。

（1）$\|\boldsymbol{A}\|\geqslant 0$，且 $\|\boldsymbol{A}\|=0$ 当且仅当 $\boldsymbol{A}=\boldsymbol{0}$。

（2）对任意实数 α，都有 $\|\alpha\boldsymbol{A}\|=|\alpha|\|\boldsymbol{A}\|$。

（3）对任意的两个 n 阶方阵 $\boldsymbol{A},\boldsymbol{B}\in\mathbb{R}^{n\times n}$，都有 $\|\boldsymbol{A}+\boldsymbol{B}\|\leqslant\|\boldsymbol{A}\|+\|\boldsymbol{B}\|$。

（4）对任意的两个 n 阶方阵 $\boldsymbol{A},\boldsymbol{B}\in\mathbb{R}^{n\times n}$，都有 $\|\boldsymbol{AB}\|\leqslant\|\boldsymbol{A}\|\|\boldsymbol{B}\|$。

这里条件（1）至条件（3）与向量范数是一致的，条件（4）则使矩阵范数在数值计算中使用更为方便。

例 5.6　（矩阵的 Frobenius 范数）证明

$$\|\boldsymbol{A}\|_F=\left\{\sum_{i=1}^{n}\sum_{j=1}^{n}|a_{ij}|^2\right\}^{\frac{1}{2}}$$

满足矩阵范数定义。（读者自证）

在实际计算中，经常用到矩阵与向量的乘积运算，为了估计矩阵与向量相乘积的范数，需要在矩阵范数与向量范数之间建立某种协调关系。为此，我们定义一种由向量范数导出的矩阵范数。对于 $\mathbb{R}^n$ 上的一种向量范数 $\|\bullet\|$，对任一 $\boldsymbol{A}\in\mathbb{R}^{n\times n}$，对应一个实数 $\sup\limits_{x\neq0}\dfrac{\|\boldsymbol{Ax}\|}{\|\boldsymbol{x}\|}$，下面定理表明它定义了 $\mathbb{R}^{n\times n}$ 上的一种矩阵范数。这不难验证它有等价的形式

$$\sup_{x\neq0}\frac{\|\boldsymbol{Ax}\|}{\|\boldsymbol{x}\|}=\sup_{\|x\|=1}\|\boldsymbol{Ax}\| \tag{5-14}$$

定理 5.6　设 $\|\bullet\|$ 是 $\mathbb{R}^n$ 上任一种向量范数，则对一切 $\boldsymbol{A}\in\mathbb{R}^{n\times n}$，由式（5-14）确定的实数定义了 $\mathbb{R}^{n\times n}$ 上的一种范数，把它记为 $\|\boldsymbol{A}\|$，且有

$$\|A\| = \max_{x \neq 0} \frac{\|Ax\|}{\|x\|} = \max_{\|x\|=1} \|Ax\| \tag{5-15}$$

基于定理 5.6，给出以下范数定义。

定义 5.3 对于 $\mathbb{R}^n$ 上任意一种向量范数，由式（5-15）所确定的矩阵范数，称为由向量范数诱导出的矩阵范数，也称从属于给定向量范数的矩阵范数。

我们把由向量 ∞-范数、1-范数及 2-范数诱导的矩阵范数，分别称为矩阵的 ∞-范数、1-范数及 2-范数。

定理 5.7 设 $\boldsymbol{A}=(a_{ij})\in\mathbb{R}^{n\times n}$，则 $\|\boldsymbol{A}\|_\infty = \max\limits_{1\leqslant i\leqslant n}\sum\limits_{j=1}^{n}|a_{ij}|$（$\boldsymbol{A}$ 的行范数），$\|\boldsymbol{A}\|_1 = \max\limits_{1\leqslant j\leqslant n}\sum\limits_{i=1}^{n}|a_{ij}|$（$\boldsymbol{A}$ 的列范数），$\|\boldsymbol{A}\|_2=\sqrt{\lambda_1}$（$\boldsymbol{A}$ 的 2-范数）。其中，λ_1 是矩阵 $\boldsymbol{A}^{\mathrm{T}}\boldsymbol{A}$ 的最大特征值。

定理 5.8 设 $\|\cdot\|$ 是 $\mathbb{R}^{n\times n}$ 上一种从属范数，矩阵 $\boldsymbol{B}\in\mathbb{R}^{n\times n}$，满足 $\|\boldsymbol{B}\|<1$，则 $\boldsymbol{I}\pm\boldsymbol{B}$ 为非奇异矩阵，且

$$\frac{1}{1+\|\boldsymbol{B}\|}\leqslant\|(\boldsymbol{I}\pm\boldsymbol{B})^{-1}\|\leqslant\frac{1}{1-\|\boldsymbol{B}\|}$$

证明 若 $\boldsymbol{I}-\boldsymbol{B}$ 奇异，则存在非零向量 $\boldsymbol{x}$，使 $(\boldsymbol{I}-\boldsymbol{B})\boldsymbol{x}=\boldsymbol{0}$，即 $\boldsymbol{x}=\boldsymbol{B}\boldsymbol{x}$，两边取范数得 $\|\boldsymbol{x}\|=\|\boldsymbol{B}\boldsymbol{x}\|\leqslant\|\boldsymbol{B}\|\|\boldsymbol{x}\|$，从而有 $\|\boldsymbol{B}\|\geqslant 1$，这和定理假设条件矛盾，所以 $\boldsymbol{I}-\boldsymbol{B}$ 非奇异。

记 $\boldsymbol{D}=(\boldsymbol{I}-\boldsymbol{B})^{-1}$，则

$$1=\|\boldsymbol{I}\|=\|(\boldsymbol{I}+\boldsymbol{B})\boldsymbol{D}\|=\|\boldsymbol{D}+\boldsymbol{B}\boldsymbol{D}\|\geqslant\|\boldsymbol{D}\|-\|\boldsymbol{B}\|\|\boldsymbol{D}\|=\|\boldsymbol{D}\|(1-\|\boldsymbol{B}\|)$$

于是，

$$\|(\boldsymbol{I}-\boldsymbol{B})^{-1}\|=\|\boldsymbol{D}\|\leqslant\frac{1}{1-\|\boldsymbol{B}\|}$$

其他情况请自行证明。

5.5.2 条件数与误差分析

在用数值计算方法解线性方程组时，计算结果有时不准确，这可能有两种原因：一是计算方法不合理；二是线性方程组本身的问题。对于后一种情形，即使采用数值稳定性较强的算法求解，仍有可能产生较大误差。其具体原因是，如果系数矩阵 $\boldsymbol{A}$ 或右端向量 $\boldsymbol{b}$ 发生微小变化，会引起方程组 $\boldsymbol{A}\boldsymbol{x}=\boldsymbol{b}$ 解的巨大变化，如下例。

例 5.7　方程组

$$\begin{cases}2x_1 + 2x_2 = 4 \\ 2x_1 + 2.001x_2 = 4\end{cases}$$

的解为 $x_1 = 2$，$x_2 = 0$。而方程组

$$\begin{cases}2x_1 + 2x_2 = 4 \\ 2x_1 + 2.001x_2 = 4.01\end{cases}$$

的解为 $x_1 = -8$，$x_2 = 10$。

以上两个方程组的唯一区别在于右端项的微小差别，其相对误差为 2.5×10^{-2}，但解却差异极大。故此方程组的解对方程组的初始数据扰动十分敏感，这种性质与求解方法无关，而是由方程组的性态决定的。在数学上，若矩阵 $\boldsymbol{A}$ 或右端项 $\boldsymbol{b}$ 的微小变化会引起方程组 $\boldsymbol{Ax}=\boldsymbol{b}$ 解的巨大变化，则称此方程组为病态方程组，相应地，系数矩阵 $\boldsymbol{A}$ 称为病态矩阵；反之，称方程组为良态方程组。对于病态问题，即使求解算法是稳定的，一般来说其计算结果依然误差较大。

接下来，研究方程组的系数矩阵 $\boldsymbol{A}$ 和向量 $\boldsymbol{b}$ 的微小扰动对解的影响。设 $\|\cdot\|$ 为任何一种向量范数，矩阵范数是从属范数。具体分以下两种情况。

（1）假设系数矩阵 $\boldsymbol{A}$ 精确，且非奇异，现讨论右端项 $\boldsymbol{b}$ 的扰动对方程组解的影响。设 $\boldsymbol{b}$ 的误差为 $\boldsymbol{\delta b}$，而相应的解的误差为 $\boldsymbol{\delta x}$，则有

$$\boldsymbol{A}(\boldsymbol{x}+\boldsymbol{\delta x}) = \boldsymbol{b}+\boldsymbol{\delta b}$$

所以

$$\boldsymbol{\delta x} = \boldsymbol{A}^{-1}\boldsymbol{\delta b}\text{，}\quad \|\boldsymbol{\delta x}\| \leqslant \|\boldsymbol{A}^{-1}\|\cdot\|\boldsymbol{\delta b}\|$$

由于

$$\|\boldsymbol{b}\| = \|\boldsymbol{Ax}\| \leqslant \|\boldsymbol{A}\|\cdot\|\boldsymbol{x}\|$$

故

$$\|\boldsymbol{\delta x}\|\cdot\|\boldsymbol{b}\| \leqslant \|\boldsymbol{A}^{-1}\|\|\boldsymbol{\delta b}\|\ \|\boldsymbol{A}\|\cdot\|\boldsymbol{x}\| = \|\boldsymbol{A}\|\|\boldsymbol{A}^{-1}\|\ \|\boldsymbol{x}\|\ \|\boldsymbol{\delta b}\|$$

当 $\boldsymbol{b}\neq 0$，$\boldsymbol{x}\neq 0$ 时，有

$$\frac{\|\boldsymbol{\delta x}\|}{\|\boldsymbol{x}\|} \leqslant \|\boldsymbol{A}\|\ \|\boldsymbol{A}^{-1}\|\ \frac{\|\boldsymbol{\delta b}\|}{\|\boldsymbol{b}\|} \tag{5-16}$$

即解 x 的相对误差是初始数据 $\boldsymbol{b}$ 的相对误差的 $\|\boldsymbol{A}\|\|\boldsymbol{A}^{-1}\|$ 倍。

（2）假设右端项 $\boldsymbol{b}$ 精确，现讨论系数矩阵 $\boldsymbol{A}$ 的扰动对方程组解的影响。设 $\boldsymbol{A}$ 的误差为

$\boldsymbol{\delta A}$，而相应的解的误差为$\boldsymbol{\delta x}$，则有

$$(\boldsymbol{A}+\boldsymbol{\delta A})(\boldsymbol{x}+\boldsymbol{\delta x})=\boldsymbol{b}$$

设$\boldsymbol{A}$及$\boldsymbol{A}+\boldsymbol{\delta A}$非奇异，则

$$\boldsymbol{Ax}+(\boldsymbol{\delta A})\boldsymbol{x}+\boldsymbol{A\delta x}+\boldsymbol{\delta A\delta x}=\boldsymbol{b}$$

$$\boldsymbol{A\delta x}=-(\boldsymbol{\delta A})\boldsymbol{x}-\boldsymbol{\delta A\delta x}$$

$$\boldsymbol{\delta x}=-\boldsymbol{A}^{-1}(\boldsymbol{\delta A})\boldsymbol{x}-\boldsymbol{A}^{-1}\boldsymbol{\delta A\delta x}$$

根据范数性质

$$\|\boldsymbol{\delta x}\|\leqslant\|\boldsymbol{A}^{-1}\|\|\boldsymbol{\delta A}\|\|\boldsymbol{x}\|+\|\boldsymbol{A}^{-1}\|\|\boldsymbol{\delta A}\|\|\boldsymbol{\delta x}\|$$

$$\left(1-\|\boldsymbol{A}^{-1}\|\|\boldsymbol{\delta A}\|\right)\|\boldsymbol{\delta x}\|\leqslant\|\boldsymbol{A}^{-1}\|\|\boldsymbol{\delta A}\|\|\boldsymbol{x}\|$$

于是有

$$\frac{\|\boldsymbol{\delta x}\|}{\|\boldsymbol{x}\|}\leqslant\frac{\|\boldsymbol{A}^{-1}\|\|\boldsymbol{\delta A}\|}{1-\|\boldsymbol{A}^{-1}\|\|\boldsymbol{\delta A}\|}=\frac{\|\boldsymbol{A}^{-1}\|\|\boldsymbol{A}\|\dfrac{\|\boldsymbol{\delta A}\|}{\|\boldsymbol{A}\|}}{1-\|\boldsymbol{A}^{-1}\|\|\boldsymbol{A}\|\dfrac{\|\boldsymbol{\delta A}\|}{\|\boldsymbol{A}\|}} \tag{5-17}$$

若$\|\boldsymbol{A}^{-1}\|\|\boldsymbol{A}\|\dfrac{\|\boldsymbol{\delta A}\|}{\|\boldsymbol{A}\|}$很小，则$\|\boldsymbol{A}^{-1}\|\|\boldsymbol{A}\|$表示相对误差的近似放大率。

式（5-16）和式（5-17）给出的都是解的相对误差的上界。它们分别指出了当只有$\boldsymbol{b}$或$\boldsymbol{A}$的误差时，解的相对误差都不超过它们的相对误差的$\|\boldsymbol{A}\|\|\boldsymbol{A}^{-1}\|$倍。$\|\boldsymbol{A}\|\|\boldsymbol{A}^{-1}\|$刻画了线性方程组$\boldsymbol{Ax}=\boldsymbol{b}$的解对初始数据扰动的敏感度，此数越大在$\boldsymbol{\delta b}$或$\boldsymbol{\delta A}$很小的情况下可能使解的相对误差很大，从而大大破坏了解的准确性。另外，$\|\boldsymbol{A}\|\|\boldsymbol{A}^{-1}\|$是方程组本身一个固有的属性，它与如何求解方程组的方法无关。因此，它可以用来表示方程组的性态。

定义 5.4　设$\boldsymbol{A}$是非奇异阵，称数$\|\boldsymbol{A}\|\|\boldsymbol{A}^{-1}\|$为矩阵$\boldsymbol{A}$的条件数，用$\mathrm{cond}(\boldsymbol{A})$表示，即

$$\mathrm{cond}(\boldsymbol{A})=\|\boldsymbol{A}\|\|\boldsymbol{A}^{-1}\|$$

矩阵条件数由采用的范数决定，通常使用的条件数如下。

（1）$\mathrm{cond}(\boldsymbol{A})_\infty=\|\boldsymbol{A}\|_\infty\|\boldsymbol{A}^{-1}\|_\infty$。

（2）谱条件数

$$\mathrm{cond}(\boldsymbol{A})_2=\|\boldsymbol{A}\|_2\|\boldsymbol{A}^{-1}\|_2=\sqrt{\frac{\lambda_{\max}(\boldsymbol{A}^{\mathrm{T}}\boldsymbol{A})}{\lambda_{\min}(\boldsymbol{A}^{\mathrm{T}}\boldsymbol{A})}}$$

特别地，当 $\boldsymbol{A}$ 是对称矩阵时，

$$\operatorname{cond}(\boldsymbol{A})_2=\frac{|\lambda_1|}{|\lambda_n|}$$

其中，λ_1 与 λ_n 为 $\boldsymbol{A}$ 的绝对值最大和最小的特征值。

条件数有下列性质。

（1）$\operatorname{cond}(\boldsymbol{A})\geqslant 1$。

（2）$\operatorname{cond}(k\boldsymbol{A})=\operatorname{cond}(\boldsymbol{A})$，其中 k 为非零常数。

（3）设 λ_1 与 λ_n 为 $\boldsymbol{A}$ 的绝对值最大和最小的特征值，则 $\operatorname{cond}(\boldsymbol{A})\geqslant\dfrac{|\lambda_1|}{|\lambda_n|}$。

当 cond(A) 较大时，称方程组 $\boldsymbol{Ax}=\boldsymbol{b}$ 为病态的，反之称为良态的。

例 5.8　计算例 5.7 方程组系数矩阵的条件数。

解　系数矩阵为

$$\boldsymbol{A}=\begin{bmatrix}2 & 2\\ 2 & 2+10^{-3}\end{bmatrix}$$

其逆矩阵为

$$\boldsymbol{A}^{-1}=\begin{bmatrix}0.5+10^3 & -10^3\\ -10^3 & 10^3\end{bmatrix}$$

于是有

$$\operatorname{cond}(\boldsymbol{A})_\infty=\|\boldsymbol{A}\|_\infty\|\boldsymbol{A}^{-1}\|_\infty=(4+10^{-3})(2\times10^3+0.5)\approx 8\times10^3$$

条件数很大，此方程组是病态的。

例 5.9　已知希尔伯特矩阵

$$\boldsymbol{H}_n=\begin{bmatrix}1 & \frac{1}{2} & \cdots & \frac{1}{n}\\ \frac{1}{2} & \frac{1}{3} & \cdots & \frac{1}{n+1}\\ \vdots & \vdots & & \vdots\\ \frac{1}{n} & \frac{1}{n+1} & \cdots & \frac{1}{2n-1}\end{bmatrix}$$

计算 $\boldsymbol{H}_3$ 与 $\boldsymbol{H}_6$ 的条件数。

解　$\boldsymbol{H}_n$ 的逆矩阵 $\boldsymbol{H}_n^{-1}=\left(a_{ij}\right)_{n\times n}$ 的元素是

$$a_{ij}=\frac{(-1)^{i+j}(n+i-1)!(n+j-1)!}{(i+j-1)\left[(i-1)!(j-1)!\right]^2(n-i)!(n-j)!},\quad 1\leqslant i,\ j\leqslant n$$

所以

$$\boldsymbol{H}_3=\begin{bmatrix}1 & \frac{1}{2} & \frac{1}{3}\\ \frac{1}{2} & \frac{1}{3} & \frac{1}{4}\\ \frac{1}{3} & \frac{1}{4} & \frac{1}{5}\end{bmatrix},\quad \boldsymbol{H}_3^{-1}=\begin{bmatrix}9 & -36 & 30\\ -36 & 192 & -180\\ 30 & -180 & 180\end{bmatrix}$$

$\|\boldsymbol{H}_3\|_\infty=\dfrac{11}{6},\|\boldsymbol{H}_3^{-1}\|_\infty=408$，所以$\mathrm{cond}(\boldsymbol{H}_3)_\infty=748$。同样，可计算$\mathrm{cond}(\boldsymbol{H}_6)_\infty=2.6\times10^7$。该例表明，当$n$越大时，$\boldsymbol{H}_n$病态越严重，从而求解稳定性越差。

5.5.3 MATLAB 函数

MATLAB 提供了以下函数求解向量及矩阵范数。

（1）norm(A,2)，返回矩阵或向量 A 的 2-范数。

（2）norm(A,1)，返回矩阵或向量 A 的 1-范数。

（3）norm(A,Inf)，返回矩阵或向量 A 的∞-范数。

（4）norm(A,’fro’)，返回矩阵或向量 A 的 Frobenius 范数。

（5）norm(x, p)，返回向量 x 的 p-范数。

此外，MATLAB 还提供了函数 cond(A, p) 求解矩阵的条件数。若 p=1，则函数返回矩阵 A 的 1-范数条件数；若 p=2，则函数返回矩阵 A 的 2-范数条件数；若 p=inf，则函数返回矩阵 A 的∞-范数条件数；若 p=’fro’，则函数返回矩阵 A 的 Frobenius 范数条件数。

MATLAB 也提供了命令 hilb(n)直接生成一个 n 阶希尔伯特矩阵。由于希尔伯特矩阵较为病态，不仅对求解相关方程组，对该矩阵求逆的精确度也较低，从而用 inv(H)数值计算H^{-1}的误差是巨大的。用命令 invhilb(n)可以求出 n 阶希尔伯特矩阵的精确逆。以 10 阶希尔伯特矩阵为例：

```
>> H = hilb(10);
>> inv(H) - invhilb(10);
>> norm(ans)
ans =
   9.6989e+08
```

这表明当矩阵阶数仅为10时，对 H^{-1} 采用普通数值求逆的方法误差已达到惊人的10^8数量级。

5.6 案例及 MATLAB 实现

前面介绍了左除运算“\”，但没有具体解释它的工作原理。当用反斜杠运算符执行左除运算时，MATLAB 会调用一个非常复杂的求解算法，先判断稀疏矩阵的结构，然后选择一种最优的方法求解。具体来说，MATLAB 会根据稀疏矩阵的形式判断求解过程是否需要用到完整的高斯消元法。如果系数矩阵稀疏且带状（如三对角）、三角（或通过简单的变换能化为三角形式）或对称，那么就可以使用更高效的算法，包括追赶法、回代和平方根法等。如果系数矩阵是大规模稀疏矩阵，上述方法都不能用，需要专门的算法，这里不再详细叙述。

下面以一个例子结束这一章：CT 图像的代数重建问题。

CT 成像的基本原理是用 X 射线对人体检查部位一定厚度的层面进行扫描，由探测器接收透过该层面的 X 射线，转为可见光后，由光电转换器转为电信号，再经模拟/数字转换器（Analog/Digital Converter）转为数字信号，输入计算机处理。图像形成的处理有如将选定层面分成若干个体积相同的长方体，称之为体素（Voxel），如图 5.1（a）所示。扫描所得信息经计算而获得每个体素的 X 射线衰减系数或吸收系数，再排列成矩阵，即数字矩阵（Digital Matrix）。数字矩阵可存储于磁盘或光盘中。经数字/模拟转换器把数字矩阵中的每个数字转为由黑到白不等灰度的小方块，即像素（Pixel），如图 5.1（b）所示，并按矩阵排列，即构成 CT 图像。

X 射线透视可以得到三维对象在二维平面上的投影，CT 则通过不同角度的 X 射线得到三维对象的多个二维投影，并以此重建对象内部的三维图像。代数重建方法就是从这些二维投影出发，通过求解超定线性方程组，获得对象内部三维图像的方法。

为简单起见，我们考虑更简单的模型：从二维图像的一维投影重建原图像。

一个平面图像可以用一个网格分割成若干块，每块对应一个像素，它是该块上各像素的均值，这样一来，一幅黑白图像就可以用一个矩阵来表示。下面我们以 3×3 图像为例。

（a）体素

（b）像素

图 5.1　体素与像素

例 5.10　设 3×3 图像中第 1 行 3 个点的灰度值依次为 x_1, x_2, x_3，第二行 3 个点的灰度值依次为 x_4, x_5, x_6，第三行 3 个点的灰度值依次为 x_7, x_8, x_9，横向叠加值分别为 1,1,1.5，纵向叠加值分别为 1.5,0.5,1.5，沿右上方向到左下方向的叠加值分别为 1,0,1,0.5,1。请确定 x_i 的值。

这里 x_i 范围在[0,1]之间，0 表示黑，1 表示白色，0.5 表示灰色。

解　现在的问题是，我们只知道沿横向和纵向的叠加值，为了确定 x_i 的值，目前我们只能建立含有 6 个方程 9 个未知数的线性方程组

$$\begin{cases} x_1 + x_2 + x_3 = 1 \\ x_4 + x_5 + x_6 = 1 \\ x_7 + x_8 + x_9 = 1.5 \\ x_1 + x_4 + x_7 = 1.5 \\ x_2 + x_5 + x_8 = 0.5 \\ x_3 + x_6 + x_9 = 1.5 \end{cases}$$

但该方程组的解不是唯一的。为了能重建图像（即确定 x_i 的值），我们必须增加叠加值。比如，我们可以增加从右上方到左下方的叠加值，这样会增加 5 个方程

$$\begin{aligned} & x_1 = 1 \\ & x_2 + x_4 = 0 \\ & x_3 + x_5 + x_7 = 1 \\ & x_6 + x_8 = 0.5 \\ & x_9 = 1 \end{aligned}$$

和上面的6个方程放在一起构成一个含有11个方程9个未知数的线性方程组：

$$\begin{cases} x_1+x_2+x_3=1 \\ x_4+x_5+x_6=1 \\ x_7+x_8+x_9=1.5 \\ x_1+x_4+x_7=1.5 \\ x_2+x_5+x_8=0.5 \\ x_3+x_6+x_9=1.5 \\ x_1=1 \\ x_2+x_4=0 \\ x_3+x_5+x_7=1 \\ x_6+x_8=0.5 \\ x_9=1 \end{cases}$$

MATLAB的求解程序如下：

```
>> A=[1 1 1 0 0 0 0 0 0;0 0 0 1 1 1 0 0 0;0 0 0 0 0 0 1 1 1;1 0 0 1 0 0 1 0 0;0 
1 0 0 1 0 0 1 0;
      0 0 1 0 0 1 0 0 1;1 0 0 0 0 0 0 0 0;0 1 0 1 0 0 0 0 0;0 0 1 0 1 0 1 0 0;0 
0 0 0 0 1 0 1 0;
      0 0 0 0 0 0 0 0 1];
>> b=[1 1 1.5 1.5 0.5 1.5 1 0 1 0.5 1]';
>> x=A\b;
警告：秩亏，秩 = 8，tol = 4.230518e-15。
>> x'
ans =
1.0000   0.0000        0   0.0000   0.5000   0.5000   0.5000   0.0000   1.0000
>>
>> rank(A)
ans =
      8
>> B=[A,b];
>> rank(B)
ans =
      8              %说明方程解不唯一，上面的解只是已给特解
>> X=[ x(1) x(2) x(3)
       x(4) x(5) x(6)
       x(7) x(8) x(9)]
X =
    1.0000    0.0000         0
    0.0000    0.5000    0.5000
    0.5000    0.0000    1.0000
```

```
>> XX=255*X;
>> XX=round(XX); %四舍五入取整
>> imshow(XX)     %绘制灰度图像，如图 5.2 所示
```

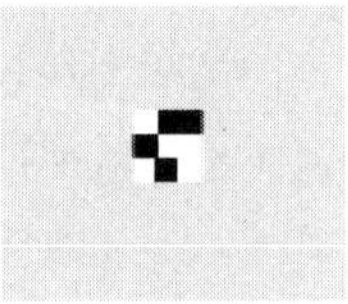

图 5.2　灰度图

上述结果表明，仅有三个方向上的叠加值还不够，可以再增加沿左上方到右下方的叠加值。在实际情况中，由于测量误差，方程组可能无解，这时可以将近似解作为重建的图像数据。

这个方法是 1967 年 CT 研发时所采用的图像重建方法——联立方程组方法。该方法有局限性，如当方程组的规模越来越大时，工作量也越来越大；需采集远远多于方程组规模的投影数据，因为许多方程是相关的；当方程的数量超过未知数数量时，方程组未必有解，因为投影值的测量存在误差。

CT 图像重建的方法还有直接反投影法和滤波反投影法等。

习题 5

5-1. 试用高斯消元法解线性方程组 $\begin{cases} x_1 - 3x_2 + 2x_3 = 11 \\ 2x_1 + 2x_2 - 2x_3 = -4 \\ 3x_1 - 5x_2 + 7x_3 = 32 \end{cases}$，如果用矩阵表示解题的过程，如何表示？

5-2. 分别用原始高斯消元法和列主元消元法求解下面的线性方程组（取 3 位有效数字），并比较两者的结果：

$$\begin{cases} 0.5x_1 + 1.1x_2 + 3.1x_3 = 6 \\ 5x_1 + 0.96x_2 + 6.5x_3 = 0.96 \\ 2x_1 + 4.5x_2 + 0.36x_3 = 0.02 \end{cases} \qquad \text{精确解为} \quad (-2.6, 1, 2)^{\mathrm{T}}$$

5-3. 写出用列主元消元法求解线性方程组的 MATLAB 程序，并用其求解习题 5-1 和习题 5-2。

5-4. （1）求矩阵 $\boldsymbol{A}$=[18, 3, -6; 6, 19, 16; -9, 3, 13.5]的 LU 分解。

（2）用紧凑形式写出 $\boldsymbol{A}$ 的 LU 分解。

（3）用 $\boldsymbol{A}$ 的 LU 分解求解线性方程组 $\boldsymbol{Ax}$=[20, 25, 16] ^{T}。

5-5. 用平方根法和改进平方根法解 $\begin{pmatrix} 4 & 1 & -1 & 0 \\ 1 & 3 & -1 & 0 \\ -1 & -1 & 5 & 2 \\ 0 & 0 & 2 & 4 \end{pmatrix}\begin{pmatrix} x_1 \\ x_2 \\ x_3 \\ x_4 \end{pmatrix}=\begin{pmatrix} 7 \\ 8 \\ -4 \\ 6 \end{pmatrix}$。

5-6. 求证：（1）$\|\boldsymbol{x}\|_\infty \leqslant \|\boldsymbol{x}\|_1 \leqslant n\|\boldsymbol{x}\|_\infty$　　（2）$\frac{1}{\sqrt{n}}\|\boldsymbol{A}\|_F \leqslant \|\boldsymbol{A}\|_2 \leqslant n\|\boldsymbol{A}\|_F$

5-7. 设 $\boldsymbol{A},\boldsymbol{B} \in \mathbb{R}^{n\times n}$ 非奇异，且 $\|\cdot\|$ 为 $\mathbb{R}^{n\times n}$ 上的矩阵范数，证明 $\mathrm{cond}(\boldsymbol{AB}) \leqslant \mathrm{cond}(\boldsymbol{A})\mathrm{cond}(\boldsymbol{B})$。

5-8. 对于 $\boldsymbol{A}$=[1, 2, 2; 2, -1, 1; 2, 1, -2]，求 $\|\boldsymbol{A}\|_1, \|\boldsymbol{A}\|_2, \|\boldsymbol{A}\|_\infty, \|\boldsymbol{A}\|_F$ 以及相应的条件数 $\mathrm{cond}(\boldsymbol{A})_1, \mathrm{cond}(\boldsymbol{A})_2, \mathrm{cond}(\boldsymbol{A})_\infty, \mathrm{cond}(\boldsymbol{A})_F$。

5-9. 电阻三维多层结构网络问题，如图 5.3 所示。

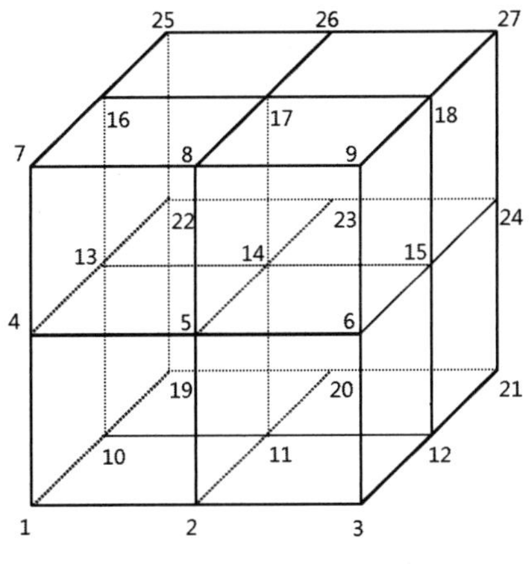

图 5.3　电阻网络

（1）每段线段表示一纯电阻，线段的交点为电路连接点。

（2）当节点 i 与 j 相连时，用（i,j）表示节点之间的电阻；不直接相连时，它们间的电阻为∞。

（3）节点 1 处外接地线，节点 27 处接电源正极。

（4）电源的电压为 $\boldsymbol{U}$；记每一节点处的电位为 $\boldsymbol{V}_i$，$i=1,2,\cdots 27$。规定 $\boldsymbol{V}_1=0$，$\boldsymbol{V}_{27}=\boldsymbol{U}$。

根据电路节点法原理，可写出此电网络的方程组：$\boldsymbol{AV}=\boldsymbol{b}$。

其中，$\boldsymbol{V}=(\boldsymbol{V}_2,\boldsymbol{V}_3,\cdots,\boldsymbol{V}_{26})^{\mathrm{T}}$ 为节点电位向量；$\boldsymbol{b}=(b_2,b_3,\cdots,b_{26})^{\mathrm{T}}$ 为节点电流向量；$\boldsymbol{A}\in\mathbb{R}^{25\times 25}$ 为电纳矩阵。其元素按下法得出：当节点 i 与 $i_1,i_2,\cdots,i_s$ 相连时，

$$a_{ii}=\frac{1}{(i,i_1)}+\frac{1}{(i,i_2)}+\cdots+\frac{1}{(i,i_s)},\quad i=2,3,\cdots,26$$

$$a_{ij}=-\frac{1}{(i,j)},\quad i,j=2,3,\cdots,26,\quad i\neq j$$

$$b_i=\frac{U}{(27,i)},\quad i=2,3,\cdots,26$$

因为与节点 27 直接连接的只有节点 18,24,26，故只有（27,18），（27,24），（27,26）三项不为∞，即只有 b_{18},b_{24},b_{26} 非零，其余均为零。为了计算简单，设每段线段的电阻为$1\text{k}\Omega$，电源为+5V。

请写出具体的线性方程组，你发现系数矩阵具有什么规律性？这些规律性对方程组的求解有什么帮助？

第 6 章　线性方程组的迭代解法

上一章讨论的直接法主要用于求解中小规模的线性方程组。$n \times n$ 矩阵的 LU 分解需要约 $\frac{2}{3}n^3$ 次浮点运算，如果 $n = 100$，则浮点运算次数为 6.7×10^5，这在一般计算机上完成需要一秒。但如果 $n = 1000$，则浮点运算次数为 6.7×10^8，这时所需的计算量非常庞大。在许多实际问题中，规模往往是上万阶甚至是几十万阶的。同时，由于实际问题中的大型矩阵往往是稀疏的，直接法会破坏这种稀疏性。因此，寻求能够保持稀疏性的有效算法就成为科学与工程计算研究中的一个重要课题。

本章介绍几个基本的古典迭代法，并讨论其收敛性。

6.1 单步定常迭代法

考虑方阵线性方程组 $\boldsymbol{Ax} = \boldsymbol{b}$，迭代法的目的是建立一种从已有近似解计算新的近似解的规则。

6.1.1 单步定常迭代法的介绍

单步定常迭代法将方程组

$$\boldsymbol{Ax} = \boldsymbol{b}$$

变形为等价方程组

$$\boldsymbol{x} = \boldsymbol{Bx} + \boldsymbol{f} \tag{6-1}$$

由此构造迭代公式

$$x^{(k+1)} = Bx^{(k)} + f,\ k = 0,1,2,\cdots \tag{6-2}$$

其中，B 为迭代矩阵。给定初始向量 $x^{(0)} \in \mathbb{R}^n$ 后，按式（6-2）产生向量序列 $\{x^{(k)}\}$。若迭代序列收敛到某一确定向量 x^*，即

$$\lim_{k\to\infty} x^{(k)} = x^*$$

且 x^* 不依赖于 $x^{(0)}$ 的选取，则称式（6-2）是收敛的，否则称式（6-2）是发散的。

显然，若按式（6-2）产生的向量序列 $\{x^{(k)}\}$ 收敛于向量 x^*，则有

$$x^* = \lim_{k\to\infty} x^{(k)} = \lim_{k\to\infty}[Bx^{(k-1)} + f] = Bx^* + f$$

从而 x^* 是方程组 $Ax = b$ 的解。

式（6-2）的构造一般源于矩阵分裂。设系数矩阵 A 可分解为矩阵 M 和 N 之差

$$A = M - N$$

其中，M 为非奇异矩阵。于是，方程组 $Ax = b$ 可以改写为

$$Mx = Nx + b$$

从而

$$x = M^{-1}Nx + M^{-1}b = Bx + f$$

其中，$B = M^{-1}N;\ f = M^{-1}b$。据此，我们便可以建立迭代公式（6-2）。

6.1.2　迭代法收敛性的一般理论

引理 6.1　（1）设 $\|\cdot\|$ 为 $\mathbb{R}^{n\times n}$ 上任一种矩阵范数，则对任意的 $A \in \mathbb{R}^{n\times n}$，有

$$\rho(A) \leqslant \|A\| \tag{6-3}$$

（2）对任意的 $A \in \mathbb{R}^{n\times n}$ 及实数 $\varepsilon > 0$，至少存在一种从属范数 $\|\cdot\|$，使

$$\|A\| \leqslant \rho(A) + \varepsilon \tag{6-4}$$

证明　（1）设 $x \in \mathbb{R}^n$ 满足 $x \neq 0,\ Ax = \lambda x$，且 $|\lambda| = \rho(A)$。必存在向量 $y \in \mathbb{R}^n$，使 xy^{T} 不是零矩阵。对于任意一种矩阵范数 $\|\cdot\|$，由矩阵范数定义可得

$$\rho(A)\|xy^{\mathrm{T}}\| = \|\lambda xy^{\mathrm{T}}\| = \|Axy^{\mathrm{T}}\| \leqslant \|A\|\|xy^{\mathrm{T}}\|$$

即可推出式（6-3）。

（2）对任意的 $A \in \mathbb{R}^{n\times n}$，总存在非奇异的 $T \in \mathbb{R}^{n\times n}$，使 $J = TAT^{-1}$ 为 Jordan（若尔当）标准形，即 J 是对角块形式的矩阵，$J = \mathrm{diag}[J_1, J_2, \cdots, J_n]$，其中的 Jordan 块为

$$
\boldsymbol{J}_i = \begin{bmatrix} \lambda_i & 1 & & \\ & \lambda_i & \ddots & \\ & & \ddots & 1 \\ & & & \lambda_i \end{bmatrix}, \quad i = 1,2,\cdots,m
$$

对于实数 $\varepsilon > 0$，定义对角阵 $\boldsymbol{D}_\varepsilon \in \mathbb{R}^{n\times n}$，

$$
\boldsymbol{D}_\varepsilon = \mathrm{diag}\left\{1, \varepsilon, \cdots, \varepsilon^{n-1}\right\}
$$

容易验证 $\boldsymbol{D}_\varepsilon^{-1}\boldsymbol{J}\boldsymbol{D}_\varepsilon$ 仍为块对角形式，其分块与 $\boldsymbol{J}$ 相同，即

$$
\hat{\boldsymbol{J}} = \boldsymbol{D}_\varepsilon^{-1}\boldsymbol{J}\boldsymbol{D}_\varepsilon = \mathrm{diag}[\hat{\boldsymbol{J}}_1, \hat{\boldsymbol{J}}_2, \cdots, \hat{\boldsymbol{J}}_m]
$$

其中，

$$
\hat{\boldsymbol{J}}_i = \begin{bmatrix} \lambda_i & \varepsilon & & \\ & \lambda_i & \ddots & \\ & & \ddots & \varepsilon \\ & & & \lambda_i \end{bmatrix}, \quad i = 1,\cdots,m
$$

它的阶数与 $\boldsymbol{J}_i$ 相同。取 $\hat{\boldsymbol{J}}$ 的 ∞ 范数，可得

$$
\left\|\hat{\boldsymbol{J}}\right\|_\infty = \left\|\boldsymbol{D}_\varepsilon^{-1}\boldsymbol{J}\boldsymbol{D}_\varepsilon\right\|_\infty \leqslant \rho(\boldsymbol{A}) + \varepsilon
$$

而 $\boldsymbol{D}_\varepsilon^{-1}\boldsymbol{T}$ 为非奇异阵，从而 $\left\|\boldsymbol{D}_\varepsilon^{-1}\boldsymbol{T}\boldsymbol{x}\right\|_\infty$ 定义了 $\mathbb{R}^n$ 上一种向量范数，$\boldsymbol{A}$ 从属于此向量范数的矩阵范数为

$$
\|\boldsymbol{A}\| = \left\|\boldsymbol{D}_\varepsilon^{-1}\boldsymbol{T}\boldsymbol{A}\boldsymbol{T}^{-1}\boldsymbol{D}_\varepsilon\right\|_\infty = \left\|\boldsymbol{D}_\varepsilon^{-1}\boldsymbol{J}\boldsymbol{D}_\varepsilon\right\|_\infty \leqslant \rho(\boldsymbol{A}) + \varepsilon
$$

基于以上引理，可得以下结果。

定理 6.1　设 $\boldsymbol{B} \in \mathbb{R}^{n\times n}$，则 $\lim\limits_{k\to\infty} \boldsymbol{B}^k = 0$ 的充分必要条件是矩阵 $\boldsymbol{B}$ 的谱半径 $\rho(\boldsymbol{B}) < 1$。

请读者自行证明。

为了讨论迭代公式（6-2）的收敛性，我们引进残差向量

$$
\boldsymbol{e}^{(k)} = \boldsymbol{x}^{(k)} - \boldsymbol{x}^*,\ k = 0,1,2,\cdots \tag{6-5}
$$

由式（6-2）易推出残差向量应满足方程

$$
\boldsymbol{e}^{(k)} = \boldsymbol{B}\boldsymbol{x}^{(k-1)} + \boldsymbol{f} - \boldsymbol{B}\boldsymbol{x}^* - \boldsymbol{f} = \boldsymbol{B}\left(\boldsymbol{x}^{(k-1)} - \boldsymbol{x}^*\right) = \boldsymbol{B}\boldsymbol{e}^{(k-1)} \tag{6-6}
$$

逐次递推，可得到

$$
\boldsymbol{e}^{(k)} = \boldsymbol{B}^k\boldsymbol{e}^{(0)}
$$

若要得到由式（6-2）所确定的迭代法对任意给定的初始向量 $\boldsymbol{x}^{(0)}$ 都收敛，则由残差向量 $\boldsymbol{e}^{(k)}$ 应对任何初始残差 $\boldsymbol{e}^{(0)}$ 都收敛于 0。

定理 6.2 对任意的初始向量 $\boldsymbol{x}^{(0)}$ 和右端项 $\boldsymbol{f}$，由迭代格式

$$\boldsymbol{x}^{(k+1)}=\boldsymbol{B}\boldsymbol{x}^{(k)}+\boldsymbol{f},\ k=0,1,2,\cdots$$

产生的向量序列 $\{\boldsymbol{x}^{(k)}\}$ 收敛的充要条件为 $\rho(\boldsymbol{B})<1$。

证明 必要性。设存在向量 $\boldsymbol{x}^*$，使 $\lim\limits_{k\to\infty}\boldsymbol{x}^{(k)}=\boldsymbol{x}^*$，则

$$\boldsymbol{x}^*=\boldsymbol{B}\boldsymbol{x}^*+\boldsymbol{f}$$

由此及迭代公式（6-2），有

$$\begin{aligned}\boldsymbol{x}^{(k)}-\boldsymbol{x}^* &= \boldsymbol{B}\boldsymbol{x}^{(k-1)}+\boldsymbol{f}-\boldsymbol{B}\boldsymbol{x}^*-\boldsymbol{f}\\ &= \boldsymbol{B}^k(\boldsymbol{x}^{(0)}-\boldsymbol{x}^*)\end{aligned}$$

于是

$$\lim_{k\to\infty}\boldsymbol{B}^k(\boldsymbol{x}^{(0)}-\boldsymbol{x}^*)=\lim_{k\to\infty}(\boldsymbol{x}^{(k)}-\boldsymbol{x}^*)=0$$

因为 $\boldsymbol{x}^{(0)}$ 为任意 n 维向量，所以上式成立必须（理由见课后习题 6-3）

$$\lim_{k\to\infty}\boldsymbol{B}^k=0$$

由定理 6.1 可得 $\rho(\boldsymbol{B})<1$。

充分性。若 $\rho(\boldsymbol{B})<1$，则 $\lambda=1$ 不是 $\boldsymbol{B}$ 的特征值，因而有 $|\boldsymbol{I}-\boldsymbol{B}|\neq 0$，于是对任意 n 维向量 $\boldsymbol{f}$，方程组 $(\boldsymbol{I}-\boldsymbol{B})\boldsymbol{x}=\boldsymbol{f}$ 有唯一解，记为 $\boldsymbol{x}^*$，即

$$\boldsymbol{x}^*=\boldsymbol{B}\boldsymbol{x}^*+\boldsymbol{f}$$

并且

$$\lim_{k\to\infty}\boldsymbol{B}^k=0$$

又因为

$$\boldsymbol{x}^{(k)}-\boldsymbol{x}^*=\boldsymbol{B}(\boldsymbol{x}^{(k-1)}-\boldsymbol{x}^*)=\boldsymbol{B}^k(\boldsymbol{x}^{(0)}-\boldsymbol{x}^*)$$

所以对任意初始向量 $\boldsymbol{x}^{(0)}$，都有

$$\lim_{k\to\infty}(\boldsymbol{x}^{(k)}-\boldsymbol{x}^*)=\lim_{k\to\infty}\boldsymbol{B}^k(\boldsymbol{x}^{(0)}-\boldsymbol{x}^*)=0$$

即由迭代公式（6-2）产生的向量序列 $\{\boldsymbol{x}^{(k)}\}$ 收敛。

定理 6.2 表明，迭代法收敛与否仅取决于迭代矩阵的谱半径，与初始向量和方程组的右端项无关。由于不同的迭代法迭代矩阵不同，同一方程组可能出现有的方法收敛，有的方法发散的情形。

定理 6.3 如果 $\|\boldsymbol{B}\|=q<1$，并假定 $\|\boldsymbol{I}\|=1$，则对任意的初始向量 $\boldsymbol{x}^{(0)}$ 和右端项 $\boldsymbol{f}$，由迭

代格式

$$x^{(k+1)} = Bx^{(k)} + f，\ k = 0,1,2,\cdots$$

产生的向量序列 $\{x^{(k)}\}$ 收敛到准确解 x^*，且有估计式

$$\left\|x^{(k)} - x^*\right\| \leqslant \frac{q}{1-q}\left\|x^{(k)} - x^{(k-1)}\right\|$$

$$\left\|x^{(k)} - x^*\right\| \leqslant \frac{q^k}{1-q}\left\|x^{(1)} - x^{(0)}\right\|$$

证明　因为 $\rho(B) \leqslant \|B\| < 1$，由定理 6.2 可知收敛性成立。

又因为

$$\begin{aligned} x^{(k)} - x^* &= Bx^{(k-1)} + f - (Bx^* + f) = Bx^{(k-1)} - Bx^* \\ &= Bx^{(k-1)} - B(I-B)^{-1} f \\ &= B(I-B)^{-1}\left[(I-B)x^{(k-1)} - f\right] \\ &= B(I-B)^{-1}\left[x^{(k-1)} - \left(Bx^{(k-1)} + f\right)\right] \\ &= B(I-B)^{-1}\left[x^{(k-1)} - x^{(k)}\right] \end{aligned}$$

两边取范数并利用定理 5.8 可得

$$\left\|x^{(k)} - x^*\right\| \leqslant \frac{q}{1-q}\left\|x^{(k)} - x^{(k-1)}\right\|$$

其他情况请自证。

上面定理表明，可以从两次相邻近似值的差来判别迭代是否应该终止，这对实际计算是非常好用的。

最后，简要讨论迭代法的收敛速度。考察残差向量 $e^{(k)} = x^{(k)} - x^* = B^k e^{(0)}$。设 B 有 n 个线性无关的特征向量 $u_1, u_2, \ldots, u_n$，相应的特征值为 $\lambda_1, \lambda_2, \ldots, \lambda_n$。由 $e^{(0)} = \sum_{i=1}^{n} a_i u_i$ 可得

$$\left\|e^{(k)}\right\| = \left\|B^k e^{(0)}\right\| = \left\|\sum_{i=1}^{n} a_i \lambda_i^k u_i\right\| \leqslant \rho\left(B\right)^k \left\|\sum_{i=1}^{n} a_i u_i\right\| = \rho\left(B\right)^k \left\|e^{(0)}\right\|$$

可以看出，当谱半径 $\rho(B)$ 越小时，$e^{(k)}$ 趋于 0 的速度越快，故可以用 $\rho(B)$ 来刻画迭代法的收敛快慢。现依据给定精度要求来确定迭代次数 k。如果要求迭代 k 次后有

$$\left\|e^{(k)}\right\| \leqslant 10^{-s}\left\|e^{(0)}\right\|$$

则可选择足够大的 k 使

$$\rho\left(B\right)^k \leqslant 10^{-s}$$

两边取对数，得

$$k \geqslant \frac{s\ln 10}{-\ln \rho(\boldsymbol{B})}$$

基于上式，给出下面的定义。

定义 6.1 称 $R(\boldsymbol{B}) = -\ln \rho(\boldsymbol{B})$ 为迭代法的渐近收敛率，或称渐近收敛速度。

$R(\boldsymbol{B})$ 与 $\boldsymbol{B}$ 取何种范数及迭代次数无关。它反映的是迭代次数趋于无穷时迭代法的渐近性质。可以看出，$\rho(\boldsymbol{B})<1$ 越小，则 $-\ln \rho(\boldsymbol{B})$ 越大，达到给定精度需要的迭代次数就越少。

6.2 基于矩阵分裂的迭代法

6.2.1 Jacobi 迭代法

考虑方程组 $\boldsymbol{Ax}=\boldsymbol{b}$，即

$$\begin{cases} a_{11}x_1 + a_{12}x_2 + \cdots + a_{1n}x_n = b_1 \\ a_{21}x_1 + a_{22}x_2 + \cdots + a_{2n}x_n = b_2 \\ \qquad\qquad \vdots \\ a_{n1}x_1 + a_{n2}x_2 + \cdots + a_{nn}x_n = b_n \end{cases} \tag{6-7}$$

其中，$\boldsymbol{A}=(a_{ij})_{n\times n}$ 非奇异。假设 $a_{ii}\neq 0,\ i=1,\cdots,n$，则式（6-7）等价变形为

$$a_{ii}x_i = b_i - \sum_{j=1}^{i-1} a_{ij}x_j - \sum_{j=i+1}^{n} a_{ij}x_j,\quad i=1,\cdots,n$$

有

$$x_i = \frac{1}{a_{ii}}\left(b_i - \sum_{j=1}^{i-1} a_{ij}x_j - \sum_{j=i+1}^{n} a_{ij}x_j\right),\quad i=1,\cdots,n \tag{6-8}$$

由此构造迭代公式

$$x_i^{(k+1)} = \frac{1}{a_{ii}}\left(b_i - \sum_{j=1}^{i-1} a_{ij}x_j^{(k)} - \sum_{j=i+1}^{n} a_{ij}x_j^{(k)}\right),\quad i=1,\cdots,n \tag{6-9}$$

从矩阵观点来看，上述过程将 $\boldsymbol{A}$ 分解为上三角、下三角、对角三个部分，即对 $\boldsymbol{A}$ 做矩阵分裂：

$$\boldsymbol{A} = \boldsymbol{D} - \boldsymbol{L} - \boldsymbol{U}$$

其中，

$$D=\begin{bmatrix} a_{11} & & & \\ & a_{22} & & \\ & & \ddots & \\ & & & a_{nn} \end{bmatrix},\ L=\begin{bmatrix} 0 & & & \\ -a_{21} & 0 & & \\ \vdots & \vdots & \ddots & \\ -a_{n1} & -a_{n2} & \cdots & 0 \end{bmatrix},\ U=\begin{bmatrix} 0 & -a_{12} & \cdots & -a_{1n} \\ & 0 & \cdots & -a_{2n} \\ & & \ddots & \vdots \\ & & & 0 \end{bmatrix}$$

这样

$$\boldsymbol{Ax}=\boldsymbol{b} \Leftrightarrow (\boldsymbol{D}-\boldsymbol{L}-\boldsymbol{U})\boldsymbol{x}=\boldsymbol{b} \Leftrightarrow \boldsymbol{Dx}=(\boldsymbol{L}+\boldsymbol{U})\boldsymbol{x}+\boldsymbol{b} \Leftrightarrow \boldsymbol{x}=\boldsymbol{D}^{-1}(\boldsymbol{L}+\boldsymbol{U})\boldsymbol{x}+\boldsymbol{D}^{-1}\boldsymbol{b}$$

因此，式（6-9）的矩阵形式为

$$\boldsymbol{x}^{(k+1)}=\boldsymbol{Jx}^{(k)}+\boldsymbol{f} \tag{6-10}$$

其中，$\boldsymbol{J}=\boldsymbol{D}^{-1}(\boldsymbol{L}+\boldsymbol{U})=\boldsymbol{I}-\boldsymbol{D}^{-1}\boldsymbol{A}$，$\boldsymbol{f}=\boldsymbol{D}^{-1}\boldsymbol{b}$。式（6-10）称为 Jacobi 迭代，由于 $\boldsymbol{D}$ 是对角阵，因此 $\boldsymbol{D}^{-1}$ 的计算很容易。Jacobi 迭代法公式简单，每迭代一次只需计算一次矩阵和向量的乘法。此外，该迭代存储要求极低，在执行过程中仅需要两组存储单元，以存放 $\boldsymbol{x}^{(k)}$ 及 $\boldsymbol{x}^{(k+1)}$。

对于该迭代法的收敛性，由定理 6.4 可知，Jacobi 迭代收敛的充要条件为迭代矩阵 $\boldsymbol{J}=\boldsymbol{D}^{-1}(\boldsymbol{L}+\boldsymbol{U})$ 的谱半径 $\rho(\boldsymbol{J})<1$。在实际算法设计中，还需根据实际需要给出迭代的收敛判定准则。具体可以采用绝对误差、相对误差或残量 $r_k=\|\boldsymbol{b}-\boldsymbol{Ax}_k\|$ 小于某个误差限，也可以从两次相邻近似值的差来判别迭代是否应该终止。

例 6.1　用 Jacobi 迭代法求解线性方程组

$$\begin{cases} 5x_1+x_2-x_3-2x_4=-2 \\ 2x_1+8x_2+x_3+3x_4=-6 \\ x_1-2x_2-4x_3-x_4=6 \\ -x_1+3x_2+2x_3+7x_4=12 \end{cases}$$

当 $\left\|\boldsymbol{x}^{(k+1)}-\boldsymbol{x}^{(k)}\right\|_\infty<10^{-5}$ 时，迭代停止。

解　Jacobi 迭代格式如下：

$$\begin{cases} x_1^{(k+1)}=\dfrac{1}{5}(-2-x_2^{(k)}+x_3^{(k)}+2x_4^{(k)}) \\ x_2^{(k+1)}=\dfrac{1}{8}(-6-2x_1^{(k)}-x_3^{(k)}-3x_4^{(k)}) \\ x_3^{(k+1)}=\dfrac{-1}{4}(6-x_1^{(k)}+2x_2^{(k)}+x_4^{(k)}) \\ x_4^{(k+1)}=\dfrac{1}{7}(12+x_1^{(k)}-3x_2^{(k)}-2x_3^{(k)}) \end{cases}$$

取初始迭代向量 $\boldsymbol{x}^{(0)}=(0,0,0,0)^{\mathrm{T}}$，迭代 24 次的近似解

$$\boldsymbol{x}^{(24)}=(0.9999941,-1.9999950,-1.0000040,2.9999990)^{\mathrm{T}}$$

6.2.2 高斯-赛德尔迭代法

Jacobi 迭代法用 $\boldsymbol{x}^{(k)}$ 的全部分量来计算 $\boldsymbol{x}^{(k+1)}$ 的全部分量，然而在计算分量 $x_i^{(k+1)}$ 时，$x_1^{(k+1)},x_2^{(k+1)},\cdots,x_{i-1}^{(k+1)}$ 都已经算出。因此，若用多迭代一次得到的 $x_1^{(k+1)},x_2^{(k+1)},\cdots,x_{i-1}^{(k+1)}$ 代替 $x_1^{(k)},x_2^{(k)},\cdots,x_{i-1}^{(k)}$ 来计算 $x_i^{(k+1)}$，则能充分利用刚刚得到的新信息，期望能取得更好的结果。这就是高斯-赛德尔迭代法的基本思想。其迭代公式为

$$x_i^{(k+1)}=\frac{1}{a_{ii}}\left(b_i-\sum_{j=1}^{i-1}a_{ij}x_j^{(k+1)}-\sum_{j=i+1}^{n}a_{ij}x_j^{(k)}\right) \tag{6-11}$$

式（6-11）的矩阵形式为

$$\boldsymbol{x}^{(k+1)}=\boldsymbol{D}^{-1}(\boldsymbol{b}+\boldsymbol{L}\boldsymbol{x}^{(k+1)}+\boldsymbol{U}\boldsymbol{x}^{(k)})$$

因此迭代法的矩阵形式为

$$\boldsymbol{x}^{(k+1)}=\boldsymbol{G}\boldsymbol{x}^{(k)}+\boldsymbol{f} \tag{6-12}$$

其中，$\boldsymbol{G}=(\boldsymbol{D}-\boldsymbol{L})^{-1}\boldsymbol{U}$，$\boldsymbol{f}=(\boldsymbol{D}-\boldsymbol{L})^{-1}\boldsymbol{b}$。

对于该迭代法的收敛性，同样由定理 6.4 可知，高斯-赛德尔迭代法收敛的充要条件为迭代矩阵 $\boldsymbol{G}=(\boldsymbol{D}-\boldsymbol{L})^{-1}\boldsymbol{U}$ 的谱半径 $\rho(\boldsymbol{G})<1$。

例 6.2 用高斯-赛德尔迭代法求解例 6.1 中的方程组。

解 由式（6-11）可得高斯-赛德尔迭代格式如下：

$$\begin{cases}x_1^{(k+1)}=\dfrac{1}{5}(-2-x_2^{(k)}+x_3^{(k)}+2x_4^{(k)})\\ x_2^{(k+1)}=\dfrac{1}{8}(-6-2x_1^{(k+1)}-x_3^{(k)}-3x_4^{(k)})\\ x_3^{(k+1)}=\dfrac{-1}{4}(6-x_1^{(k+1)}+2x_2^{(k+1)}+x_4^{(k)})\\ x_4^{(k+1)}=\dfrac{1}{7}(12+x_1^{(k+1)}-3x_2^{(k+1)}-2x_3^{(k+1)})\end{cases}$$

取初始迭代向量 $\boldsymbol{x}^{(0)}=(0,0,0,0)^{\mathrm{T}}$，迭代 14 次的近似解

$$\boldsymbol{x}^{(14)}=(0.9999966,-1.9999970,-1.0000010,2.9999990)^{\mathrm{T}}$$

对比这两个例子可以发现，高斯-赛德尔迭代法收敛速度比 Jacobi 迭代法更快。

在大多数情况下，对给定的矩阵 $\boldsymbol{A}$，若 Jacobi 迭代收敛，则高斯-赛德尔迭代也收敛且速度更快（高斯-赛德尔迭代矩阵的谱半径更小一些）。但在理论上，二者收敛性并无联系。具体如下例。

例 6.3　判断用 Jacobi 迭代法和高斯-赛德尔迭代法解方程组 $\boldsymbol{Ax}=\boldsymbol{b}$ 的敛散性。

（1）$\boldsymbol{A}=\begin{bmatrix}1 & -2 & 2\\ -1 & 1 & -1\\ -2 & -2 & 1\end{bmatrix}$　　（2）$\boldsymbol{A}=\begin{bmatrix}2 & -1 & 1\\ 1 & 1 & 1\\ 1 & 1 & -2\end{bmatrix}$

解　（1）Jacobi 迭代法的迭代矩阵为

$$\boldsymbol{J}=\boldsymbol{D}^{-1}(\boldsymbol{L}+\boldsymbol{U})$$

其特征方程为

$$\left|\lambda\boldsymbol{I}-\boldsymbol{D}^{-1}(\boldsymbol{L}+\boldsymbol{U})\right|=0\Leftrightarrow\left|\lambda\boldsymbol{D}-(\boldsymbol{L}+\boldsymbol{U})\right|=0$$

由已知

$$\left|\lambda\boldsymbol{D}-(\boldsymbol{L}+\boldsymbol{U})\right|=\lambda^3=0$$

得 $\lambda_1=\lambda_2=\lambda_3=0$，所以 $\rho(\boldsymbol{J})=0<1$，因此 Jacobi 迭代法收敛。

如果用高斯-赛德尔迭代法，迭代矩阵为

$$\boldsymbol{G}=(\boldsymbol{D}-\boldsymbol{L})^{-1}\boldsymbol{U}$$

特征方程

$$\left|\lambda\boldsymbol{I}-(\boldsymbol{D}-\boldsymbol{L})^{-1}\boldsymbol{U}\right|=0\Leftrightarrow\left|\lambda(\boldsymbol{D}-\boldsymbol{L})-\boldsymbol{U}\right|=0$$

由已知

$$\left|\lambda(\boldsymbol{D}-\boldsymbol{L})-\boldsymbol{U}\right|=\lambda(\lambda^2+4\lambda-4)=0$$

得特征值 $\lambda_1=0,\ \lambda_2=-2(1+\sqrt{2}),\ \lambda_3=-2(1-\sqrt{2})$，所以 $\rho(\boldsymbol{G})=2(1+\sqrt{2})>1$，因此高斯-赛德尔迭代法发散。

（2）Jacobi 迭代法发散，高斯-赛德尔迭代法收敛，请读者自行解决。

通常高斯-赛德尔迭代要好于 Jacobi 迭代，但在并行处理器上例外。如果有 n 个处理器，则 Jacobi 迭代效率非常高（用第 i 个处理器更新 x_i），此时高斯-赛德尔迭代没有优势。但由于处理器的个数 p 往往小于 n，所以加速效果并没有预想的那么好。这时虽然每个处理器需要用高斯-赛德尔的思想计算 $\boldsymbol{x}$ 的 $\dfrac{n}{p}$ 个分量（即充分利用能够得到的变量的新值），但不能在处理器间传递更新的值。关于并行高斯-赛德尔迭代有许多通用策略。

Jacobi 迭代和高斯-赛德尔迭代都依赖于未知量的次序。如果线性方程组中方程的次序有所改变，则得到的 Jacobi 迭代或高斯-赛德尔迭代的收敛性可能会有改变。

例 6.4 令

$$\boldsymbol{A}=\begin{bmatrix}3 & 10\\ 9 & 4\end{bmatrix} \text{和} \boldsymbol{A}'=\begin{bmatrix}9 & 4\\ 3 & 10\end{bmatrix}$$

则 Jacobi 迭代和高斯-赛德尔迭代对于矩阵 $\boldsymbol{A}$ 均发散，对于矩阵 $\boldsymbol{A}'$ 均收敛。

*6.2.3 逐次超松弛迭代法

Jacobi 迭代法和高斯-赛德尔迭代法的收敛速度有时很慢，而逐次超松弛迭代法（Successive Over Relaxation Method，简称 SOR 方法）是高斯-赛德尔迭代法的一种加速方法，是解大型稀疏矩阵方程组的有效方法之一，它具有计算公式简单、程序设计容易、占用计算机内存较少等优点，但需要较好的加速因子。

对于一个收敛的高斯-赛德尔迭代法，第 $k+1$ 次的迭代结果一般要比第 k 次的好。第 $k+1$ 次的迭代结果可看作第 k 次基础上的修正，现在我们引入一个参数，改变这个修正量。这就是 SOR 方法的基本思想。具体地，将高斯-赛德尔迭代改写为

$$\boldsymbol{x}^{(k+1)}=\boldsymbol{x}^{(k)}+\Delta\boldsymbol{x}$$

其中 $\Delta\boldsymbol{x}$ 为 $\boldsymbol{x}^{(k+1)}$ 与 $\boldsymbol{x}^{(k)}$ 的差，其各分量为

$$\Delta x_i=x_i^{(k+1)}-x_i^{(k)}=\frac{1}{a_{ii}}\left(b_i-\sum_{j=1}^{i-1}a_{ij}x_j^{(k+1)}-\sum_{j=i+1}^{n}a_{ij}x_j^{(k)}\right)-x_i^{(k)},\quad i=1,\cdots,n$$

引入新的参数 ω 并将 $\boldsymbol{x}^{(k+1)}$ 修正为

$$\boldsymbol{x}^{(k+1)}=\boldsymbol{x}^{(k)}+\omega\Delta\boldsymbol{x}$$

即

$$\begin{aligned}x_i^{(k+1)}&=x_i^{(k)}+\omega\Delta x_i=x_i^{(k)}+\omega\left[\frac{1}{a_{ii}}(b_i-\sum_{j=1}^{i-1}a_{ij}x_j^{(k+1)}-\sum_{j=i+1}^{n}a_{ij}x_j^{(k)})-x_i^{(k)}\right]\\&=(1-\omega)x_i^{(k)}+\frac{\omega}{a_{ii}}\left(b_i-\sum_{j=1}^{i-1}a_{ij}x_j^{(k+1)}-\sum_{j=i+1}^{n}a_{ij}x_j^{(k)}\right),\quad i=1,\cdots,n\end{aligned}\tag{6-13}$$

按式（6-13）计算方程组的近似解序列的方法称为松弛法，其中 ω 为松弛因子。如果 $\omega=1$，就是标准的高斯-赛德尔迭代；如果 $0<\omega<1$ 称为低松弛法；如果 $\omega>1$ 称为超松弛法。后两种情形统称为 SOR 方法。

式（6-13）的矩阵形式为

$$\boldsymbol{x}^{(k+1)}=(1-\omega)\boldsymbol{x}^{(k)}+\omega\boldsymbol{D}^{-1}(\boldsymbol{b}+\boldsymbol{L}\boldsymbol{x}^{(k+1)}+\boldsymbol{U}\boldsymbol{x}^{(k)})$$

即

$$\boldsymbol{x}^{(k+1)}=\left[(1-\omega)\boldsymbol{I}+\omega\boldsymbol{D}^{-1}\boldsymbol{U}\right]\boldsymbol{x}^{(k)}+\omega\boldsymbol{D}^{-1}\boldsymbol{L}\boldsymbol{x}^{(k+1)}+\omega\boldsymbol{D}^{-1}\boldsymbol{b}$$

注意到，$\left|\boldsymbol{I}-\omega\boldsymbol{D}^{-1}\boldsymbol{L}\right|=1$，故$\left(\boldsymbol{I}-\omega\boldsymbol{D}^{-1}\boldsymbol{L}\right)^{-1}$存在，从而有$\left(\boldsymbol{D}-\omega\boldsymbol{L}\right)^{-1}$存在，我们有

$$\boldsymbol{x}^{(k+1)}=\boldsymbol{L}_{\omega}\boldsymbol{x}^{(k)}+\boldsymbol{f} \tag{6-14}$$

其中，$\boldsymbol{L}_{\omega}=(\boldsymbol{D}-\omega\boldsymbol{L})^{-1}\left[(1-\omega)\boldsymbol{D}+\omega\boldsymbol{U}\right]$，$\boldsymbol{f}=\omega(\boldsymbol{D}-\omega\boldsymbol{L})^{-1}\boldsymbol{b}$。

对于 SOR 迭代法的收敛性，由定理 6.4 可知，该方法收敛的充要条件为迭代矩阵 $\boldsymbol{L}_{\omega}$ 的谱半径 $\rho(\boldsymbol{L}_{\omega})<1$。SOR 迭代法的收敛速度取决于松弛因子 ω 的选取。若 ω 取得较好，则 SOR 方法收敛速度优于高斯-赛德尔迭代法；若取得不好，则可能会比高斯-赛德尔迭代法慢，甚至不收敛。为了 ω 的选取能保证 SOR 迭代的收敛性，给出以下结果。

定理 6.4　SOR 迭代法收敛的必要条件是 $0<\omega<2$。

能够使 SOR 迭代法收敛最快的松弛因子称为最佳松弛因子。一般地，最佳松弛因子 ω^* 应满足

$$\rho\left(\boldsymbol{L}_{\omega^*}\right)=\min\rho\left(\boldsymbol{L}_{\omega}\right)$$

最佳松弛因子理论是由 Young 在 1950 年针对一类椭圆型微分方程数值解得到的代数方程组所建立的理论，他给出了最佳松弛因子公式

$$\omega_{pt}=\frac{2}{1+\sqrt{1-\rho^2\left(\boldsymbol{J}\right)}} \tag{6-15}$$

其中，$\boldsymbol{J}$ 是 Jacobi 迭代矩阵。

例 6.5　用 SOR 方法求解例 6.1 中的方程组。

解　由式（6-13）可得 SOR 迭代格式

$$\begin{cases}x_1^{(k+1)}=x_1^{(k)}+\dfrac{\omega}{5}(-2-5x_1^{(k)}-x_2^{(k)}+x_3^{(k)}+2x_4^{(k)})\\ x_2^{(k+1)}=x_2^{(k)}+\dfrac{\omega}{8}(-6-2x_1^{(k+1)}-8x_2^{(k)}-x_3^{(k)}-3x_4^{(k)})\\ x_3^{(k+1)}=x_3^{(k)}-\dfrac{\omega}{4}(6-x_1^{(k+1)}+2x_2^{(k+1)}+4x_3^{(k)}+x_4^{(k)})\\ x_4^{(k+1)}=x_4^{(k)}+\dfrac{\omega}{7}(12+x_1^{(k+1)}-3x_2^{(k+1)}-2x_3^{(k+1)}-7x_4^{(k)})\end{cases}$$

取初始迭代向量 $\boldsymbol{x}^{(0)}=(0,0,0,0)^{\mathrm{T}}$，松弛因子 $\omega=1.15$，迭代 8 次得到的近似解为

$$\boldsymbol{x}^{(8)}=(0.9999965,-1.9999970,-1.0000010,2.9999990)^{\mathrm{T}}$$

对比例 6.5 与例 6.1 和例 6.2 可以发现，若松弛因子选得好，则 SOR 方法比高斯-赛德尔迭代法和 Jacobi 迭代法都快。

人物介绍

卡尔·古斯塔夫·雅各布·雅可比（Carl Gustav Jacob Jacobi）（1804—1851），德国数学家。1804 年 12 月 10 日生于普鲁士的波茨坦；1851 年 2 月 18 日卒于柏林。雅可比是数学史上最勤奋的学者之一，与欧拉一样也是一位在数学上多产的数学家，是被广泛承认的历史上最伟大的数学家之一。雅可比善于处理各种繁复的代数问题，在纯粹数学和应用数学上都有非凡的贡献。他所理解的数学有一种强烈的柏拉图式的格调，其数学成就对后人影响颇为深远。在他逝世后，狄利克雷称他为拉格朗日以来德国科学院成员中最卓越的数学家。

6.3 案例及 MATLAB 实现

6.3.1 偏微分方程数值解法案例

本书最后一章我们仅仅讲解常微分方程数值解法，而对于更广泛的偏微分方程数值解法没有讨论，本节我们将作为线性方程组迭代法的案例简单介绍一下后者。含有未知函数的偏导数的方程称为偏微分方程。当研究的问题需要用多个自变量的函数来描述时，就会遇到偏微分方程。与常微分方程相比，偏微分方程的定解区域至少是二维的，常常是三维甚至更高维的。由于定解区域的复杂性，求解偏微分方程比求解常微分方程问题要困难得多，计算复杂度也高得多，这就对数值求解方法的选择和设计提出了较高的要求。

偏微分方程主要分为椭圆型方程、抛物型方程以及双曲型方程三类。其中，海洋、水利等的流体动力学问题、弦的振动和波动过程等，一般归结为双曲型方程；定常热传导、导体电流分布、静电学和静磁学、弹性理论与渗流理论问题一般归结为椭圆型偏微分方程；而非定向热传导、气体膨胀、电磁场分布等问题一般归结为抛物型偏微分方程。现以二维情形为例给出上述三类偏微分方程的方程表述。

（1）椭圆型方程（泊松方程）：

$$\frac{\partial^2 u}{\partial x^2}+\frac{\partial^2 u}{\partial y^2}=f\left(x,y\right)$$

（2）抛物型方程（热传导方程）：

$$\frac{\partial u}{\partial t}=a^2\frac{\partial^2 u}{\partial x^2}$$

（3）双曲型方程（对流方程）：

$$\frac{\partial u}{\partial t}+a\frac{\partial u}{\partial x}=f\left(x,t\right)$$

这些泛定方程加上适当的定解条件，就构成了偏微分方程定解问题。定解条件分为两类，一类为初始条件，另一类为边界条件。初始条件描述所研究系统的初始状态，而边界条件描述物理问题在边界上受约束的状态，具体可归结为三类：第一类边界条件，又名 Dirichlet 边界条件，给出未知函数在边界上的分布值；第二类边界条件，又名 Neumann 边界条件，给出未知函数在边界上的法向导数值；第三类边界条件，又名 Robbins 边界条件，是前两类边界条件的线性组合。这些定解问题只有很少一部分可以给出解析解，绝大多数都必须通过近似方法进行数值求解。目前，在数值求解偏微分方程方面较为成熟的方法主要包括有限差分法、有限元法等。本节主要介绍有限差分法以及迭代法在其中的应用。

有限差分法是应用于偏微分方程定解问题求解的一种最广泛的数值方法，其基本思想是用离散的只含有有限个未知量的差分方程组去近似代替连续变量的偏微分方程和定解条件，并把差分方程组的解作为偏微分方程定解问题的近似解。一般来说，有限差分法求解偏微分方程定解问题主要包括以下三步。

（1）将求解区域进行网格剖分，一般可采用平行于坐标轴的直线形成的网覆盖求解区域，数值生成网格后依据网格点信息将定解区域离散化。

（2）将偏微分方程及其定解条件离散为代数方程组。

（3）求解第（2）步得到的代数方程组。

本节主要讨论迭代法在求解椭圆型方程中的应用。具体地，考虑以下矩形区域内的二维 Poisson 方程第一类边值问题：

$$\begin{cases}-\left(\dfrac{\partial^2 u}{\partial x^2}+\dfrac{\partial^2 u}{\partial y^2}\right)=f\left(x,y\right),\ \left(x,y\right)\in\Omega \\ u\left(x,y\right)=g\left(x,y\right),\ \left(x,y\right)\in\partial\Omega\end{cases} \tag{6-16}$$

其中，$\Omega=\left\{\left(x,y\right)\middle|0<x,y<1\right\}$；$\partial\Omega$ 为 Ω 的边界。我们用差分方法近似求解式（6-16）。

用直线 $x=x_i$，$y=y_j$ 在 Ω 上打上网格，其中

$$x_i=ih,\ y_j=jh,\ h=\frac{1}{N+1},\ i,j=0,1,\cdots N+1$$

分别记网格内点和边界点的集合为

$$\Omega_h=\left\{\left(x_i,y_j\right)\middle|i,j=1,2,\cdots,N\right\}$$

$$\partial\Omega_h=\left\{\left(x_k,0\right),\left(x_k,1\right),\left(0,y_l\right),\left(1,y_l\right)\middle|k,l=0,1,2,\cdots,N+1\right\}$$

利用泰勒公式，可以用网格点上的差商表示二阶偏导数：

$$\left.\frac{\partial^2 u}{\partial x^2}\right|_{\left(x_i,y_j\right)}=\frac{1}{h^2}\left[u\left(x_{i+1},y_j\right)-2u\left(x_i,y_j\right)+u\left(x_{i-1},y_j\right)\right]+O\left(h^2\right)$$

$$\left.\frac{\partial^2 u}{\partial y^2}\right|_{\left(x_i,y_j\right)}=\frac{1}{h^2}\left[u\left(x_i,y_{j+1}\right)-2u\left(x_i,y_j\right)+u\left(x_i,y_{j-1}\right)\right]+O\left(h^2\right)$$

略去 $O\left(h^2\right)$ 项，并用 u_{ij} 表示 $u\left(x_i,y_j\right)$ 的近似值，则微分方程可以离散化为以下差分方程：

$$-\left(\frac{u_{i+1,j}-2u_{ij}+u_{i-1,j}}{h^2}+\frac{u_{i,j+1}-2u_{ij}+u_{i,j-1}}{h^2}\right)=f_{ij}$$

其中，$f_{ij}=f\left(x_i,y_j\right)$。上式经进一步整理，得到

$$4u_{ij}-u_{i+1,j}-u_{i-1,j}-u_{i,j+1}-u_{i,j-1}=h^2 f_{ij} \tag{6-17}$$

其中，(i,j) 对应 $\left(x_i,y_j\right)\in\Omega_h$，该式称为泊松方程的五点差分格式。若式（6-17）左端有某项对应 $\left(x_k,y_l\right)\in\partial\Omega_h$，则该项 $u_{kl}=g\left(x_k,y_l\right)$。为将差分方程写成矩阵形式，我们把网格点按逐行从左到右、从下到上的自然次序记为

$$\boldsymbol{u}=\left(u_{11},u_{21},\cdots,u_{N1},u_{12},\cdots,u_{N2},\cdots,u_{1N},\cdots,u_{NN}\right)^{\mathrm{T}}$$

则式（6-17）可写成矩阵形式

$$\boldsymbol{Au}=\boldsymbol{b} \tag{6-18}$$

其中，向量 $\boldsymbol{b}$ 由 h、$f(x,y)$ 以及边界条件 $g(x,y)$ 决定，系数矩阵 $\boldsymbol{A}$ 按分块形式写成

$$\boldsymbol{A}=\begin{bmatrix} D_{11} & -I & & & \\ -I & D_{22} & -I & & \\ & \ddots & \ddots & \ddots & \\ & & & & -I \\ & & & -I & D_{NN} \end{bmatrix}\in\mathbb{R}^{N^2\times N^2} \tag{6-19}$$

其中，

$$D_{ii}=\begin{bmatrix}4 & -1 & & & \\ -1 & 4 & -1 & & \\ & \ddots & \ddots & \ddots & \\ & & & & -1 \\ & & & -1 & 4\end{bmatrix}\in\mathbb{R}^{N\times N},\ i=1,2,\cdots,N$$

这样$\boldsymbol{A}$的每行最多只有五个非零元，而一般N是个较大的数，所以$\boldsymbol{A}$是一个大型稀疏矩阵。

迭代法可保证在计算过程中不破坏系数矩阵的稀疏性，故对于稀疏线性方程组(6-18)，可考虑用本章介绍的 Jacobi 迭代法、高斯-赛德尔迭代法以及 SOR 方法分别求解。为判别用各类迭代法求解式（6-18）的收敛性和收敛速度，给出以下结果。

定理 6.5 对于泊松方程经五点差分格式离散化后得到的方程组（6-18），记$\boldsymbol{B}_{\mathrm{J}}$，$\boldsymbol{B}_{\text{G-S}}$以及$\boldsymbol{B}_{\omega_{pt}}$分别为用 Jacobi 迭代法、高斯-赛德尔迭代法以及 SOR 方法（基于最佳松弛因子ω_{pt}）求解式（6-18）对应的迭代矩阵，则$\boldsymbol{B}_{\mathrm{J}}$的特征值为$\mu_{ij}=\dfrac{\cos i\pi h+\cos j\pi h}{2}$，$i,j=1,\cdots,N$。当$i=j=1$时得到$\boldsymbol{B}_J$的谱半径

$$\rho\left(\boldsymbol{B}_{\mathrm{J}}\right)=\cos\pi h=1-\frac{1}{2}\pi^2h^2+O\left(h^4\right)$$

而对高斯-赛德尔迭代法，有

$$\rho\left(\boldsymbol{B}_{\text{G-S}}\right)=\cos^2\pi h=1-\pi^2h^2+O\left(h^4\right)$$

对 SOR 方法，最佳松弛因子及相应的迭代矩阵谱半径分别为

$$\omega_{pt}=\frac{2}{1+\sin\pi h}$$

$$\rho\left(\boldsymbol{B}_{\omega_{pt}}\right)=\omega_{pt}-1=\frac{\cos^2\pi h}{\left(1+\sin\pi h\right)^2}$$

基于定理 6.5，易推出 Jacobi 迭代法、高斯-赛德尔迭代法和 SOR 方法的渐进收敛速度分别是

$$R\left(\boldsymbol{B}_{\mathrm{J}}\right)=-\ln\rho\left(\boldsymbol{B}_{\mathrm{J}}\right)=\frac{1}{2}\pi^2h^2+O\left(h^4\right)$$

$$R\left(\boldsymbol{B}_{\text{G-S}}\right)=-\ln\rho\left(\boldsymbol{B}_{\text{G-S}}\right)=\pi^2h^2+O\left(h^4\right)$$

$$R\left(\boldsymbol{B}_{\omega_{pt}}\right)=-\ln\left(\omega_{pt}-1\right)=-2\left[\ln\cos\pi h-\ln\left(1+\sin\pi h\right)\right]=2\pi h+O\left(h^3\right)$$

可见，$R\left(\boldsymbol{B}_{\omega_{pt}}\right)$与$R\left(\boldsymbol{B}_{\mathrm{J}}\right)$和$R\left(\boldsymbol{B}_{\text{G-S}}\right)$相比，差了一个$h$的数量级。为了使迭代$k$步后的残量满足$\left\|\boldsymbol{e}^{(k)}\right\|\leqslant 10^{-s}\left\|\boldsymbol{e}^{(0)}\right\|$，对 Jacobi 方法有

$$k \approx \frac{2s\ln 10}{\pi^2 h^2}$$

对高斯-赛德尔迭代法有

$$k \approx \frac{s\ln 10}{\pi^2 h^2}$$

对 SOR 方法有

$$k \approx \frac{s\ln 10}{2\pi h}$$

由以上估计可知，对于利用迭代法求解式（6-18），三者收敛速度由快到慢依次为 SOR 迭代法、高斯-赛德尔迭代法、Jacobi 迭代法。具体地，在相同收敛精度的条件下，基于最佳松弛因子的 SOR 方法所需迭代步数比 Jacobi 迭代法和高斯-赛德尔迭代法低一个数量级，而 Jacobi 迭代法所需迭代步数约为高斯-赛德尔迭代法迭代步数的两倍。

最后，通过一个例子比较各类迭代法。

例 6.6 分别用高斯-赛德尔迭代法和基于最佳松弛因子的 SOR 方法求解基于五点差分格式的拉普拉斯方程的第一边值问题

$$\begin{cases} -\left(\dfrac{\partial^2 u}{\partial x^2}+\dfrac{\partial^2 u}{\partial y^2}\right)=0, \quad 0<x,\ y<1 \\ u(0,y)=u(x,0)=u(x,1)=0, \quad u(1,y)=\sin \pi y \end{cases} \tag{6-20}$$

在利用迭代法求解之前，先给出该问题的解析解：

$$u(x,y)=\frac{\sinh(\pi x)}{\sinh(\pi)}\sin \pi y, \quad 0<x,\ y<1$$

其中，$\sinh(x)=\dfrac{e^x-e^{-x}}{2}$ 为双曲正弦函数。

接下来，用上面介绍的网格剖分方法，取网格边长为 $h=\dfrac{1}{N+1}$，再用两类迭代法分别求解，具体结果如表 6.1 和表 6.2 所示。表中 N^2 表示网格剖分产生的内部节点数，ω_{pt} 为 SOR 最佳松弛因子，ρ 为迭代矩阵的谱半径，K 为程序迭代的次数，e_r 为节点处计算解与解析解的最大误差。

表 6.1 五点差分格式下的高斯-赛德尔迭代法实验数据（误差限 1e-008）

N^2	10^2	20^2	40^2	60^2	80^2
ρ	0.9206	0.9778	0.9941	0.9973	0.9985
K	182	606	2077	4291	7183
e_r	0.0023	6.4274e-004	1.6814e-004	7.3660e-005	3.8343e-005

表 6.2　五点差分格式下的 SOR 方法实验数据（误差限 1e-008）

N^2	10^2	20^2	40^2	60^2	80^2
ω_{pt}	1.5604	1.7406	1.8578	1.9021	1.9253
ρ	0.5604	0.7406	0.8578	0.9021	0.9253
K	40	74	139	201	265
e_r	0.0023	6.4306e-004	1.6944e-004	7.6600e-005	4.3446e-005

由以上两表可以得出，无论是高斯-赛德尔迭代方法还是 SOR 方法，迭代矩阵谱半径均随着网格剖分节点数的增加而增大，相应地，要达到规定精度的迭代次数也迅速增加。另外，尽管网格增多导致需要更多的迭代次数，但是提高了计算精度。在同样的网格剖分条件下，SOR 方法的迭代矩阵谱半径总是小于高斯-赛德尔迭代法的迭代矩阵谱半径，相应地，SOR 的迭代次数总是小于高斯-赛德尔的迭代次数，并且两者差距随着网格节点增多而迅速增大。例如，当 $N^2=80^2$ 时，高斯-赛德尔迭代法需迭代 7183 次，而 SOR 方法仅需迭代 265 次。因此，在实际计算中，基于最佳松弛因子的 SOR 方法收敛速度远优于高斯-赛德尔迭代法和 Jacobi 迭代法。

6.3.2 MATLAB 函数

双共轭梯度法：x= bicg(A,b,tol,maxit,x0)

其中，A 必须是 n 阶方阵，并且应为大型稀疏矩阵；tol 指定该方法的精度，缺省值为 1e-6；maxit 指定最大迭代次数，缺省值为 min(n,20)；x0 指定初始估计值，缺省值为全部为零的向量。

如果 bicg 收敛，则会显示一条关于该结果的消息。如果 bicg 无法在达到最大迭代次数后收敛或出于任何原因暂停，则会输出一条包含相对残差 norm(b-A*x)/norm(b) 以及该方法停止或失败时所达到的迭代数的警告消息。

```
>> A=[5, 2, 1; -1, 4, 2; 2, -3, 10];
>> b=[-10, 20, 5]';
>> x=bicg(A,b)
```

bicg 在解的迭代 3 处收敛，并且相对残差为 7.8e-17。

```
x =
    -3.6364
    3.0237
    2.1344
```

此外，还有 bicgtab（双共轭梯度稳定法）、cgs（共轭梯度二乘法）、minres（最小残差法）等请参阅 MATLAB 帮助文件。

习题 6

6-1. 对线性方程组$\begin{pmatrix} 9 & -1 & -1 \\ -1 & 8 & 0 \\ -1 & -2 & 9 \end{pmatrix}\begin{pmatrix} x_1 \\ x_2 \\ x_3 \end{pmatrix}=\begin{pmatrix} 7 \\ 7 \\ 8 \end{pmatrix}$，考察分别用 Jacobi 迭代法和 Gauss-Seidel 迭代法求解的收敛性，如收敛，迭代至$\left\|\boldsymbol{x}^{(k+1)}-\boldsymbol{x}^{(k)}\right\|_\infty \leqslant 10^{-3}$。

6-2. 分别用$\omega = 0.95, 1.334, 1.95$的 SOR 迭代求解$\begin{pmatrix} 10 & -1 & 0 \\ -1 & 10 & -2 \\ 0 & -2 & 10 \end{pmatrix}\begin{pmatrix} x_1 \\ x_2 \\ x_3 \end{pmatrix}=\begin{pmatrix} 9 \\ 7 \\ 6 \end{pmatrix}$，精度控制在$10^{-3}$。

6-3. 求证：$\lim\limits_{k\to\infty}\boldsymbol{A}_k=\boldsymbol{A}$的充要条件是，对于任何向量$\boldsymbol{x}$都有$\lim\limits_{k\to\infty}\boldsymbol{A}_k\boldsymbol{x}=\boldsymbol{A}\boldsymbol{x}$。

6-4. 对给定方程组，写出 SOR 迭代法的 MATLAB 程序。要求输入$\boldsymbol{A},\boldsymbol{b},\boldsymbol{x}_0,\omega$以及其他必要的参数（如误差限），返回解的近似值。

6-5. 设$\boldsymbol{A}$为10×10的三对角矩阵，其中对角元为 4，两条次对角线上元素均为-1，右端向量$\boldsymbol{b}$是全 1 向量，取相对误差10^{-6}，分别用 Jacobi 迭代法、高斯-赛德尔迭代法和 SOR 方法求解$\boldsymbol{Ax}=\boldsymbol{b}$并加以说明，其中参数$\omega$可由试探得到。

6-6. 利用 MATLAB 命令 rand 生成 50 个100×100的随机矩阵$\boldsymbol{M}$，比较其 Jacobi 迭代和高斯-赛德尔迭代矩阵的谱半径$\rho(\boldsymbol{M})$，并加以说明。

6-7. 相对于$\boldsymbol{Ax}=\boldsymbol{b}$的近似解$\tilde{\boldsymbol{x}}$的残量为$r(\tilde{\boldsymbol{x}})=\boldsymbol{b}-\boldsymbol{A}\tilde{\boldsymbol{x}}$，精确解$\boldsymbol{x}^*$对应的残量为零。用残量是否能刻画解的精确程度？或者说，是否残量越小，相应的近似解越精确？考虑 Moler（莫勒尔）问题

$$\begin{cases} 0.780x_1+0.563x_2=0.217 \\ 0.913x_1+0.659x_2=0.254 \end{cases}$$

精确解为$\boldsymbol{x}^*=(1,-1)^{\mathrm{T}}$。例如，两个近似解为$\tilde{\boldsymbol{x}}_1=(0.999,-1.001)^{\mathrm{T}}$，$\tilde{\boldsymbol{x}}_2=(0.341,-0.087)^{\mathrm{T}}$，显然$\tilde{\boldsymbol{x}}_1$远好于$\tilde{\boldsymbol{x}}_2$。试计算对应的残量。你发现了什么？你有什么新的认识？

6-8．继续上题讨论的问题。设 $\tilde{\boldsymbol{x}}=\boldsymbol{x}^*+\boldsymbol{\delta x}$，证明：① $\boldsymbol{\delta x}=-\boldsymbol{A}^{-1}r(\tilde{\boldsymbol{x}})$，从而有 $\|\boldsymbol{\delta x}\|\leqslant\|\boldsymbol{A}^{-1}\|\|r(\tilde{\boldsymbol{x}})\|$；②计算 Moler 问题的 $\boldsymbol{A}^{-1}$ 和系数矩阵的条件数，分析用残量判别迭代收敛性的条件，你的结论是什么？

第 7 章 函数方程的数值解法

函数方程求根是实际应用中经常遇到的问题。但在许多情况下，方程不能直接处理或通过理论推导得到显式解。有时即使得到了显式解，也由于求解过程烦琐，得到解的表达式复杂，无法从表达式中看出解的大小而影响其实用性。为此，本章介绍函数方程的数值解法，可以通过迭代快速地解出函数方程的数值解，对于实际问题有很好的应用性。

7.1 函数方程求根与二分法

7.1.1 函数方程求根的基本概念

本章讨论的函数方程求根问题为形如

$$f(x)=0 \tag{7-1}$$

的求根问题，这里 $x\in\mathbb{R}$，$f(x)\in C[a,b]$。$[a,b]$ 也可以是无穷区间。

定义 7.1 如果实数 x^* 满足 $f(x^*)=0$，其中 $f(x)\in C[a,b]$，则称 x^* 是式（7-1）的根，或称为函数 $f(x)$ 的零点。若 $f(x)$ 可分解为

$$f(x)=(x-x^*)^m g(x) \tag{7-2}$$

其中 m 为正整数，且 $g(x^*)\neq 0$，则称 x^* 为式（7-1）的 m 重根，或称为函数 $f(x)$ 的 m 重零点；称 $m=1$ 时的根为单根。

对于 m 重根，根据式（7-2）有以下结论。

定理 7.1 如果 x^* 为式（7-1）的 m 重根，且 $g(x)$ 充分光滑，则

$$f(x^*)=f'(x^*)=\cdots=f^{(m-1)}(x^*)=0,\ f^{(m)}(x^*)\neq 0 \tag{7-3}$$

函数方程的求根过程通常包含以下三个步骤。

（1）根的判断，即讨论有没有根和有几个根的问题。

（2）根的搜索，即找出有根区间把每个根隔离开来，这个步骤实际上是获得各根的初始近似。

（3）根的精确化，即根据某种方法将根逐步精确化，直到满足预先设定的精度为止。

对前两步，除了运用微积分的相关知识进行理论推导，常用的方法就是逐次搜索法或增量搜索方法，即从某一点 x_0 开始，以适当的步长 h 搜索，考虑函数值 $f(x)$ 在点 $x_i = x_0 + ih$（$i = 1,2,\cdots$）上的正负号，当 $f(x)$ 连续且 $f(x_{i-1})f(x_i) < 0$ 时，则区间 $[x_{i-1}, x_i]$ 为有根区间。只要 h 充分小，根的估计值也就变得越来越精确。二分法就是根据这一思想提出的。

7.1.2　二分法

设函数 $f(x) \in C[a,b]$，且有

$$f(a)f(b) < 0 \tag{7-4}$$

则根据连续函数介值定理，$f(x)$ 在 (a,b) 内必有零点，即 $[a,b]$ 为式（7-1）的有根区间。

下面我们介绍如何通过二分法找到有根区间 $[a,b]$ 上的根。

根据式（7-4)，不妨设 $f(a) < 0$，$f(b) > 0$。此时取 $x_0 = \dfrac{a+b}{2}$，若 $f(x_0) = 0$，则 $x = x_0$ 就是方程（7-1）的解。否则，根据 $f(x_0)$ 的正负号进行以下处理。

（1）若 $f(x_0) < 0$，则取 $a_1 = x_0$，$b_1 = b$。

（2）若 $f(x_0) > 0$，则取 $a_1 = a$，$b_1 = x_0$。

由此，可以得到区间 $[a_1, b_1]$，满足 $[a_1,b_1] \subset [a,b]$，$b_1 - a_1 = (b-a)/2$，且 $f(x) \in C[a_1,b_1]$，满足 $f(a_1)f(b_1) < 0$，即 $f(x)$ 在 $[a_1,b_1]$ 内有零点，$[a_1,b_1]$ 为方程（7-1）的有根区间。

再取 $x_1 = \dfrac{a_1+b_1}{2}$，若 $f(x_1) = 0$，则 $x = x_1$ 就是方程（7-1）的解。否则，再按照类似于（1)、(2）的情形处理，可以得到区间 $[a_2,b_2]$，满足 $[a_2,b_2] \subset [a_1,b_1]$，$b_2 - a_2 = (b_1 - a_1)/2 = (b-a)/2^2$，且 $f(x) \in C[a_2,b_2]$，满足 $f(a_2)f(b_2) < 0$。

重复上述过程可以得到一个含根的区间套：$[a,b] \supset [a_1,b_1] \supset \cdots [a_n,b_n] \supset \cdots$，满足 $f(a_n)f(b_n) < 0$，$b_n - a_n = (b-a)/2^n$。根据区间套定理，存在 $x^* \in [a,b]$，使

$$\lim_{n\to\infty} a_n = \lim_{n\to\infty} b_n = x^*$$

且 $x = x^*$ 是方程（7-1）的根。

上述求函数方程（7-1）的近似解的方法即为二分法，其计算过程如图 7.1 所示。

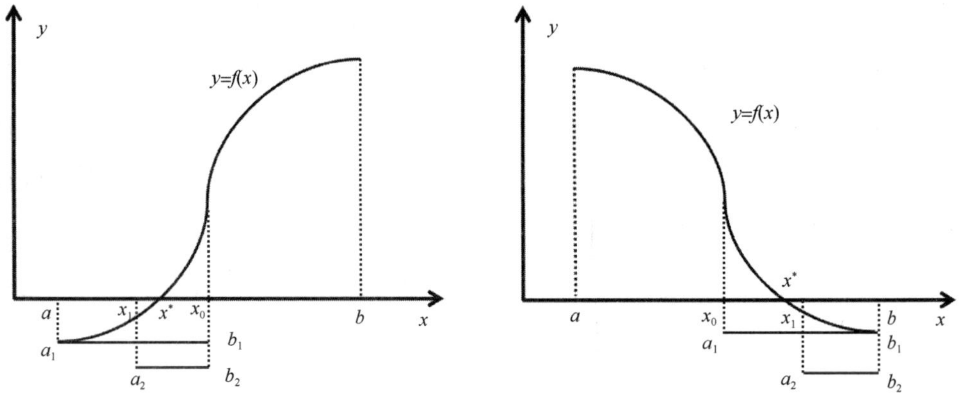

图 7.1　二分法的计算过程

若取第 n 步的中点值 $x_n = \dfrac{a_n + b_n}{2}$ 作为根 x^* 的近似值，可以得到误差表达式

$$\left|x^* - x_n\right| \leqslant \frac{b_n - a_n}{2} = \frac{b-a}{2^{n+1}} \tag{7-5}$$

由式（7-5）可见，只要 $f(x)$ 连续，二分法总是收敛的。

二分法的步骤简单，优点显著。x_n 的精确程度很清楚，与 x^* 的差即可估计出，如果精度不够，还可以再分下去，总可以达到要求；二分法还可以几个根并行计算，分头计算多个有根区间的根。二分法缺点也很明显，这限制了它的应用。二分法需要预先找到两点 a_1, b_1 满足 $f(a_1)f(b_1) < 0$，这常常不是一件容易的事；二分法的收敛速度太慢，求解耗费的计算量太大。因此，一般不单独使用二分法求函数方程的数值解，只为根求得一个较好的近似值。

7.2 不动点迭代法

7.2.1 基本概念

不动点迭代法是数值计算中最常用的求函数方程近似根的方法，该方法将方程（7-1）写成以下等价形式

$$x=\varphi(x) \tag{7-6}$$

所谓等价就是 $f(x^*)=0 \Leftrightarrow x^*=\varphi(x^*)$ 的关系，称 x^* 为 $\varphi(x)$ 的不动点，求 $f(x)$ 的零点等价于求 $\varphi(x)$ 的一个不动点。所以，本章讨论的函数方程（7-1）求根问题即可转化为 $\varphi(x)$ 求不动点的问题。

要求 $\varphi(x)$ 的不动点，一般采用迭代法。选择一个初始值 x_0，然后由迭代公式

$$x_{k+1}=\varphi(x_k),\ \ k=0,1,2,\cdots \tag{7-7}$$

可产生一个迭代序列 $\{x_k\}$。

如果 $\lim\limits_{k\to\infty}x_k=x^*$，则称迭代公式（7-7）收敛，且 $x^*=\varphi(x^*)$ 为 $\varphi(x)$ 的不动点，因此称式（7-7）为不动点迭代法，$\varphi(x)$ 称为迭代函数。

由于 $\varphi(x)$ 的形式并不唯一，所以理论上同一个函数方程可以构造无数种不动点迭代法。

例 7.1　试构造多种不动点迭代格式求函数方程 $x^2-3=0$ 在 $x_0=2$ 附近的根，并对比结果。

解　我们构造以下 3 种不动点迭代格式。

（1）将原方程化为与其等价的方程：$x=x^2+x-3$，即采用 $\varphi_1(x)=x^2+x-3$ 为迭代函数，则迭代格式为

$$x_{k+1}=x_k^2+x_k-3 \tag{7-8}$$

（2）将原方程化为与其等价的方程：$x=x-\frac{1}{4}(x^2-3)$，即采用 $\varphi_2(x)=x-\frac{1}{4}(x^2-3)$ 为迭代函数，则迭代格式为

$$x_{k+1}=x_k-\frac{1}{4}(x_k^2-3) \tag{7-9}$$

（3）将原方程化为与其等价的方程：$x=\frac{1}{2}\left(x+\frac{3}{x}\right)$，即采用 $\varphi_3(x)=\frac{1}{2}\left(x+\frac{3}{x}\right)$ 为迭代函数，则迭代格式为

$$x_{k+1}=\frac{1}{2}\left(x_k+\frac{3}{x_k}\right) \tag{7-10}$$

以初值 $x_0=2$ 依次代入式（7-8）、式（7-9）、式（7-10）中，3 种不动点迭代格式的计算结果如表 7.1 所示。

表 7.1　3 种不动点迭代格式的计算结果

k	x_k	迭代格式（1）	迭代格式（2）	迭代格式（3）
0	x_0	2	2	2
1	x_1	3	1.75	1.75
2	x_2	9	1.73475	1.73214
3	x_3	87	1.73236	1.73205

$\sqrt{3}=1.7320508\cdots$，由表 7.1 可知，迭代格式（1）结果会越来越大，不可能趋于某个极限，这种迭代过程是发散的。而迭代格式（2）和迭代格式（3）都求得了满足函数方程的根，且迭代格式（3）的收敛效果更好。

例 7.1 表明，原方程虽然可转化成无数种等价形式，可以构造无数种迭代格式，但是它们有的收敛，有的发散，且收敛的效果并不相同。为此，我们必须研究 $\varphi(x)$ 的不动点的存在性以及迭代法的收敛性。

7.2.2　不动点的存在性与迭代法的收敛性

对于迭代格式的发散性和收敛性，我们可以先通过图形有个直观的认识。如图 7.2 所示为可能出现的 4 种迭代函数 $\varphi(x)$ 的形式，其中图 7.2（a）和图 7.2（b）收敛，图 7.2（c）和图 7.2（d）发散，而出现这种区别的原因在于根 x^* 附近的 $\varphi(x)$ 的导数值的绝对值大小。我们可以看到，图 7.2（a）和图 7.2（b）中 $\varphi(x)$ 在根 x^* 附近的导数值的绝对值小于 1，而图 7.2（c）和图 7.2（d）中 $\varphi(x)$ 在根 x^* 附近的导数值的绝对值大于 1，正是由于这一区别造成了迭代法收敛性的差别。下面我们具体介绍不动点的存在性和迭代法的收敛性理论。

定理 7.1　设 $\varphi(x)\in C[a,b]$，如果满足

$$\varphi(x)\in[a,b],\ \forall x\in[a,b] \tag{7-11}$$

且满足 Lipschitz（利普希茨）条件

$$|\varphi(x)-\varphi(y)|\leqslant L|x-y|,\ \forall x,y\in[a,b] \tag{7-12}$$

其中，L 称为 Lipschitz 常数。$0\leqslant L<1$，则 $\varphi(x)$ 在 $[a,b]$ 上存在唯一不动点 x^*，且对任意初值 $x_0\in[a,b]$，由迭代公式（7-7）得到的迭代序列 $\{x_k\}$ 收敛到 $\varphi(x)$ 的不动点 x^*，并有误差估计

$$\left|x^*-x_k\right|\leqslant\frac{L^k}{1-L}|x_1-x_0| \tag{7-13}$$

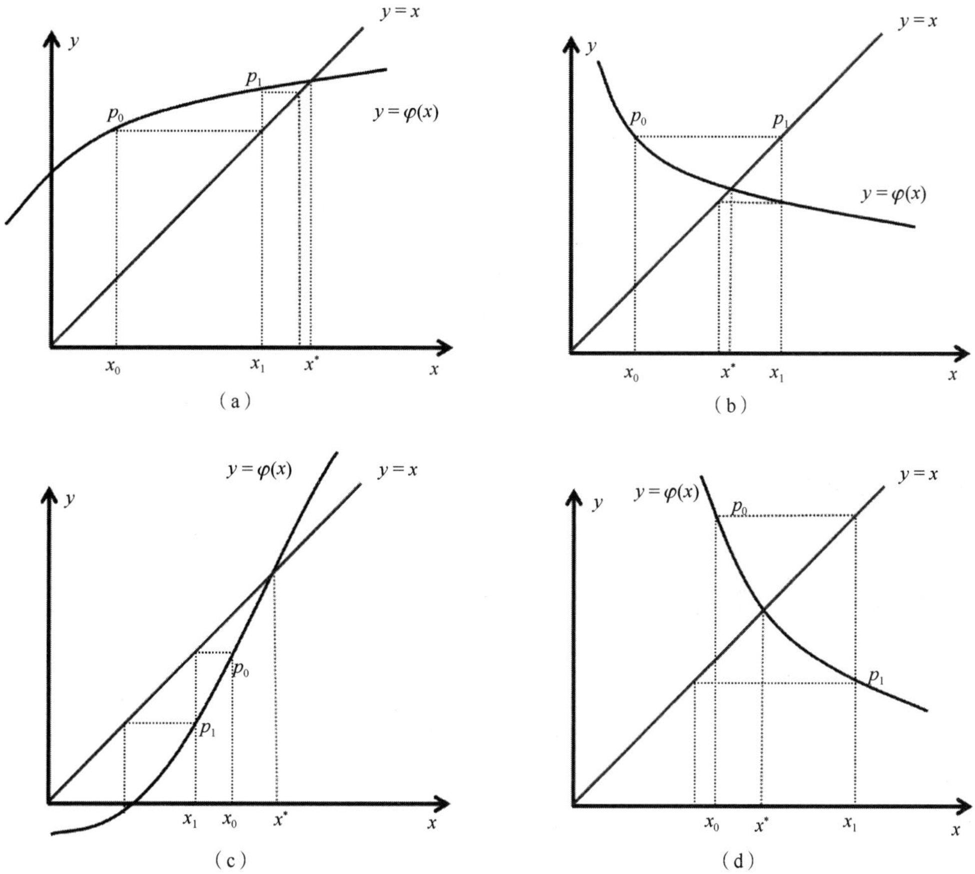

图 7.2　不同情形迭代法的收敛情况

证明　先证不动点的存在性。令 $s(x)=x-\varphi(x)$，由式（7-11）可知

$$s(a)=a-\varphi(a)\leqslant 0,\ \ s(b)=b-\varphi(b)\geqslant 0 \tag{7-14}$$

如果式（7-14）中有等号成立，则 a 或 b 就是 $\varphi(x)$ 的不动点。

现假设式（7-14）中不等号严格成立，由连续函数介值定理可知，存在 $x^*\in(a,b)$，使 $s(x^*)=0$，即 $x^*=\varphi(x^*)$，x^* 为 $\varphi(x)$ 的不动点。存在性得证。

再证不动点的唯一性。设 x_1^* 及 x_2^* 都是 $\varphi(x)$ 的不动点，且 $x_1^*\neq x_2^*$，由式（7-12）可得

$$\left|x_1^*-x_2^*\right|=\left|\varphi(x_1^*)-\varphi(x_2^*)\right|\leqslant L\left|x_1^*-x_2^*\right|<\left|x_1^*-x_2^*\right|$$

导出矛盾。唯一性得证。

下面证明误差估计式（7-14）。

对任意 $x_0\in[a,b]$，由式（7-11）可知 $x_k\in[a,b]$。由式（7-12）得

$$\left|x_{k+1}-x_k\right|\geqslant\left|x^*-x_k\right|-\left|x^*-x_{k+1}\right|\geqslant(1-L)\left|x^*-x_k\right|$$

从而有

$$\left|x^*-x_k\right| \leqslant \frac{1}{1-L}\left|x_{k+1}-x_k\right| \tag{7-15}$$

对于不等式（7-15）的右边，由式（7-12）可得

$$\left|x_{k+1}-x_k\right|=\left|\varphi(x_k)-\varphi(x_{k-1})\right| \leqslant L\left|x_k-x_{k-1}\right|$$

递推得

$$\left|x^*-x_k\right| \leqslant \frac{1}{1-L}\left|x_{k+1}-x_k\right| \leqslant \frac{L}{1-L}\left|x_k-x_{k-1}\right| \leqslant \cdots \leqslant \frac{L^k}{1-L}\left|x_1-x_0\right|$$

误差估计式（7-13）得证。

称定理 7.1 为不动点原理，又由于 Lipschitz 常数满足 $0 \leqslant L<1$，可看成 $\varphi(x)$ 满足“压缩”性质，因此定理 7.1 还被称为压缩映照原理。不动点原理是本章的基本依据，由定理可知，Lipschitz 常数 L 越小，迭代序列收敛越快，当 L 接近 1 时收敛缓慢。

误差估计式（7-15）在实际计算时为控制迭代过程的结束提供了依据。当相邻两次迭代值达到 $\left|x_{k+1}-x_k\right|<\varepsilon$ 时，有 $\left|x_k-x^*\right|<\dfrac{\varepsilon}{1-L}$。在 L 不太接近 1 的情况下，当相邻两次迭代值足够接近时，误差也足够小，故常采用 $\left|x_{k+1}-x_k\right|<\varepsilon$ 来控制迭代过程是否结束。但当 L 接近 1 时，即使 $\left|x_{k+1}-x_k\right|<\varepsilon$ 已很小，误差还可能很大，这时用这种方法控制迭代过程就不可靠了。

由于定理 7.1 中的 Lipschitz 条件常常不易验证，可以考虑判断迭代函数 $\varphi(x)$ 的导数函数 $\varphi'(x)$ 的性质进行代替。

推论 7.1　设 $\varphi(x) \in C^1[a,b]$，如果满足式（7-11）并对任意 $x \in [a,b]$ 满足以下的条件

$$\left|\varphi'(x)\right| \leqslant L<1$$

则 $\varphi(x)$ 在 $[a,b]$ 上存在唯一不动点 x^*。

证明　由于 $\left|\varphi'(x)\right| \leqslant L<1$，且 $\varphi(x) \in C^1[a,b]$，则由拉格朗日中值定理可知对任意 $x, y \in [a,b]$ 有

$$\left|\varphi(x)-\varphi(y)\right|=\left|\varphi'(\xi)(x-y)\right| \leqslant L|x-y|，\ \xi \in (a,b)$$

即 Lipschitz 条件成立，由定理 7.1 可知结论成立。

由推论 7.1 可知，我们可以通过判断 $\varphi'(x)$ 在整个区间上的值来代替判断 Lipschitz 条件，这样在实际使用时是相对简单的。

7.2.3 局部收敛性与收敛阶

上面给出了迭代序列 $\{x_k\}$ 在区间 $[a,b]$ 上的收敛性，通常称为全局收敛性。想要检验构造的迭代序列 $\{x_k\}$ 是否满足全局收敛性，需要考察迭代函数 $\varphi(x)$ 是否满足条件式（7-11）和式（7-12），这常常是不易检验的，尤其是寻找满足 $0 \leqslant L < 1$ 的 Lipschitz 常数。实际应用时，通常只在不动点 x^* 的邻近考察其收敛性，即局部收敛性。

定义 7.2　设 $\varphi(x)$ 有不动点 x^*，如果存在 x^* 的某个邻域 $U: \left|x - x^*\right| \leqslant \delta$，对任意 $x_0 \in U$，式（7-7）产生的序列 $\{x_k\} \in U$，且收敛到 x^*，则称式（7-7）局部收敛。

有了局部收敛的定义，我们立刻可以得到判断局部收敛的方法。

定理 7.2　设 x^* 为 $\varphi(x)$ 的不动点，$\varphi'(x)$ 在 x^* 的某个邻域连续，且 $\left|\varphi'(x^*)\right| < 1$，则式（7-7）局部收敛。

证明　由连续函数的性质，存在 x^* 的某个邻域 $U: \left|x - x^*\right| \leqslant \delta$，使对任意 $x \in U$ 成立

$$\left|\varphi'(x)\right| \leqslant L < 1$$

此外，对于任意 $x \in U$，总有 $\varphi(x) \in U$，这是因为

$$\left|\varphi(x) - x^*\right| = \left|\varphi(x) - \varphi(x^*)\right| \leqslant L\left|x - x^*\right| \leqslant \left|x - x^*\right|$$

于是，由定理 7.1 可知，对任意的初值 $x_0 \in U$，由式（7-7）所产生的序列 $\{x_k\}$ 均收敛于 x^*。

定理 7.2 也对图 7.2 所示现象及我们的论断给了理论解释。由例 7.1 可知，就算都是收敛的迭代法，收敛的速度也是不同的。前面我们提到对于收敛速度可以从 Lipschitz 常数 L 的大小判断，但是由于 Lipschitz 常数 L 不易求解，且判断没有统一标准，因此无法用 Lipschitz 常数对迭代法的收敛速度进行精确描述。为精确描述迭代法的收敛速度我们介绍收敛阶的概念。

定义 7.3　设由式（7-7）产生的迭代序列 $\{x_k\}$ 收敛于式（7-6）的根 x^*，记误差 $e_k = x_k - x^*$，若存在实数 $p \geqslant 1$，使

$$\lim_{k \to \infty} \frac{e_{k+1}}{e_k^p} = C \tag{7-16}$$

则称迭代格式 p 阶收敛，其中非零常数 C 称为为渐近误差常数。

特别地，当 $p = 1$ 时称线性收敛，此时要求 $\left|C\right| < 1$；当 $p > 1$ 时称超线性收敛；当 $p = 2$ 时

称平方收敛。

显然，收敛阶 p 的大小刻画了序列 $\{x_k\}$ 的收敛速度，p 越大，收敛越快。对于收敛阶的判断我们有以下定理。

定理 7.3 设迭代函数 $\varphi(x)$ 在其不动点 x^* 的邻域内 p 阶导数连续，则式（7-7）产生的序列 $\{x_k\}$ 在 x^* 邻近是 p 阶收敛的充分必要条件是

$$\begin{aligned}&\varphi^{(k)}(x^*)=0,\ k=1,2,\cdots,p-1\\&\varphi^{(p)}(x^*)\neq 0\end{aligned} \tag{7-17}$$

证明 先证充分性。因有 $\varphi'(x^*)=0$，定理 7.2 保证了 $\{x_k\}$ 的局部收敛性。将 $\varphi(x)$ 在根 x^* 处展开，可得

$$\varphi(x)=\varphi(x^*)+\varphi'(x^*)(x-x^*)+\cdots+\frac{\varphi^{(p-1)}(x^*)}{(p-1)!}(x-x^*)^{p-1}+\frac{\varphi^{(p)}(\xi)}{p!}(x-x^*)^p \tag{7-18}$$

其中 ξ 在 x_k 与 x^* 之间。在式（7-18）中代入 $x=x_k$，注意到 $\varphi(x_k)=x_{k+1}$ 并结合式（7-17）可得

$$x_{k+1}-x^*=\varphi(x_k)-\varphi(x^*)=\frac{\varphi^{(p)}(\xi)}{p!}(x_k-x^*)^p \tag{7-19}$$

当 $k\to\infty$ 时，由式（7-19）可得

$$\lim_{k\to\infty}\frac{e_{k+1}}{e_k^p}=\frac{\varphi^{(p)}(x^*)}{p!}\neq 0$$

因此，$\{x_k\}$ 是 p 阶收敛的。

再证必要性。反证法，如果式（7-17）不成立，那么必有最小的正整数 p_0，使下式成立

$$\begin{aligned}&\varphi^{(k)}(x^*)=0,\ k=1,2,\cdots,p_0-1\\&\varphi^{(p_0)}(x^*)\neq 0\end{aligned}, \tag{7-20}$$

其中，$p_0\neq p$。由已证明的充分性可知，式（7-20）说明 $\{x_k\}$ 是 p_0 阶收敛的，与条件矛盾，故式（7-18）成立。

例 7.2 对于迭代函数 $\varphi(x)=x+c(x^2-3)$，试讨论以下问题。

（1）c 取何值时，由不动点迭代法 $x_{k+1}=\varphi(x_k)$ 产生的序列 $\{x_k\}$ 收敛于 $\sqrt{3}$。

（2）c 取何值时，由不动点迭代法 $x_{k+1}=\varphi(x_k)$ 产生的序列 $\{x_k\}$ 收敛最快。

解 （1）$\varphi(x)=x+c(x^2-3)$，则 $\varphi'(x)=1+2cx$，根据定理 7.2，当 $\left|\varphi'(\sqrt{3})\right|=\left|1+2c\sqrt{3}\right|<1$

时迭代收敛，求出 c 的取值为区间 $\left[-\frac{1}{\sqrt{3}},0\right]$。

（2）由定理 7.3 可知，当 $\varphi'(\sqrt{3})=1+2c\sqrt{3}=0$ 时，迭代至少是 2 阶收敛的，收敛最快。求出 c 的取值为点 $c=-\frac{1}{2\sqrt{3}}$。

为提高不动点迭代法的收敛速度，可以使用 Aitken（埃特金）加速的 Steffensen（斯特芬森）迭代法，该方法有 2 阶收敛的速度，感兴趣的读者可以查看参考文献，这里不再赘述。

人物介绍

鲁道夫·奥托·西格斯蒙德·利普希茨（Rudolf Otto Sigismund Lipschitz）（1832—1903），德国数学家。他生于柯尼斯堡，卒于波恩。1847 年，利普希茨考入柯尼斯堡大学，不久转入柏林大学跟随狄利克雷学习数学，19 岁时就获得博士学位。1864 年，他担任波恩大学教授，先后当选巴黎、柏林、格丁根、罗马等科学院的院士。利普希茨在数论、贝塞尔函数论、傅里叶级数、常微分方程、分析力学、位势理论及微分几何学等方面都有贡献。1873 年，他提出了著名的“利普希茨条件”，对柯西提出的微分方程初值问题解的存在唯一性定理做出改进，得到柯西-利普希茨存在性定理。他的专著《分析基础》(1877—1880)从有理整数论到函数理论做了系统阐述。

7.3 牛顿迭代法及其改进

将非线性方程线性化求解，以线性方程的解逐步逼近非线性方程的解，这就是牛顿迭代法（又称为牛顿-拉弗森方法）的基本思想。

7.3.1 牛顿迭代法的介绍

设 $f(x)$ 在其零点 x^* 邻近一阶连续可微，取 x^* 的近似值 x_0，满足 $f'(x_0)\neq 0$，则将 $f(x)$ 在 x_0 处一阶泰勒展开得

$$f(x) \approx f(x_0) + f'(x_0)(x - x_0) \tag{7-21}$$

以式（7-21）右端的线性函数代替 $f(x)$，从而以方程 $f(x_0) + f'(x_0)(x - x_0) = 0$ 近似代替方程 $f(x) = 0$，其解为

$$x_1 = x_0 - \frac{f(x_0)}{f'(x_0)}$$

可作为方程 $f(x) = 0$ 的近似解。

再将 $f(x)$ 在 x_1 处一阶泰勒展开得

$$f(x) \approx f(x_1) + f'(x_1)(x - x_1) \tag{7-22}$$

以式（7-22）右端的线性函数代替 $f(x)$，又可求出近似解 x_2。重复以上过程，得迭代公式

$$x_{k+1} = x_k - \frac{f(x_k)}{f'(x_k)},\ \ k = 0,1,2,\cdots \tag{7-23}$$

迭代公式（7-23）即为牛顿迭代法。由此可见，牛顿迭代法就是迭代函数为 $\varphi(x) = x - \dfrac{f(x)}{f'(x)}$ 的不动点迭代法。

牛顿迭代法用线性函数近似的思想还有明显的几何解释。牛顿迭代法的几何意义如图 7.3 所示。从图中可以看出，直线 $y = f(x_0) + f'(x_0)(x - x_0)$ 为曲线 $y = f(x)$ 过点 $(x_0, f(x_0))$ 处的切线，x_1 为切线与 x 轴的交点，x_2 则是曲线上点 $(x_1, f(x_1))$ 处的切线与 x 轴的交点。如此继续下去，x_{k+1} 为曲线上点 $(x_k, f(x_k))$ 处的切线与 x 轴的交点。因此，由图形可知牛顿迭代法实际上是用曲线的切线与 x 轴的交点近似曲线与 x 轴的交点的方法，故牛顿迭代法又称切线法。

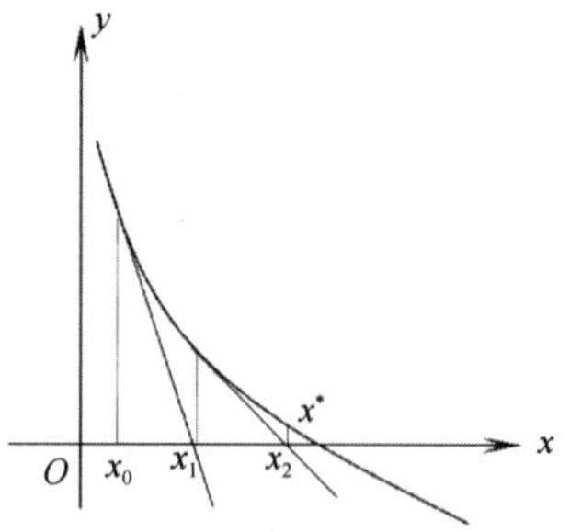

图 7.3　牛顿迭代法的几何意义

例 7.3　用牛顿迭代法求函数方程 $x^2 - 3 = 0$ 在 $x_0 = 2$ 附近的根。

解　因为 $f'(x) = 2x$，代入式（7-23）中可得牛顿迭代公式为

$$x_{k+1} = x_k - \frac{x_k^2 - 3}{2x_k} = \frac{1}{2}\left(x_k + \frac{3}{x_k}\right)$$

此即例 7.1 的迭代格式（3），由例 7.1 的结果我们知道其迭代前 3 步的结果依次为

$$x_1 = 1.75，\ x_2 = 1.73214，\ x_3 = 1.73205$$

迭代 3 次所得近似解就准确到 6 位有效数字，可见牛顿迭代法收敛很快。

实际上，对于单根情形，牛顿迭代法在根 x^* 的邻近是平方收敛的。

定理 7.4　设函数 $f(x)$ 满足其二阶导数 $f''(x)$ 在其零点 x^* 的邻域连续，且其一阶导数 $f'(x)$ 在零点 x^* 处不为零，则存在 $\delta > 0$，使对任意 $x_0 \in [x^* - \delta, x^* + \delta]$，由牛顿迭代法公式（7-23）所产生的序列 $\{x_k\}$ 至少 2 阶收敛于 x^*。

证明　牛顿迭代法的迭代函数为

$$\varphi(x) = x - \frac{f(x)}{f'(x)}$$

对其求导可得

$$\varphi'(x) = 1 - \frac{f'(x)f'(x) - f(x)f''(x)}{\left[f'(x)\right]^2} = \frac{f(x)f''(x)}{\left[f'(x)\right]^2} \tag{7-24}$$

已知 $f''(x)$ 在 x^* 邻域连续，因而 $\varphi'(x)$ 在 x^* 邻域连续，且

$$\varphi'(x^*) = \frac{f(x^*)f''(x^*)}{\left[f'(x^*)\right]^2} = 0$$

根据定理 7.3，牛顿迭代法所产生的序列 $\{x_k\}$ 至少 2 阶收敛于 x^*。

定理 7.4　表明，若 $f'(x^*) \neq 0$，即 x^* 是单根时，牛顿迭代法收敛速度快、稳定性好、精度高，是求解函数方程的有效方法。

但是，牛顿迭代法也有明显的缺点。由迭代公式（7-23）可知，每次迭代均需要计算函数值与导数值，由于函数方程中 $f(x)$ 往往比较复杂，求导数就会很困难，因此牛顿迭代法计算量较大，而且当导数值提供有困难时，牛顿迭代法无法进行；由定理 7.4 可知，牛顿迭代法只是一个局部收敛的方法，因此对初值 x_0 的选择要求比较高，只有初值充分接近 x^*，才能保证迭代收敛。

7.3.2　牛顿迭代法的改进

针对上述的牛顿迭代法的缺点，我们介绍以下两种牛顿迭代法的改进方法。

7.3.2.1 简化牛顿法

用$\dfrac{1}{f'(x_0)}$代替迭代公式（7-23）中的$\dfrac{1}{f'(x_k)}$即可改善牛顿迭代法每一步都要求函数值的缺点，由此得到的迭代公式为

$$x_{k+1}=x_k-\frac{f(x_k)}{f'(x_0)},\quad k=0,1,2,\cdots \tag{7-25}$$

称迭代公式（7-25）为简化牛顿法。由定理 7.2 可知，当$|\varphi'(x)|=|1-\dfrac{f(x)}{f'(x_0)}|<1$，即取初值$x_0$在根$x^*$附近满足$0<\dfrac{f(x)}{f'(x_0)}<2$，式（7-25）收敛。

简化牛顿法简化了牛顿迭代法的计算格式，节省了计算量，但是它只有线性收敛精度，对导数值计算复杂且不需要很高计算精度的函数方程是很好的选择。类似于牛顿迭代法，简化牛顿法也有明确的几何意义，如图 7.4 所示。简化牛顿法是用斜率为$f'(x_0)$的平行弦与x轴的交点作为x^*的近似。

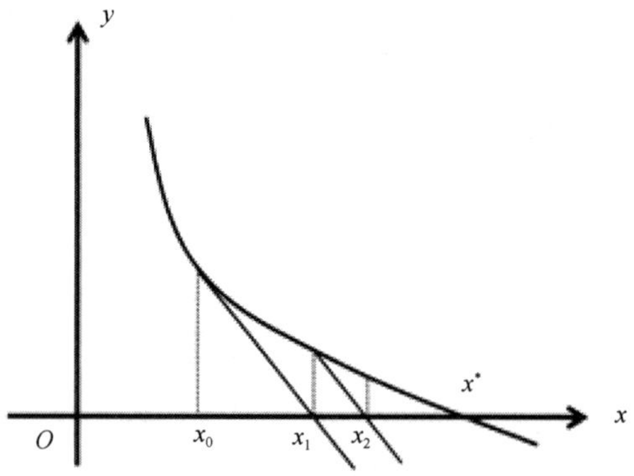

图 7.4　简化牛顿法的几何意义

7.3.2.2 牛顿下山法

定义 7.4　对于不动点迭代法，对迭代过程每一步附加一条要求

$$|f(x_{k+1})|<|f(x_k)| \tag{7-26}$$

可以保证其收敛，称满足式（7-26）的不动点迭代法为下山法。

为了使牛顿迭代法不依赖x_0的选择，我们将下山法与牛顿迭代法结合起来，构造以下牛顿下山法迭代过程。

将每一步由牛顿迭代法计算的结果记为$\bar{x}_{k+1}$，有

$$\bar{x}_{k+1} = x_k - \frac{f(x_k)}{f'(x_k)} \tag{7-27}$$

将 $\bar{x}_{k+1}$ 与前一步的近似值 x_k 的适当加权平均作为新的近似值

$$x_{k+1} = \lambda \bar{x}_{k+1} + (1-\lambda) x_k \tag{7-28}$$

其中，λ 为下山因子，$0 < \lambda \leqslant 1$。将式（7-27）代入式（7-28）中可得

$$x_{k+1} = x_k - \lambda \frac{f(x_k)}{f'(x_k)},\ k = 0,1,2,\cdots \tag{7-29}$$

式（7-29）即称为牛顿下山法。其具体运用步骤为，在每一步迭代中先取 $\lambda = 1$，并验证是否满足式（7-26），如果满足则继续进行下一步；如果不满足则对 λ 折半继续判断直到满足式（7-26）再继续进行下一步。

牛顿下山法虽然可以保证迭代法不依赖于初值，但是每一步都要验证是否满足式（7-26），增加了计算量。对于无法预估函数方程根所在范围的问题，使用牛顿下山法可以很好地进行求解，当然这样做的代价是计算量的增多。

7.3.3　重根情形的牛顿迭代法

定理 7.4 告诉我们对于函数方程单根的情况，牛顿迭代法在根 x^* 的邻近收敛速度很快，是平方收敛的。但是对于重根情形，由定理 7.1 可知，$f(x)$ 和 $f'(x)$ 在根 x^* 处等于 0，这给牛顿迭代法的分析带来困难，因为其分母中包含导数，当解收敛到离根非常近时，可能会导致除以 0 的错误。下面我们就针对重根情形，分析牛顿迭代法的收敛情况。

设 x^* 为式（7-1）的 m 重根，则由式（7-2）可知 $f(x) = (x-x^*)^m g(x)$，且 $g(x^*) \neq 0$，并根据定理 7.1 有 $f(x^*) = f'(x^*) = \cdots = f^{(m-1)}(x^*) = 0$，$f^{(m)}(x^*) \neq 0$。只要 $f'(x_k) \neq 0$，仍可以使用牛顿迭代公式（7-23）进行求解，此时有

$$\begin{aligned} \varphi(x) &= x - \frac{f(x)}{f'(x)} \\ &= x - \frac{(x-x^*)^m g(x)}{m(x-x^*)^{m-1} g(x) + (x-x^*)^m g'(x)} \\ &= x - \frac{(x-x^*) g(x)}{m g(x) + (x-x^*) g'(x)} \end{aligned} \tag{7-30}$$

$$\varphi'(x^*) = 1 - \frac{m g^2(x^*)}{[m g(x^*)]^2} = 1 - \frac{1}{m} \tag{7-31}$$

由式（7-31）可知，当 $m \geqslant 2$ 时，牛顿迭代法是线性收敛的。

所以，用牛顿迭代法求有重根的函数方程时虽然能够保证局部收敛，但是收敛速度降低了。为了能提高这种情况的收敛速度，可以考虑对原牛顿迭代公式（7-23）进行适当修改。

最简单的修改方式是根据式（7-31）的形式将迭代函数改为

$$\varphi(x)=x-m\frac{f(x)}{f'(x)} \tag{7-32}$$

此时 $\varphi'(x^*)=0$，迭代仍能保持平方收敛。但是该格式并不实用，这是由于在实际计算时，根的重数 m 一般是不知道的。为此，Ralston 和 Rabinowitz 于 1978 年提出了新的迭代函数形式。令

$$\mu(x)=\frac{f(x)}{f'(x)}=\frac{(x-x^*)g(x)}{mg(x)+(x-x^*)g'(x)} \tag{7-33}$$

则由式（7-33）可知，$f(x)$ 的 m 重根 x^* 是 $\mu(x)$ 的单根。

对 $\mu(x)$ 使用牛顿迭代法式（7-23）有

$$x_{k+1}=x_k-\frac{\mu(x_k)}{\mu'(x_k)} \tag{7-34}$$

由迭代公式（7-34）求 x^* 的近似值即有平方收敛，该格式的迭代函数为

$$\varphi(x)=x-\frac{\mu(x)}{\mu'(x)}=x-\frac{f(x)f'(x)}{[f'(x)]^2-f(x)f''(x)} \tag{7-35}$$

由式（7-35）可知，用该格式迭代时在每一步迭代过程中都要计算二阶导数 $f''(x)$，计算量是巨大的。为了避免这一点，可考虑函数

$$\psi(x)=\frac{\ln|f(x)|}{\ln|\mu(x)|}$$

该函数满足

$$\lim_{h\to 0}\psi(x)=\lim_{h\to 0}\frac{\ln|f(x)|}{\ln|\mu(x)|}=m$$

即当 $x\to x^*$ 时，$\psi(x)\to m$。因此，可采用以下迭代函数

$$\varphi(x)=x-\psi(x)\mu(x) \tag{7-36}$$

构造迭代法，这样既可以保证迭代过程平方收敛，又避免了计算 $f''(x)$ 的值。

例 7.4 设 $f(x)=x^4-3x^3+2x^2$，试写出求解函数方程 $f(x)=0$ 的牛顿迭代公式 $x_{k+1}=\phi(x_k)$，并分别判断使用该迭代公式在根 $x^*=0$ 及 $x^*=1$ 邻近的收敛阶。

解　牛顿迭代公式为

$$x_{k+1}=x_k-\frac{x_k^4-3x_k^3+2x_k^2}{4x_k^3-9x_k^2+4x_k}=x_k-\frac{x_k^3-3x_k^2+2x_k}{4x_k^2-9x_k+4}$$

对于迭代函数

$$\phi(x)=x-\frac{x^3-3x^2+2x}{4x^2-9x+4}$$

其导数为

$$\phi'(x)=1-\frac{\left(3x^2-6x+2\right)\left(4x^2-9x+4\right)-\left(x^3-3x^2+2x\right)\left(8x-9\right)}{\left(4x^2-9x+4\right)^2} \tag{7-37}$$

在式（7-37）中代入 $x^*=0$，得 $\phi'(0)=\frac{1}{2}$，因为 $\phi'(0)\neq 0$，故在 $x^*=0$ 邻近为线性收敛；在式（7-37）中代入 $x^*=1$，得 $\varphi'(1)=0$，故在 $x^*=1$ 邻近至少平方收敛。实际上，对于函数方程 $f(x)=0$，$x^*=0$ 是它的二重根，所以由式（7-31）可知 $\phi'(0)=1-\frac{1}{2}=\frac{1}{2}$，在 $x^*=0$ 邻近为线性收敛；$x^*=1$ 是它的单根，由式（7-24）可知 $\varphi'(1)=0$，故在 $x^*=1$ 邻近至少平方收敛。

在牛顿迭代法中为回避导数值 $f'(x_k)$ 的计算，还可以考虑利用已求函数值 $f(x_k)$ 的组合来近似，即借助插值原理得到迭代方法。这类方法都是多步法，比较常用的是弦截法和抛物线法，这里我们不再展开讨论。

7.4 函数方程组的牛顿迭代法

函数方程组的数值求解是工程计算上的重要组成部分。函数方程组比单个方程复杂得多，其解的情况包含无解、一个解或无穷多个解，因此无论是理论上或实际解法都要困难。求解函数方程组的数值解可以考虑使用不动点迭代法，它是第二节内容的相应推广，这里不做过多介绍，本节重点讨论函数方程组的牛顿迭代法。

7.4.1 两个方程情形的牛顿迭代法

对于两个方程构成的二元函数方程组，我们假设两个未知数为 x_1 和 x_2，则该方程组可

写为

$$\begin{cases} f_1(x_1,x_2)=0 \\ f_2(x_1,x_2)=0 \end{cases} \tag{7-38}$$

则类似于单个方程的牛顿迭代法推导，设$(x_{1,i},x_{2,i})$是根的某组估计值，我们对上面的两个函数$f_1(x_1,x_2)$和$f_2(x_1,x_2)$分别在$(x_{1,i},x_{2,i})$处进行一阶泰勒展开，得到在$(x_{1,i+1},x_{2,i+1})$处的表达式为

$$\begin{cases} f_{1,i+1}=f_{1,i}+(x_{1,i+1}-x_{1,i})\dfrac{\partial f_{1,i}}{\partial x_1}+(x_{2,i+1}-x_{2,i})\dfrac{\partial f_{1,i}}{\partial x_2} \\ f_{2,i+1}=f_{2,i}+(x_{1,i+1}-x_{1,i})\dfrac{\partial f_{2,i}}{\partial x_1}+(x_{2,i+1}-x_{2,i})\dfrac{\partial f_{2,i}}{\partial x_2} \end{cases} \tag{7-39}$$

和单个方程的情况一样，根的估计值就是式（7-39）的两个方程左边分别等于 0 后解出的$x_{1,i+1}$和$x_{2,i+1}$的值。将该方程组写为正规方程组形式为

$$\begin{cases} \dfrac{\partial f_{1,i}}{\partial x_1}x_{1,i+1}+\dfrac{\partial f_{1,i}}{\partial x_2}x_{2,i+1}=-f_{1,i}+\dfrac{\partial f_{1,i}}{\partial x_1}x_{1,i}+\dfrac{\partial f_{1,i}}{\partial x_2}x_{2,i} \\ \dfrac{\partial f_{2,i}}{\partial x_1}x_{1,i+1}+\dfrac{\partial f_{2,i}}{\partial x_2}x_{2,i+1}=-f_{2,i}+\dfrac{\partial f_{2,i}}{\partial x_1}x_{1,i}+\dfrac{\partial f_{2,i}}{\partial x_2}x_{2,i} \end{cases} \tag{7-40}$$

方程组（7-40）是含有两个未知量$x_{1,i+1}$和$x_{2,i+1}$的二阶线性方程组。于是，由线性代数方程组解法得

$$\begin{cases} x_{1,i+1}=x_{1,i}-\dfrac{f_{1,i}\dfrac{\partial f_{2,i}}{\partial x_2}-f_{2,i}\dfrac{\partial f_{1,i}}{\partial x_2}}{\dfrac{\partial f_{1,i}}{\partial x_1}\dfrac{\partial f_{2,i}}{\partial x_2}-\dfrac{\partial f_{1,i}}{\partial x_2}\dfrac{\partial f_{2,i}}{\partial x_1}},\quad i=0,1,\cdots \\ x_{2,i+1}=x_{2,i}-\dfrac{f_{2,i}\dfrac{\partial f_{1,i}}{\partial x_1}-f_{1,i}\dfrac{\partial f_{2,i}}{\partial x_1}}{\dfrac{\partial f_{1,i}}{\partial x_1}\dfrac{\partial f_{2,i}}{\partial x_2}-\dfrac{\partial f_{1,i}}{\partial x_2}\dfrac{\partial f_{2,i}}{\partial x_1}},\quad i=0,1,\cdots \end{cases} \tag{7-41}$$

式（7-41）即为二元函数方程组的牛顿迭代法。

例 7.5 利用式（7-41）求以下二元非线性方程组

$$\begin{cases} x_1^2+x_1x_2=10 \\ x_2+3x_1x_2^2=57 \end{cases} \tag{7-42}$$

计算的初值设为$x_1=1.5$和$x_2=3.5$。

解 首先将方程组写成式（7-38）的形式

$$\begin{cases} f_1(x_1,x_2)=x_1^2+x_1x_2-10=0 \\ f_2(x_1,x_2)=x_2+3x_1x_2^2-57=0 \end{cases}$$

依次计算 f_1 和 f_2 在初始值处的偏导数值

$$\frac{\partial f_{1,0}}{\partial x_1}=2x_1+x_2=2\times 1.5+3.5=6.5,\quad \frac{\partial f_{1,0}}{\partial x_2}=x_1=1.5$$

$$\frac{\partial f_{2,0}}{\partial x_1}=3{x_2}^2=3\times 3.5^2=36.75,\quad \frac{\partial f_{2,0}}{\partial x_2}=1+6x_1x_2=1+6\times 1.5\times 3.5=32.5$$

然后计算式（7-41）两个递推公式相同的分母部分

$$\frac{\partial f_{1,0}}{\partial x_1}\frac{\partial f_{2,0}}{\partial x_2}-\frac{\partial f_{1,0}}{\partial x_2}\frac{\partial f_{2,0}}{\partial x_1}=6.5\times 32.5-1.5\times 36.75=156.125$$

函数在初始值处的取值为

$$f_{1,0}=x_1^2+x_1x_2-10=1.5^2+1.5\times 3.5-10=-2.5$$

$$f_{2,0}=x_2+3x_1x_2^2-57=3.5+3\times 1.5\times 3.5^2-57=1.625$$

将这些值代入式（7-41）得

$$x_1=1.5-\frac{-2.5\times 32.5-1.625\times 1.5}{156.125}\approx 2.03603$$

$$x_2=3.5-\frac{1.625\times 6.5-(-2.5)\times 36.75}{156.125}\approx 2.84388$$

可以看出，结果接近于真解 $x_1=2$ 和 $x_2=3$ 。重复上述迭代过程，直到数值解的精度可以接受为止。

7.4.2　一般情形的牛顿迭代法

对于 n 个方程构成的函数方程组，我们假设包含 n 个未知数 $x_1,x_2,\cdots,x_n$ ，则该方程组可写为

$$\begin{cases} f_1(x_1,x_2,\cdots,x_n)=0 \\ f_2(x_1,x_2,\cdots,x_n)=0 \\ \qquad\vdots \\ f_n(x_1,x_2,\cdots,x_n)=0 \end{cases} \tag{7-43}$$

若记 $\boldsymbol{x}=(x_1,\cdots,x_n)^{\mathrm{T}}\in\mathbb{R}^n$， $\boldsymbol{F}=(f_1,\cdots,f_n)^{\mathrm{T}}$ ，则式（7-43）可写成向量形式

$$\boldsymbol{F}(\boldsymbol{x})=\boldsymbol{0} \tag{7-44}$$

可以将二元函数方程组的牛顿迭代法推广到 n 元函数方程组（7-43）的求解。类似于

式（7-40）可以写出迭代满足的正规方程组

$$\frac{\partial f_{k,i}}{\partial x_1}x_{1,i+1}+\cdots+\frac{\partial f_{k,i}}{\partial x_n}x_{n,i+1}=-f_{k,i}+\frac{\partial f_{k,i}}{\partial x_1}x_{1,i}+\cdots+\frac{\partial f_{k,i}}{\partial x_n}x_{n,i},\ k=1,2,\cdots,n \tag{7-45}$$

该方程组可利用前面章节中介绍的高斯消元法等进行数值求解，重复迭代过程直到估计值足够精确为止。应用矩阵和向量的符号，式（7-45）可表示为

$$\boldsymbol{J}^{(i)}\boldsymbol{x}^{(i+1)}=-\boldsymbol{F}^{(i)}+J^{(i)}\boldsymbol{x}^{(i)} \tag{7-46}$$

其中矩阵 $\boldsymbol{J}^{(i)}$ 由 $\boldsymbol{F}$ 的偏导数在 i 点处的取值组成，称为 Jacobi 矩阵

$$\boldsymbol{J}^{(i)}=\begin{pmatrix}\frac{\partial f_{1,i}}{\partial x_1} & \frac{\partial f_{1,i}}{\partial x_2} & \cdots & \frac{\partial f_{1,i}}{\partial x_n}\\ \frac{\partial f_{2,i}}{\partial x_1} & \frac{\partial f_{2,i}}{\partial x_2} & \cdots & \frac{\partial f_{2,i}}{\partial x_n}\\ \vdots & \vdots & & \vdots\\ \frac{\partial f_{n,i}}{\partial x_1} & \frac{\partial f_{n,i}}{\partial x_2} & \cdots & \frac{\partial f_{n,i}}{\partial x_n}\end{pmatrix} \tag{7-47}$$

其余的向量定义依次为

$$\boldsymbol{x}^{(i)}=\left(x_{1,i},x_{2,i},\cdots,x_{n,i}\right)^{\mathrm{T}},\quad \boldsymbol{x}^{(i+1)}=\left(x_{1,i+1},x_{2,i+1},\cdots,x_{n,i+1}\right)^{\mathrm{T}},\quad \boldsymbol{F}^{(i)}=\left(f_{1,i},f_{2,i},\cdots,f_{n,i}\right)$$

式（7-46）两边同时左乘 Jacobi 矩阵 $\boldsymbol{J}^{(i)}$ 的逆，得到

$$x^{(i+1)}=x^{(i)}-\left(\boldsymbol{J}^{(i)}\right)^{-1}\boldsymbol{F}^{(i)} \tag{7-48}$$

式（7-48）即为向量形式的 n 元函数方程组的牛顿迭代法。

对比 n 元函数方程组的牛顿迭代法式（7-48）和一元函数方程的牛顿迭代法式（7-23）可以发现，Jacobi 矩阵就相当于多元函数的导数。

由于 MATLAB 最擅长的就是矩阵计算，这也是它的名字——矩阵实验室（Matrix Laboratory）的由来，因此矩阵格式的牛顿迭代法公式（7-48）在 MATLAB 中执行的效率特别高。

下面将利用 MATLAB 重现例题中的计算。

例 7.6 利用矩阵格式的牛顿迭代法公式（7-48）重新计算例 7.5 的二元非线性方程组。

解 使用 MATLAB 求解该题，先定义初始猜测值，再计算 Jacobi 矩阵和函数值。

```
>>x=[1.5;3.5];
>>J=[2*x(1)+x(2)  x(1);
   3*x(2)^2  1+6*x(1)*x(2)]
J= 6.5000   1.5000
```

```
   36.7500  32.5000
>>F=[x(1)^2+x(1)*x(2)-10;
   x(2)+3*x(1)*x(2)^2-57]
 F= -2.5000
   1.6250
```

然后执行式（7-48）得到第一步迭代的估计值。

```
>>x=x-J\F
 x=  2.0360
   2.8439
```

该结果与例 7.5 的计算结果完全相同。此外，还可以在 MATLAB 中加入精度要求进行循环运行以完成迭代运算，可以非常快地得到令人满意的结果。

需要指出的是，前述方法中存在两个缺点。第一个缺点是，像一元函数问题的导数有时不易计算一样，Jacobi 矩阵有时不好计算。为解决该问题常用的方法是采用有限差分来近似 $\boldsymbol{J}$ 中的偏导数。第二个缺点是，牛顿迭代法是局部收敛，非常依赖于初值，而初值向量很难保证每个分量都选在根附近，尽管有一些高级方法可以用来估计初始值，但是这些值通常必须在反复试验和对物理模型足够了解的前提下才能得到。为解决该问题，人们构造了一些虽然比牛顿迭代法效率低，但是收敛性更好的替代方法。例如，将函数方程组重新表示成单个方程的形式

$$F(\boldsymbol{x})=\sum_{i=1}^{n}[f_i(x_1,x_2,\cdots,x_n)]^2 \tag{7-49}$$

使这个函数取最小值的 $\boldsymbol{x}$ 值就是函数方程组的解。因此，可以采用最优化的方法来求解。

7.5 案例及 MATLAB 实现

本节主要介绍求函数方程的 MATLAB 内置函数 solve, fsolve 和 fzero。solve 函数用于函数方程（组）的解析求解，不是本章介绍的数值方法，适用场合较少；fsolve 函数是采用最小二乘法来求解函数方程（组）的数值方法；fzero 函数是用来求单变量函数方程（组）的根的数值方法，它结合了二分法和插值类方法，我们还编写了牛顿迭代法的函数 newtmult。需要特别说明的是，上述数值方法内置函数 fsolve 和 fzero 以及我们编写的牛

顿迭代法的函数 newtmult 都是依赖于初值的。更多内置函数可以通过 MATLAB 帮助文件了解。

（1）内置函数 solve：对函数方程（组）进行符号运算，不能求周期函数的所有根。

调用格式：（a）求解单个方程：x=solve(‘方程’，‘变量’)。

例如，求 $\sin(\cos(2x^3))=0$

```
>> x=solve('sin(cos(2*x^2))=0','x')
x =
   -(2^(1/2)*(acos(pi*l) + 2*pi*k)^(1/2))/2
   (2^(1/2)*(acos(pi*l) + 2*pi*k)^(1/2))/2
   -(2^(1/2)*(2*pi*k - acos(l*pi))^(1/2))/2
   (2^(1/2)*(2*pi*k - acos(l*pi))^(1/2))/2
>> latex(x)
```

$$-\frac{\sqrt{2}\sqrt{\arccos(\pi l)+2\pi k}}{2},\quad \frac{\sqrt{2}\sqrt{\arccos(\pi l)+2\pi k}}{2}$$

$$-\frac{\sqrt{2}\sqrt{2\pi k-\arccos(\pi l)}}{2},\quad \frac{\sqrt{2}\sqrt{2\pi k-\arccos(\pi l)}}{2}$$

（b）求解方程组：e1=sym(‘方程 1’)，e2=sym(‘方程 2’),…, en=sym(‘方程 n’)。

[x1,x2,…,xn]=solve(e1, e2,…, en)

例如，求 $\begin{cases} x^y-4=0 \\ 2xy+y=1 \end{cases}$

```
>> e1=sym('x^y-4=0')
       e1 = x^y - 4 = 0
>> e2=('2*x*y+x=1')
       e2= x + 2*x*y = 1
>> [x,y]=solve(e1,e2)
x =
   0.56360635347270112807822673112907*i + 0.10239835032821608847359079408986
y =
   - 0.85879589836531197002337047198025*i - 0.3439703833723625579309762371878
```

（2）内置函数 fsolve：采用最小二乘法来求解函数方程（组）。

调用格式：X=fsolve('fun',X0,option)。

其中，X 为返回的解；fun 是需求解的函数方程（组）的函数文件名；X0 是初值；option 为最优化工具箱的选项设定，它包括 20 多个选项，可以使用 optimset 命令将它们显示出来。这里介绍一个选项 Display，它决定函数调用时中间结果的显示方式，其中‘off’为不显示，

'iter'表示每步都显示，'final'只显示最终结果。

由于该函数依赖于初值的选择，这里给出不同初值求解同一函数方程时的不同结果。

求 $8x^9+17x^3-3x=-1$ 的一个实根。

（a）初值选为 $x_0=-0.5$。

```
>> f=inline('8*x^9+17*x^3-3*x+1','x')
f =
      Inline function:
      f(x) = 8*x^9+17*x^3-3*x+1
>> x=fsolve(f,-0.5)
Equation solved.
fsolve completed because the vector of function values is near zero as measured
by the default value of the function tolerance, and the problem appears regular as
measured by the gradient.
<stopping criteria details>
x =-0.5328
>> f(x)
ans = -1.7610e-008
```

由此可见，选用初值 $x_0=-0.5$，得到了方程的解 $x=-0.5328$。

（b）初值选为 $x_0=2.5$。

```
>> x=fsolve(f,2.5)
No solution found.
fsolve stopped because the problem appears regular as measured by the gradient,
but the vector of function values is not near zero as measured by the default value
of the function tolerance.
<stopping criteria details>
x = 0.2425
>> f(x)
ans =0.5150
```

由此可见，选用初值 $x_0=2.5$，得不到方程的解。

下面再给出一个求函数方程组的例子。求函数方程组

$$\begin{cases} x-0.6\sin(x)-0.3\cos(y)=0 \\ y-0.6\cos(x)+0.3\sin(y)=0 \end{cases}$$

在 $(0.5,0.5)$ 附近的数值解。

建立函数文件 myfun.m。

```
function q=myfun(p)
x=p(1); y=p(2);  q(1)=x-0.6*sin(x)-0.3*cos(y); q(2)=y-0.6*cos(x)+0.3*sin(y);
```

```
end
```

调用 fsolve 函数求方程的根。

```
>> x=fsolve('myfun',[0.5,0.5],optimset('Display','off'))
x = 0.6354    0.3734
>> myfun(x)
ans = 1.0e-009 *
    0.2375    0.2957
```

若给出多个初值 x_0，fsolve 还可以一次性求出多个解。例如，求方程 $\sin(3x)=0$ 的 3 个实根，初值依次取为 $x_0=2,3,4$。

```
>> f=inline('sin(3*x)','x');
>> x=fsolve(f,[2,3,4],optimset('Display','iter'))
                                              Norm of      First-order  Trust-region
Iteration  Func-count      f(x)                step        optimality     radius
     0          4        0.535825                             1.36           1
     1          8       0.00564029          0.277607          0.208          1
     2         12      1.26072e-008         0.025087        0.000336         1
     3         16      2.13971e-025      3.74273e-005      1.38e-012         1
Equation solved.
fsolve completed because the vector of function values is near zero as measured
by the default value of the function tolerance, and the problem appears regular as
measured by the gradient.
<stopping criteria details>
x = 2.0944    3.1416    4.1888
>> f(x)
ans = 1.0e-012 *
     0.0006   -0.0334    0.4614
```

（3）内置函数 fzero：求单个函数方程的根。

调用格式：X=fzero('fun',X0,option)。

其调用格式类似于 fsolve，虽然只是求单个函数方程的根，但是初值 X0 可以使用一个，也可以使用两个，若使用两个初始值，程序就假设待求根在它们之间。

例如，在以下两种要求下求函数方程 $x^{10}-1=0$ 的根。

（a）取初值 $x_0=0$。

（b）求该方程在区间 $[0,4]$ 内的根。

```
>> x0=[0 4];
>> x=fzero(inline('x^10-1'),x0)
x = 1
```

```
>> x0=0;
>> x=fzero(inline('x^10-1'),x0)
x = -1
```

可见，两种要求下求解的结果是不同的。

下面我们通过显示求解过程中实际迭代的情况介绍 fzero 求解函数方程的方法。

```
>> x0=0;
>> option=optimset('DISP','ITER');
>> x=fzero(inline('x^10-1'),x0,option)
Search for an interval around 0 containing a sign change:
Func-count      a            f(a)           b          f(b)       Procedure
    1           0             -1            0           -1     initial interval
    3      -0.0282843         -1        0.0282843       -1          search
    5        -0.04            -1          0.04          -1          search
    7      -0.0565685         -1        0.0565685       -1          search
    9        -0.08            -1          0.08          -1          search
   11      -0.113137          -1        0.113137        -1          search
   13        -0.16            -1          0.16          -1          search
   15      -0.226274          -1        0.226274        -1          search
   17        -0.32         -0.999989        0.32       -0.999989      search
   19      -0.452548       -0.99964      0.452548     -0.99964       search
   21        -0.64         -0.988471        0.64       -0.988471      search
   23      -0.905097       -0.631065     0.905097     -0.631065      search
   24        -1.28          10.8059      0.905097     -0.631065      search
Search for a zero in the interval [-1.28, 0.905097]:
Func-count      x            f(x)          Procedure
   24       0.905097      -0.631065         initial
   25       0.784528      -0.911674      interpolation
   26      -0.247736      -0.999999        bisection
   27      -0.763868      -0.932363        bisection
   28       -1.02193       0.242305        bisection
   29       -1.02193       0.242305      interpolation
   30      -0.996873     -0.0308299      interpolation
   31      -0.999702    -0.00297526      interpolation
   32          -1       5.53132e-006     interpolation
   33          -1      -7.41965e-009     interpolation
   34          -1      -1.88738e-014     interpolation
   35          -1            0           interpolation
Zero found in the interval [-1.28, 0.905097]
x = -1
```

由上面的结果可知，fzero 求解函数方程的步骤为，先在估计值附近搜索直到检测到一次符号改变，再结合二分法和插值类方法求根。

（4）编写的函数 newtmult：用牛顿迭代法求函数方程（组）。

函数文件 newtmult.m 如下：

```
function [x,f,ea,iter]=newtmult(func,x0,es,maxit)
if nargin<2,error('at least 2 input arguments required'),end
if nargin<3||isempty(es),es=1e-6;end
if nargin<3||isempty(maxit),maxit=100;end
iter=0;
x=x0;
while (1)
    [f,J]=func(x);
    dx=J\f;
    x=x-dx;
    iter=iter+1;
    ea=max(abs(dx));
    if iter>=maxit||ea<=es,break,end
end
```

其中，x 为返回的解；f 为返回解代入的函数值，可以通过是否接近于 0 判断求解效果；ea 为前后两步迭代的误差绝对值；iter 为迭代次数；func 为需求解方程的函数；x0 为初值；es 为需要的精度，默认为10^{-6}；maxit 为迭代次数的最大值，默认为 100 次。

例 7.7 在某封闭系统中发生下列化学反应

$$2A+B \rightleftarrows C$$

$$A+D \rightleftarrows C$$

系统达到平衡时，系统的特征量为

$$K_1=\frac{c_C}{{c_A}^2c_B} \tag{7-50}$$

$$K_2=\frac{c_C}{c_Ac_D} \tag{7-51}$$

其中，c_i（$i=A,B,C,D$），表示第i种化学成分的浓度。已知$K_1=4\times10^{-4}$，$K_2=3.7\times10^{-2}$，各物质的初始浓度为$c_{A,0}=50$，$c_{B,0}=20$，$c_{C,0}=5$，$c_{D,0}=10$，试计算各化学成分达到平衡后的浓度。

解 设x_1,x_2分别表示达到平衡后 2 个化学反应中生成 C 的浓度，则可得

$$
\begin{aligned}
c_{\mathrm{A}} &= c_{\mathrm{A},0} - 2x_1 - x_2 \\
c_{\mathrm{B}} &= c_{\mathrm{B},0} - x_1 \\
c_{\mathrm{C}} &= c_{\mathrm{C},0} + x_1 + x_2 \\
c_{\mathrm{D}} &= c_{\mathrm{D},0} - x_2
\end{aligned} \tag{7-52}
$$

将式（7-52）代入式（7-50）和式（7-51）中，得到

$$
\begin{cases}
K_1 = \dfrac{c_{\mathrm{C},0} + x_1 + x_2}{(c_{\mathrm{A},0} - 2x_1 - x_2)^2 (c_{\mathrm{B},0} - x_1)} \\
K_2 = \dfrac{c_{\mathrm{C},0} + x_1 + x_2}{(c_{\mathrm{A},0} - 2x_1 - x_2)(c_{\mathrm{D},0} - x_2)}
\end{cases}
$$

将该函数方程组写成式（7-38）的形式，可得

$$
\begin{cases}
f_1(x_1,x_2) = \dfrac{c_{\mathrm{C},0} + x_1 + x_2}{(c_{\mathrm{A},0} - 2x_1 - x_2)^2 (c_{\mathrm{B},0} - x_1)} - K_1 = \dfrac{5 + x_1 + x_2}{(50 - 2x_1 - x_2)^2 (20 - x_1)} - 4\times10^{-4} = 0 \\
f_2(x_1,x_2) = \dfrac{c_{\mathrm{C},0} + x_1 + x_2}{(c_{\mathrm{A},0} - 2x_1 - x_2)(c_{\mathrm{D},0} - x_2)} - K_2 = \dfrac{5 + x_1 + x_2}{(50 - 2x_1 - x_2)(10 - x_2)} - 3.7\times10^{-2} = 0
\end{cases}
$$

为了使用牛顿迭代法，需要求出 f_1 和 f_2 的偏导数来构造 Jacobi 矩阵，这样虽可以实现，但非常耗费时间。这里用有限差分来代替偏导数，则组成 Jacobi 矩阵的偏导数可写为

$$
\frac{\partial f_1}{\partial x_1} = \frac{f_1(x_1+\delta x_1, x_2) - f_1(x_1,x_2)}{\delta x_1},\quad \frac{\partial f_1}{\partial x_2} = \frac{f_1(x_1, x_2+\delta x_2) - f_1(x_1,x_2)}{\delta x_2}
$$

$$
\frac{\partial f_2}{\partial x_1} = \frac{f_2(x_1+\delta x_1, x_2) - f_2(x_1,x_2)}{\delta x_1},\quad \frac{\partial f_2}{\partial x_2} = \frac{f_2(x_1, x_2+\delta x_2) - f_2(x_1,x_2)}{\delta x_2}
$$

取 $\delta x_1 = \delta x_2 = 10^{-6}$，我们用下面的 jfreact 函数文件描述该方程组及其 Jacobi 矩阵。

```
function [f,J]=jfreact(x)
de=1e-6;
df1dx1=(f1(x(1)+de*x(1),x(2))-f1(x(1),x(2)))/(de*x(1));
df1dx2=(f1(x(1),x(2)+de*x(2))-f1(x(1),x(2)))/(de*x(2));
df2dx1=(f2(x(1)+de*x(1),x(2))-f2(x(1),x(2)))/(de*x(1));
df2dx2=(f2(x(1),x(2)+de*x(2))-f2(x(1),x(2)))/(de*x(2));
J=[df1dx1 df1dx2;df2dx1 df2dx2];
f1x1x2=f1(x(1),x(2));
f2x1x2=f2(x(1),x(2));
f=[f1x1x2;f2x1x2];
function z=f1(x1,x2)
z=(5+x1+x2)/(50-2*x1-x2)^2/(20-x1)-4e-4;
function z=f2(x1,x2)
z=(5+x1+x2)/(50-2*x1-x2)/(10-x2)-3.7e-2;
```

考虑到初始浓度，我们猜测两个化学反应都生成了总量一半的 C，即 $x_1 = 10$，$x_2 = 5$，

将它们作为初始猜测值，分别考虑使用 fsolve 和 newtmult 进行求解。

```
>>x0=[10;5];
>> [x,f,ea,iter]=newtmult(@jfreact,x0)       %使用 newtmult 进行求解
x = 3.3366
     2.6772
f =1.0e-011 *
    0.0674
    0.5847
ea =  9.3148e-009
iter =7
>> x=fsolve('jfreact',[10,5])               %使用 fsolve 进行求解
Equation solved.
fsolve completed because the vector of function values is near zero
as measured by the default value of the function tolerance, and
the problem appears regular as measured by the gradient.
<stopping criteria details>
x =   3.3658   2.6633
>> jfreact(x)
ans = 1.0e-004 *
      0.0214
      0.2188
```

可见，使用牛顿迭代法 newtmult 进行求解的结果更精确，为 $x_1 = 3.3366$ 和 $x_2 = 2.6772$，我们将该结果代入式（7-52）中，得到各化学成分达到平衡后的浓度 $c_{\mathrm{A}} = 40.6496$，$c_{\mathrm{B}} = 16.6634$，$c_{\mathrm{C}} = 11.0138$，$c_{\mathrm{D}} = 7.3228$。

例 7.8 在工程和科学计算的许多领域中，描述流体通过管道和罐体的过程是一个常见的问题。在机械和航空工程中，典型的应用包括液体和气体通过冷却系统的情况。

流体在管道中流动的阻力用摩擦因子 f 表示。对于湍流，Colebrook（科尔布鲁克）方程提供了一个计算 f 的方式：

$$\frac{1}{\sqrt{f}} + 2\lg\left(\frac{\varepsilon}{3.7D} + \frac{2.51}{\mathrm{Re}\sqrt{f}}\right) = 0 \tag{7-53}$$

其中，ε 是粗糙度，单位为 m；D 是直径，单位为 m；Re 是雷诺数，计算公式为

$$\mathrm{Re} = \frac{\rho VD}{\mu}$$

其中，ρ 是流体的密度，单位为 $\mathrm{kg/m^3}$；V 是流体速度，单位为 m/s；μ 是动态粘性，单位为 $\mathrm{N \cdot s/m^2}$。

设参数为ρ=1.23kg/m^3，$\mu=1.79\times10^{-5}\,\mathrm{N\cdot s/m^2}$，$D=0.005\mathrm{m}$，$V=40\mathrm{m/s}$，$\varepsilon=0.0015\mathrm{mm}$，摩擦因子 f 的取值范围是 0.008～0.08。请根据上述条件求解摩擦因子 f 。

特别地，对于摩擦因子 f 可以通过 Swamee-Jain 公式

$$f=\frac{0.25}{\lg^2\left(\dfrac{\varepsilon}{3.7D}+\dfrac{5.74}{\mathrm{Re}^{0.9}}\right)} \tag{7-54}$$

进行近似估计。

解　先根据参数计算雷诺数

$$\mathrm{Re}=\frac{\rho VD}{\mu}=13743$$

将 Re 及其他参数值代入函数方程（7-53），左端函数定义为$g(f)$，有

$$g(f)=\frac{1}{\sqrt{f}}+2\log\left(\frac{0.0000015}{3.7\times0.005}+\frac{2.51}{13743\sqrt{f}}\right)$$

在求根之前，最好画出函数图，以确定初始估计值。我们先用下面的 colebrook 函数文件描述该方程组及其 Jacobi 矩阵。

```
function [g,J]=colebrook(f)
rho=1.23;mu=1.79e-5;D=0.005;V=40;epsilon=0.0015/1000;
Re=rho*V*D/mu;
g=1/sqrt(f)+2*log10(epsilon/(3.7*D)+2.51/(Re*sqrt(f)));
J=-1/2*f^(-3/2)+2*((-1/2*2.51/Re*f^(-3/2))/(epsilon/3.7/D+2.51/Re*f^(-1/2))/l
og(10));
>> fplot(@colebrook,[0.008 0.08]),grid,xlabel('f'),ylabel('g(f)')
```

图 7.5 所示为例 7.8 根的估计图，根大概在 0.03 附近。该结论也可以通过式（7-54）类似得出

$$f=\frac{0.25}{\lg^2\left(\dfrac{\varepsilon}{3.7D}+\dfrac{5.74}{\mathrm{Re}^{0.9}}\right)}=0.029041$$

我们先考虑使用牛顿迭代法求解该问题。

```
format long
>>x0=0.03;
>>[x,f,ea,iter]=newtmult(@colebrook,x0)
x =   0.028967810171433
f =   1.999271379560241e-006
ea =  1.733178831045265e-008
iter =    3
```

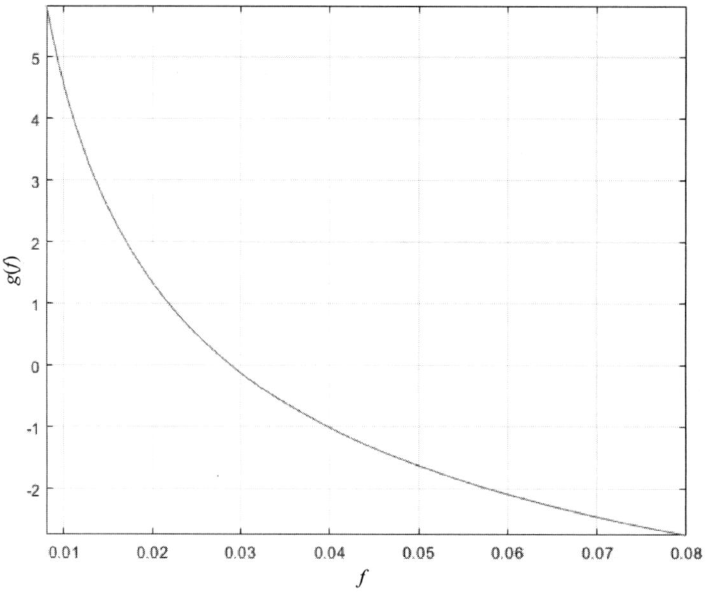

图 7.5　例 7.8 根的估计图

可见，选择合适的初值 $x_0 = 0.03$，牛顿迭代法只需迭代 3 次就可以收敛于 0.028967810171433，近似误差为 $1.733178831045265 \times 10^{-8}$。如果不作函数图或不通过式（7-54）进行初值估计，只是取 f 的取值范围上界 0.08 作为初值，会得到以下结果：

```
>>x0=0.03;
>> [x,f,ea,iter]=newtmult(@colebrook,x0)
x =                NaN +              NaNi
f =                NaN +              NaNi
ea =    NaN
iter =   100
```

此时牛顿迭代法发散，观察图 7.5 会发现，这是因为函数在初始估计值的斜率会使第一次迭代变成负值。继续计算会发现，只有取初始估计值小于 0.066 时，牛顿迭代法才会收敛。

与 newtmult 函数一样，fzero 函数在取某些初始值时也可能发散，而且 fzero 函数在使用取值范围下界时会发散。

```
>> fzero(@colebrook,0.008)
Exiting fzero: aborting search for an interval containing a sign change because
complex function value encountered during search.
(Function value at -0.00224 is -4.82687-22.475i.)
Check function or try again with a different starting value.
ans =   NaN
```

如果使用 optimset 显示迭代情况时会发现，在检测到函数的符号改变之前就出现了负值，导致过程终止。但如果取初始估计值大于 0.016，该过程会正常进行。例如，取初始估计值为 0.08，这虽然会使 newtmult 发散，但 fzero 会收敛。

```
>> fzero(@colebrook,0.08)
ans =    0.028967810171441
```

最后看看简单的不动点迭代法的计算效果，可以想到最简单的取法是求解方程（7-53）中的第一个 f 得到的迭代格式：

$$f_{k+1}=\varphi(f_k)\triangleq\frac{0.25}{\lg^2\left(\dfrac{\varepsilon}{3.7D}+\dfrac{2.51}{\mathrm{Re}\sqrt{f_k}}\right)} \tag{7-55}$$

该迭代公式的迭代函数 $\varphi(f)$ 在区间 $[0.008,0.08]$ 是关于 f 的减函数，因此它在该区间的最大值为 $\varphi(0.008)=0.0350\in[0.008,0.08]$，最小值 $\varphi(0.08)=0.0254\in[0.008,0.08]$，再由进一步计算发现 $\max\limits_{x\in[0.008,0.08]}|\varphi'(x)|=0.6834<1$，故由推论 7.1 可知，该迭代格式在区间 $[0.008,0.08]$ 全局收敛。因此，这个简单的方法不依赖初值，非常适合本例，而且实际计算时只需要一个估计值，不需要估计导数。

从本例可以看出，通常不只有一种方法适用于求解工程问题。此外，MATLAB 提供的内置函数和高效的牛顿迭代法未必适用所有问题。在挑选求解函数方程的数值方法时，应了解各种方法的特点和基本理论，结合实际问题的工程背景进行选择，这样才能高效地处理各种问题，这也是学习本课程的初衷所在。

习题 7

7-1. 用二分法求方程 $f(x)=x^3+9x-10=0$ 的唯一实根，要求误差小于 5×10^{-4}。

7-2. 方程 $x^3-x-1=0$ 在 $x=1.5$ 附近有根，把方程写成以下三种不同的等价形式。

（1） $x=\sqrt[3]{x+1}$ 对应迭代格式 $x_{n+1}=\sqrt[3]{x_n+1}$。

（2） $x=\sqrt{1+\dfrac{1}{x}}$ 对应迭代格式 $x_{n+1}=\sqrt{1+\dfrac{1}{x_n}}$。

（3） $x=x^3-1$ 对应迭代格式 $x_{n+1}=x_n^3-1$。

判断上述迭代格式在 $x_0=1.5$ 的收敛性。

7-3. 给出计算 $x=\sqrt{2+\sqrt{2+\sqrt{2+\cdots}}}$ 的迭代格式，讨论迭代格式的收敛性，并证明 $x=2$。

7-4. 方程 $x=\mathrm{e}^{-x}$，取迭代函数为 $\varphi(x)=\mathrm{e}^{-x}$，初值为 $x_0=0.5$，则迭代次数 k 多大才能使

$$|x^*-x_k|\leqslant 10^{-6}$$

成立？

7-5. 求 $\sqrt{3}$ 的牛顿迭代法为 $x_{k+1}=\frac{1}{2}(x_k+\frac{3}{x_k})$，试证明对任意的迭代初值 $x_0>0$，该迭代法所产生的迭代序列 $\{x_n\}$ 是单调递减序列。

7-6. 证明迭代公式

$$x_{k+1}=\frac{x_k({x_k}^2+3a)}{3{x_k}^2+a}$$

是计算 $\sqrt{a}$ 的三阶方法。

7-7. 用有重根时的牛顿迭代法求方程 $5x^3-19x^2+18.05x=0$ 在 $x_0=2$ 附近的二重根，准确到小数点后六位。

7-8. 用牛顿迭代法求解方程组

$$\begin{cases}x_1^2-10x_1+x_2^2+8=0\\x_1x_2^2+x_1-10x_2+8=0\end{cases}$$

第 8 章　代数特征值问题

本章介绍矩阵特征值的数值计算方法。设给定矩阵 $\boldsymbol{A} \in \mathbb{R}^{n \times n}$（或$\mathbb{C}^{n \times n}$），求$\lambda \in \mathbb{C}$和非零向量$\boldsymbol{x} \in \mathbb{C}^n$，使

$$\boldsymbol{A}\boldsymbol{x} = \lambda \boldsymbol{x} \tag{8-1}$$

其中，λ称为矩阵$\boldsymbol{A}$的特征值；$\boldsymbol{x}$为矩阵$\boldsymbol{A}$属于特征值λ的特征向量。$\boldsymbol{A}$的全体特征值组成的集合称为矩阵$\boldsymbol{A}$的谱，记为$\lambda(\boldsymbol{A})$。求解矩阵$\boldsymbol{A}$的特征值和对应特征向量的问题称为矩阵特征值问题。特征值问题产生于许多科学和工程的应用领域，其中重要的一类就是各种振动问题，如弹簧-质点振动系统、桥梁或建筑物的振动、机械机件的振动及飞机机翼的颤动等。

下面我们以人脸识别为例介绍二维主成分分析（2D-PCA）方法，这个方法的关键就是特征向量的计算。让$\boldsymbol{V} = \boldsymbol{v}_1, \boldsymbol{v}_2, \cdots, \boldsymbol{v}_k$表示单位列向量的$n \times k$矩阵。我们的想法是通过线性变换：

$$\boldsymbol{B} = \boldsymbol{A}\boldsymbol{V}$$

投影$m \times n$图像$\boldsymbol{A}$到$\boldsymbol{V}$得到一个$m \times k$投影矩阵$\boldsymbol{B}$，我们称之为图像的投影特征图像。 投影样本的总散射被用来决定一个好的投影矩阵$\boldsymbol{V}$，也就是说下列标准被采纳：

$$J(\boldsymbol{V}) = tr(\boldsymbol{G}_V)$$

这里$\boldsymbol{G}_V$表示训练样本的投影特征图像的协方差矩阵，$\text{tr}(\boldsymbol{G}_V)$表示$\boldsymbol{G}_V$的迹。最大化$J(\boldsymbol{V})$的物理意义是发现投影方向$\boldsymbol{v}_1, \boldsymbol{v}_2, \cdots, \boldsymbol{v}_k$，把所有样本投影上去以便结果投影样本的总散射最大化。协方差矩阵$\boldsymbol{G}_V$能表示为

$$\begin{aligned} \boldsymbol{G}_V &= \boldsymbol{E}[(\boldsymbol{B} - \boldsymbol{E}\boldsymbol{B})(\boldsymbol{B} - \boldsymbol{E}\boldsymbol{B})^*] = \boldsymbol{E}[(\boldsymbol{A}\boldsymbol{V} - \boldsymbol{E}(\boldsymbol{A}\boldsymbol{V}))(\boldsymbol{A}\boldsymbol{V} - \boldsymbol{E}(\boldsymbol{A}\boldsymbol{V}))^*] \\ &= \boldsymbol{E}[(\boldsymbol{A} - \boldsymbol{E}\boldsymbol{A})\boldsymbol{V}((\boldsymbol{A} - \boldsymbol{E}\boldsymbol{A})\boldsymbol{V})^*] = \boldsymbol{E}[(\boldsymbol{A} - \boldsymbol{E}\boldsymbol{A})\boldsymbol{V}\boldsymbol{V}^*(\boldsymbol{A} - \boldsymbol{E}\boldsymbol{A})^*] \end{aligned}$$

这里 $\boldsymbol{X}^*$ 表示 $\boldsymbol{X}$ 的共轭转置矩阵。因为

$$\mathrm{tr}(\boldsymbol{G}_V) = \mathrm{tr}[\boldsymbol{V}^*\boldsymbol{E}((\boldsymbol{A}-\boldsymbol{E}\boldsymbol{A})^*(\boldsymbol{A}-\boldsymbol{E}\boldsymbol{A}))\boldsymbol{V}]$$

我们能定义协方差矩阵为

$$\boldsymbol{G} = \boldsymbol{E}((\boldsymbol{A}-\boldsymbol{E}\boldsymbol{A})^*(\boldsymbol{A}-\boldsymbol{E}\boldsymbol{A}))$$

它是一个 $m\times m$ 非负定矩阵，能直接通过训练图像样本估算。

让 $\{\boldsymbol{A}_i^{(j)}\in\mathbb{R}^{m\times n}\}_{i=1}^{l_j}$ 表示属于类 j（$j=1,2,\cdots,M$）训练图像样本集合，$N=l_1+l_2+\cdots+l_M$。

我们通过

$$\overline{\boldsymbol{A}} = \frac{1}{N}\sum_{j=1}^{M}\sum_{i=1}^{l_j}\boldsymbol{A}_i^{(j)} \in \mathbb{R}^{m\times n} \tag{8-2}$$

和

$$\boldsymbol{G} = \frac{1}{N}\sum_{j=1}^{M}\sum_{i=1}^{l_j}(\boldsymbol{A}_i^{(j)}-\overline{\boldsymbol{A}})^*(\boldsymbol{A}_i^{(j)}-\overline{\boldsymbol{A}}) \in \mathbb{R}^{n\times n} \tag{8-3}$$

计算平均图像 $\overline{\boldsymbol{A}}$ 和图像的协方差矩阵 $\boldsymbol{G}$。

2D-PCA 的目标是寻找单位投影基向量 $\boldsymbol{v}_1,\boldsymbol{v}_2,\cdots,\boldsymbol{v}_k$，这里 $\hat{\boldsymbol{V}}=\mathrm{span}(\boldsymbol{v}_1,\boldsymbol{v}_2,\cdots,\boldsymbol{v}_k)$ 称为特征脸空间，以便当被投影到 $\hat{\boldsymbol{V}}$ 上时，$\boldsymbol{A}_s$ 的投影样本

$$\boldsymbol{P}_s = (\boldsymbol{A}_s-\overline{\boldsymbol{A}})\hat{\boldsymbol{V}}$$

有最大的散射。最大化广义总散射标准 $\boldsymbol{V}^*\boldsymbol{G}\boldsymbol{V}$ 满足这个要求。$\hat{\boldsymbol{V}}$ 的列向量 $\boldsymbol{v}_1,\cdots,\boldsymbol{v}_k$ 是 $\boldsymbol{G}$ 的相应前 k 个最大特征的特征向量（称为特征脸）。

2D-PCA 的步骤如下。

输入： 训练集 $\{\boldsymbol{A}_i^{(j)}\in\mathbb{R}^{m\times n}\}_{i=1}^{l_j}$（类 $j=1,2,\cdots,M$ 中样本的集合，$N=l_1+l_2+\cdots+l_M$）测试待识别图像 $\boldsymbol{A}$。

输出： K 使图像 $\boldsymbol{A}$ 属于类 K。

（1）计算特征脸子空间 $\hat{\boldsymbol{V}}$。

① 根据式（8-2）和式（8-3）计算训练集的平均图像 $\overline{\boldsymbol{A}}$ 和协方差矩阵 $\boldsymbol{G}$。

② 执行 QED 以确定特征脸空间：$\boldsymbol{V}^*\boldsymbol{G}\boldsymbol{V}=\boldsymbol{D}$，$\boldsymbol{V}^*\boldsymbol{V}=\boldsymbol{I}$，$\boldsymbol{D}=\mathrm{diag}(\lambda_1,\lambda_2,\cdots,\lambda_n)$。

③ 对给定的 $r(1\leqslant r\leqslant n)$，取特征脸空间 $\hat{\boldsymbol{V}}=\boldsymbol{V}(:,1:r)$。

（2）计算样本图像 $\boldsymbol{A}_i^{(j)}$ 的特征矩阵 $\boldsymbol{P}_i^{(j)}$。

计算特征矩阵 $\boldsymbol{P}_i^{(j)}=(\boldsymbol{A}_i^{(j)}-\overline{\boldsymbol{A}})\hat{\boldsymbol{V}}\in\mathbb{R}^{n\times r}$（$j=1,\cdots,M$，$i=1,\cdots,l_j$）。

（3）用最近邻分类器进行人脸识别。

① 计算测试图像 $\boldsymbol{A}$ 的特征矩阵 $\boldsymbol{P}=(\boldsymbol{A}-\overline{\boldsymbol{A}})\hat{\boldsymbol{V}}$ 。

② 发现最近的特征矩阵 $\boldsymbol{P}_s^{(K)}$ 满足

$$\|\boldsymbol{P}-\boldsymbol{P}_s^{(K)}\|_F=\min_{j,i}\|\boldsymbol{P}-\boldsymbol{P}_i^{(j)}\|_F$$

③ 输出 K 。

求 $\boldsymbol{A}$ 的特征值问题，式（8-1）等价于求 $\boldsymbol{A}$ 的特征方程

$$p(\lambda)=\det(\lambda\boldsymbol{I}-\boldsymbol{A})=0 \tag{8-4}$$

的根，其本质上是一个求解下列形式的 n 次多项式零点问题：

$$p(\lambda)=\lambda^n+a_1\lambda^{n-1}+\cdots+a_{n-1}\lambda+a_n=0$$

数学上已经证明，次数大于或等于 5 的多项式零点一般不能用有限次运算求得，因此矩阵特征值的计算方法本质上都是迭代的。当前已有不少成熟的数值方法用于计算矩阵的全部或部分特征值和特征向量，本章重点介绍求解端部特征值问题的幂迭代法、反幂迭代法。

8.1 特征值问题的基本性质和估计

8.1.1 特征值问题的基本性质

首先给出一些有关特征值问题的重要结论，这些结论可以在线性代数教科书中找到。

定理 8.1　相似矩阵具有相同的谱。

定理 8.2　设 $\boldsymbol{A}\in\mathbb{R}^{n\times n}$ 为对称矩阵，则其特征值都是实数，设其排列为 $\lambda_1\geqslant\lambda_2\geqslant\cdots\geqslant\lambda_n$ ，对应的特征向量构成一正交向量组，且存在正交矩阵 $\boldsymbol{U}$ 使

$$\boldsymbol{U}^{\mathrm{T}}\boldsymbol{A}\boldsymbol{U}=\begin{pmatrix}\lambda_1 & & & \\ & \lambda_2 & & \\ & & \ddots & \\ & & & \lambda_n\end{pmatrix}$$

并有

$$\lambda_1 = \max_{\substack{x\in\mathbb{R}^n \\ x\neq 0}} \frac{(\boldsymbol{Ax},\boldsymbol{x})}{(\boldsymbol{x},\boldsymbol{x})}, \quad \lambda_n = \min_{\substack{x\in\mathbb{R}^n \\ x\neq 0}} \frac{(\boldsymbol{Ax},\boldsymbol{x})}{(\boldsymbol{x},\boldsymbol{x})} \tag{8-5}$$

记 $R(\boldsymbol{x}) = \dfrac{(\boldsymbol{Ax},\boldsymbol{x})}{(\boldsymbol{x},\boldsymbol{x})}$，$\boldsymbol{x} \neq 0$，称为矩阵 $\boldsymbol{A}$ 的 Rayleigh 商。

对于复矩阵 $\boldsymbol{A} \in \mathbb{C}^{n\times n}$，也有类似性质。但要注意定理 8.2 中的“$\boldsymbol{A}$ 为对称矩阵”应改为“$\boldsymbol{A}$ 为 Hermite 矩阵”，即 $\boldsymbol{A}^{\mathrm{H}} = \boldsymbol{A}$，其特征值都是实数，特征向量同样构成正交向量组，且存在酉矩阵 $\boldsymbol{U}$，使 $\boldsymbol{U}^{\mathrm{H}}\boldsymbol{AU}$ 为对角形。

8.1.2 特征值的估计和扰动

定理 8.3 （Gerschgorin 圆盘定理）设 $\boldsymbol{A} = (a_{ij})_{n\times n} \in \mathbb{C}^{n\times n}$，则 $\boldsymbol{A}$ 的每一个特征值必属于下述某个圆盘之中

$$|\lambda - a_{ii}| \leqslant \sum_{\substack{j=1 \\ j\neq i}}^{n} |a_{ij}|, \quad i = 1,2,\cdots n \tag{8-6}$$

或者说，$\boldsymbol{A}$ 的特征值都在复平面上 n 个圆盘的并集中。

证明 设 λ 为 $\boldsymbol{A}$ 的任一特征值，x 是相应的特征向量，即 $\boldsymbol{Ax} = \lambda\boldsymbol{x}$。
记 $|x_k| = \max\limits_{1\leqslant i\leqslant n} |x_i| = \|x\|_\infty \neq 0$，考虑 $\boldsymbol{Ax} = \lambda\boldsymbol{x}$ 的第 k 个方程，即

$$\sum_{j=1}^{n} a_{kj}x_j = \lambda x_k \text{ 或 } (\lambda - a_{kk})x_k = \sum_{\substack{j\neq k \\ j=1}}^{n} a_{kj}x_j$$

于是，

$$|\lambda - a_{kk}||x_k| \leqslant \sum_{\substack{j\neq k \\ j=1}}^{n} |a_{kj}||x_j| \leqslant |x_k| \sum_{\substack{j\neq k \\ j=1}}^{n} |a_{kj}|$$

即

$$|\lambda - a_{kk}| \leqslant \sum_{\substack{j\neq k \\ j=1}}^{n} |a_{kj}|$$

这说明，λ 属于复平面上以 a_{kk} 为圆心，$\sum\limits_{j\neq k} |a_{kj}|$ 为半径的圆盘。

该定理不仅指出了 $\boldsymbol{A}$ 的每一个特征值必位于 $\boldsymbol{A}$ 的一个圆盘中，还指出相应的特征值 λ 一定位于第 k 个圆盘中（其中 k 是对应特征向量 $\boldsymbol{x}$ 绝对值最大的分量的下标）。有了这个定理，我们可以从 $\boldsymbol{A}$ 的元素估得特征值所在范围。$\boldsymbol{A}$ 的 n 个特征值落在 n 个圆盘上，但不一定每个圆盘都有一个特征值。

下面简要讨论特征值的扰动问题。设 $\boldsymbol{A}$ 有扰动，我们需估计由此产生的特征值扰动。这里仅讨论一种重要情形，即 $\boldsymbol{A}$ 具有完备特征向量系（即 $\boldsymbol{A}$ 可相似于对角矩阵）的情形。

定理 8.4 （鲍尔-菲克定理）设 μ 是 $\boldsymbol{A}+\boldsymbol{E}\in\mathbb{R}^{n\times n}$ 的一个特征值，且

$$\boldsymbol{P}^{-1}\boldsymbol{A}\boldsymbol{P}=\boldsymbol{D}=\mathrm{diag}\left(\lambda_1,\lambda_2,\cdots,\lambda_n\right)$$

则

$$\min_{\lambda\in\lambda(A)}|\lambda-\mu|\leqslant\left\|\boldsymbol{P}^{-1}\right\|_p\|\boldsymbol{P}\|_p\|\boldsymbol{E}\|_p$$

其中，$\|\cdot\|_p$ 为矩阵的 p -范数； $p=1,2,\infty$ 。

由定理 8.4 可知，$\left\|\boldsymbol{P}^{-1}\right\|_p\|\boldsymbol{P}\|_p=\mathrm{cond}_p\left(\boldsymbol{P}\right)$ 可衡量矩阵扰动对特征值扰动的影响程度。注意到，将 $\boldsymbol{A}$ 化为对角矩阵的相似变换矩阵 $\boldsymbol{P}$ 不是唯一的。基于此，将特征值问题的条件数定义为

$$\nu\left(\boldsymbol{A}\right)=\inf\left\{\mathrm{cond}\left(\boldsymbol{P}\right)\middle|\boldsymbol{P}^{-1}\boldsymbol{A}\boldsymbol{P}=\mathrm{diag}\left(\lambda_1,\cdots,\lambda_n\right)\right\}$$

只要 $\nu\left(\boldsymbol{A}\right)$ 不是很大，矩阵微小扰动只带来特征值的微小扰动。但是，$\nu\left(\boldsymbol{A}\right)$ 往往难以计算，有时对于一个 $\boldsymbol{P}$ ，用 $\mathrm{cond}\left(\boldsymbol{P}\right)$ 代替 $\nu\left(\boldsymbol{A}\right)$ 来分析。需要注意的是，特征值问题的条件数和解方程组时讨论的条件数是两个不同的概念，对于一个矩阵 $\boldsymbol{A}$ ，可能出现一者大而另一者小的情形，对此下一小节给出了两个实例。

矩阵特征值和特征向量的计算问题可分为两类：一类是求部分特征值（如求模最大或最小的特征值）及其对应的特征向量，另一类是求矩阵 $\boldsymbol{A}$ 的全部特征值及特征向量。对于前者本章将介绍幂迭代法和反幂迭代法，对于后者主要有 QR 方法，其主要涉及 Householder（豪斯霍尔德）正交相似变换和 QR 迭代两过程，我们略去不讲。

8.2 幂迭代法和反幂迭代法

8.2.1 幂迭代法

设 $\boldsymbol{A}\in\mathbb{R}^{n\times n}$ 是可对角化的，即存在 n 个线性无关的特征向量 $\boldsymbol{x}_1,\boldsymbol{x}_2,\cdots,\boldsymbol{x}_n$ ，其对应的特征值是 $\lambda_1,\lambda_2,\cdots,\lambda_n$ ，而且满足

$$|\lambda_1|>|\lambda_2|\geqslant|\lambda_3|\geqslant\cdots\geqslant|\lambda_n| \tag{8-7}$$

把矩阵 $\boldsymbol{A}$ 绝对值（模）最大的特征值叫作 $\boldsymbol{A}$ 的主特征值。幂迭代法是一种计算矩阵主特征值 λ_1 及对应特征向量 $\boldsymbol{x}_1$ 的迭代方法，特别适用于大型稀疏矩阵。

设 v_0 是任一非零向量，则必存在 n 个不全为零的数 α_i（$i=1,\cdots,n$），使 $\boldsymbol{v}_0=\sum_{i=1}^{n}\alpha_i\boldsymbol{x}_i$（并假定 $\alpha_1\neq 0$）。幂迭代法的基本思想是用矩阵 $\boldsymbol{A}$ 连续左乘 $\boldsymbol{v}_0$，构造迭代过程。由 $\boldsymbol{v}_0=\sum_{i=1}^{n}\alpha_i\boldsymbol{x}_i$，用 $\boldsymbol{A}$ 左乘两边得

$$\boldsymbol{v}_1=\boldsymbol{A}v_0=\sum_{i=1}^{n}\alpha_i\boldsymbol{A}\boldsymbol{x}_i=\sum_{i=1}^{n}\alpha_i\lambda_i\boldsymbol{x}_i$$

再用 $\boldsymbol{A}$ 左乘上式，得

$$\boldsymbol{v}_2=\boldsymbol{A}v_1=\boldsymbol{A}^2\boldsymbol{v}_0=\sum_{i=1}^{n}\alpha_i\lambda_i^2\boldsymbol{x}_i$$

一直这样做下去，一般有

$$\begin{aligned}\boldsymbol{v}_k&=\boldsymbol{A}v_{k-1}=\boldsymbol{A}^k\boldsymbol{v}_0=\sum_{i=1}^{n}\alpha_i\lambda_i^k\boldsymbol{x}_i\\&=\lambda_1^k\left[\alpha_1\boldsymbol{x}_1+\sum_{i=2}^{n}\alpha_i\left(\frac{\lambda_i}{\lambda_1}\right)^k\boldsymbol{x}_i\right],\quad k=1,2,\cdots\end{aligned}$$

因此有

$$\lim_{k\to\infty}\frac{\boldsymbol{v}_k}{\lambda_1^k}=\alpha_1\boldsymbol{x}_1 \tag{8-8}$$

这表明序列 $\left\{\frac{v_k}{\lambda_1^k}\right\}$ 越来越接近 $\boldsymbol{A}$ 的相应于 λ_1 的特征向量。下面我们来计算 λ_1。当 k 足够大时有

$$\boldsymbol{v}_k\approx\alpha_1\lambda_1^k\boldsymbol{x}_1,\quad \boldsymbol{v}_{k+1}\approx\alpha_1\lambda_1^{k+1}\boldsymbol{x}_1 \tag{8-9}$$

用 $\max(\boldsymbol{x})$ 表示向量 $\boldsymbol{x}$ 的按模为最大的分量，容易证明对任何实数 t，总有 $\max(t\boldsymbol{x})=t\max(\boldsymbol{x})$。因此，有

$$\frac{\max(\boldsymbol{v}_{k+1})}{\max(\boldsymbol{v}_k)}\approx\frac{\lambda_1^{k+1}\max(\alpha_1\boldsymbol{x}_1)}{\lambda_1^k\max(\alpha_1\boldsymbol{x}_1)}=\lambda_1$$

因此，当 k 充分大时，有

$$\lambda_1\approx\frac{\max(\boldsymbol{v}_{k+1})}{\max(\boldsymbol{v}_k)} \tag{8-10}$$

需要说明的是，在使用式（8-9）、式（8-10）计算矩阵 $\boldsymbol{A}$ 的主特征值及对应特征向量

时，有一个巨大的隐患，即当$|\lambda_1|>1$时，$\boldsymbol{A}^k\boldsymbol{v}_0=\boldsymbol{v}_k$不等于零的分量将随$k\to\infty$而无限变大，在计算时就可能导致数据溢出；而当$|\lambda_1|<1$时，$\boldsymbol{v}_k$的各分量又都将随着$k\to\infty$而趋于零。为克服这个缺点，在实际计算中加上规范化的步骤。

定理 8.5　设$\boldsymbol{A}$有n个线性无关的特征向量$\boldsymbol{x}_1,\boldsymbol{x}_2,\cdots,\boldsymbol{x}_n$，其对应的特征值为$\lambda_1,\cdots,\lambda_n$，且满足

$$|\lambda_1|>|\lambda_2|\geqslant|\lambda_3|\geqslant\cdots\geqslant|\lambda_n|$$

从任一非零向量$\boldsymbol{v}_0=\boldsymbol{u}_0\,(\alpha_1\neq 0)$出发，按下列公式构造向量列$\{\boldsymbol{u}_k\}$及数列$\{\mu_k\}$：

$$\begin{cases}\boldsymbol{v}_k=\boldsymbol{A}\boldsymbol{u}_{k-1}\\ \mu_k=\max(\boldsymbol{v}_k),\quad k=1,2,\cdots\\ \boldsymbol{u}_k=\boldsymbol{v}_k/\mu_k\end{cases}\tag{8-11}$$

则有

$$\begin{cases}\lim\limits_{k\to\infty}\boldsymbol{u}_k=\dfrac{\boldsymbol{x}_1}{\max(\boldsymbol{x}_1)}\\ \lim\limits_{k\to\infty}\mu_k=\lambda_1\end{cases}\tag{8-12}$$

其中，$\max(\boldsymbol{x})$表示向量$\boldsymbol{x}$的绝对值最大的分量。

证明　设$\boldsymbol{u}_0=\boldsymbol{v}_0=\sum\limits_{j=1}^{n}\alpha_j\boldsymbol{x}_j\neq 0$，且$\alpha_1\neq 0$，则得

$$\boldsymbol{v}_1=\boldsymbol{A}\boldsymbol{v}_0,\quad \boldsymbol{u}_1=\frac{\boldsymbol{A}\boldsymbol{v}_0}{\max(\boldsymbol{A}\boldsymbol{v}_0)},\quad \boldsymbol{v}_2=\boldsymbol{A}\boldsymbol{u}_1=\frac{\boldsymbol{A}^2\boldsymbol{v}_0}{\max(\boldsymbol{A}\boldsymbol{v}_0)}$$

$$\boldsymbol{u}_2=\frac{\boldsymbol{v}_2}{\max(\boldsymbol{v}_2)}=\frac{\boldsymbol{A}^2\boldsymbol{v}_0}{\max(\boldsymbol{A}\boldsymbol{v}_0)}\Bigg/\max\left(\frac{\boldsymbol{A}^2\boldsymbol{v}_0}{\max(\boldsymbol{A}\boldsymbol{v}_0)}\right)=\frac{\boldsymbol{A}^2\boldsymbol{v}_0}{\max(\boldsymbol{A}^2\boldsymbol{v}_0)}$$

$$\boldsymbol{v}_k=\boldsymbol{A}\boldsymbol{u}_{k-1}=\frac{\boldsymbol{A}^k\boldsymbol{v}_0}{\max(\boldsymbol{A}^{k-1}\boldsymbol{v}_0)},\quad u_k=\frac{\boldsymbol{A}^k\boldsymbol{v}_0}{\max(\boldsymbol{A}^k\boldsymbol{v}_0)}$$

由于$\boldsymbol{A}^k\boldsymbol{v}_0=\lambda_1^k\left[\alpha_1\boldsymbol{x}_1+\sum\limits_{i=2}^{n}\alpha_i(\lambda_i/\lambda_1)^k\boldsymbol{x}_i\right]$，所以

$$\boldsymbol{u}_k=\frac{\lambda_1^k\left[\alpha_1\boldsymbol{x}_1+\sum\limits_{i=2}^{n}\alpha_i(\lambda_i/\lambda_1)^k\boldsymbol{x}_i\right]}{\max\left[\lambda_1^k(\alpha_1\boldsymbol{x}_1+\sum\limits_{i=2}^{n}\alpha_i(\lambda_i/\lambda_1)^k\boldsymbol{x}_i)\right]}\to\frac{\boldsymbol{x}_1}{\max(\boldsymbol{x}_1)},\quad k\to\infty$$

同理可得$\mu_k=\max(\boldsymbol{v}_k)\to\lambda_1,\ k\to\infty$。

用式（8-11）、式（8-12）计算矩阵$\boldsymbol{A}$的主特征值及主特征向量的方法叫幂迭代法，因为它使用了$\boldsymbol{A}$的幂与初始向量$\boldsymbol{v}_0$的乘积。一般地，幂迭代法的收敛速度由比值$r=\lambda_2/\lambda_1$来

确定，r 越小则收敛越快，当 $r\approx 1$ 时收敛可能会很慢。

由于幂迭代法的计算公式依赖于矩阵特征值的分布情况，实际使用时并不方便，只是在矩阵阶数非常高、无法利用其他更有效的算法时，才用幂迭代法计算少数几个模最大的特征值和相应的特征向量。然而，幂迭代法的基本思想是重要的，由它可以诱导出一些更有效的算法。

例 8.1 用幂迭代法求矩阵

$$\boldsymbol{A}=\begin{pmatrix}-12 & 3 & 3\\ 3 & 1 & -2\\ 3 & -2 & 7\end{pmatrix}$$

的主特征值及对应的特征向量。

解 取 $\boldsymbol{v}_0=\boldsymbol{u}_0=(1,1,1)^{\mathrm{T}}$，根据式（8-11）进行计算。例 8.1 计算过程如表 8.1 所示。收敛标准为

$$\left|\max(\boldsymbol{v}_{k+1})-\max(\boldsymbol{v}_k)\right|<10^{-6}$$

表 8.1 例 8.1 计算过程

k	$\boldsymbol{v}_k^{\mathrm{T}}$			$\mu_k=\max(\boldsymbol{v}_k)$
0	1	1	1	1
1	−6	2	8	8
2	12.75	−4	4.25	12.75
3	−11.941176471	2.019607843	5.960784314	−11.941176471
⋮	⋮	⋮	⋮	⋮
31	−13.220179441	3.108136355	2.268864454	−13.220179441
32	−13.220180.93	3.108137152	2.268861780	−13.220180293

于是，得主特征值的近似值 $\lambda_1=-13.220180293$，对应的特征向量为

$$\boldsymbol{x}_1=\frac{\boldsymbol{v}_{32}}{\max(\boldsymbol{v}_{32})}=(1,-0.235105504,-0.171621092)^{\mathrm{T}}$$

8.2.3 反幂迭代法

反幂迭代法简称反幂法，是计算矩阵按模最小特征值和特征向量的方法，也是修正特征值、求相应特征向量最有效的方法。设 $\boldsymbol{A}\in\mathbb{R}^{n\times n}$，其特征值为 $\lambda_1,\lambda_2,\cdots,\lambda_n$，相应的特征向量为 $\boldsymbol{x}_1,\boldsymbol{x}_2,\cdots,\boldsymbol{x}_n$，且

$$|\lambda_1|\geqslant|\lambda_2|\geqslant\cdots>|\lambda_n|>0$$

则矩阵 $\boldsymbol{A}^{-1}$ 的特征值为 $\dfrac{1}{\lambda_i}$，$i=1,\cdots,n$，相应的特征向量为 $\boldsymbol{x}_1,\boldsymbol{x}_2,\cdots,\boldsymbol{x}_n$，且

$$\left|\frac{1}{\lambda_n}\right|>\left|\frac{1}{\lambda_{n-1}}\right|\geqslant\cdots\geqslant\left|\frac{1}{\lambda_1}\right|>0$$

即 $\dfrac{1}{\lambda_n}$ 为 $\boldsymbol{A}^{-1}$ 的主特征值。因此，对矩阵 $\boldsymbol{A}^{-1}$ 应用幂法求主特征值 $\dfrac{1}{\lambda_n}$，就是对 $\boldsymbol{A}$ 求按模最小的特征值。用 $\boldsymbol{A}^{-1}$ 代替 $\boldsymbol{A}$ 作幂法计算，称为反幂法。反幂法的计算过程写成

$$\begin{cases}\boldsymbol{u}_0\\ \boldsymbol{A}\boldsymbol{v}_k=\boldsymbol{u}_{k-1}\\ \mu_k=\max(\boldsymbol{v}_k)\\ \boldsymbol{u}_k=\boldsymbol{v}_k/\mu_k\end{cases}\tag{8-13}$$

类似幂迭代法的分析可得到 $k\to\infty$ 时，有

$$\boldsymbol{u}_k\to\frac{\boldsymbol{x}_n}{\max(\boldsymbol{x}_n)},\quad \mu_k=\lambda_n^{-1}\left[1+O\left(\left|\frac{\lambda_n}{\lambda_{n-1}}\right|^k\right)\right]\to\lambda_n^{-1}$$

用反幂迭代法一次，需要解一个方程组。实际计算可以先将 $\boldsymbol{A}$ 进行 LU 分解，这样每次迭代只要解两个三角方程组。易知，反幂迭代法的收敛速度取决于 $\left|\dfrac{\lambda_n}{\lambda_{n-1}}\right|$。

反幂迭代法不仅可以用来求解模最小的特征值及相应特征向量，还可以当矩阵 $\boldsymbol{A}$ 有一个近似的特征值为已知时，很快地使其准确化。如果矩阵 $(\boldsymbol{A}-p\boldsymbol{I})^{-1}$ 存在，设 p 是 $\boldsymbol{A}$ 的特征值 λ_i 的一个近似值，显然 $(\lambda_j-p)^{-1},j=1,\cdots,n$ 是 $(\boldsymbol{A}-p\boldsymbol{I})^{-1}$ 的特征值，且 $\boldsymbol{x}_1,\boldsymbol{x}_2,\cdots,\boldsymbol{x}_n$ 仍是它的特征向量。设 λ_i 与其他特征值是分离的，即

$$0<\left|\lambda_i-p\right|\ll\left|\lambda_j-p\right|,\quad i\neq j$$

则 $\dfrac{1}{\lambda_i-p}$ 是 $(\boldsymbol{A}-p\boldsymbol{I})^{-1}$ 的主特征值。于是，对 $\boldsymbol{A}-p\boldsymbol{I}$ 进行反幂迭代

$$\begin{cases}\boldsymbol{u}_0\\ (\boldsymbol{A}-p\boldsymbol{I})\boldsymbol{v}_k=\boldsymbol{u}_{k-1}\\ \mu_k=\max(\boldsymbol{v}_k)\\ \boldsymbol{u}_k=\boldsymbol{v}_k/\mu_k\end{cases}\tag{8-14}$$

可得 $\mu_k=(\lambda_i-p)^{-1},\boldsymbol{u}_k\to\dfrac{\boldsymbol{x}_i}{\max(\boldsymbol{x}_i)}$。式（8-14）称为带原点位移的反幂迭代法。只要参数 p 足够接近 $\boldsymbol{A}$ 的特征值 λ_i，收敛将是较快的。但当 p 越接近 λ_i 时，$\boldsymbol{A}-p\boldsymbol{I}$ 就会趋向奇异阵，自然会担心进行反幂迭代时舍入误差是否会影响结果。可以证明，在此情况下只要 $\boldsymbol{A}$ 关于

特征值的条件数不是很大，且初始向量选择得较好，就能计算出比较好的结果。因此，带原点位移的反幂法是求单个特征值和特征向量的有效方法。对于近似解 p 的选择，可以利用圆盘定理或其他有关特征值的信息。

例 8.2 用反幂迭代法求例 8.1 中矩阵 $\boldsymbol{A}$ 最接近于 $p=-13$ 的特征值和特征向量。

解 用三角分解将 $\boldsymbol{A}-p\boldsymbol{I}$ 分解为

$$\boldsymbol{A}-p\boldsymbol{I}=\boldsymbol{LU}$$

其中，

$$\boldsymbol{L}=\begin{pmatrix}1&0&0\\3&1&0\\3&-2.2&1\end{pmatrix};\quad \boldsymbol{U}=\begin{pmatrix}1&3&3\\0&5&-11\\0&0&-13.2\end{pmatrix}$$

取初始向量 $\boldsymbol{u}_0=(1,1,1)^{\mathrm{T}}$，用式（8-14）进行计算。例 8.2 计算过程如表 8.2 所示。

表 8.2 例 8.2 计算过程

k	u_k			$p+1/\max(v_k)$
1	1	-0.271604938	-0.197530864	-13.40740741
2	1	-0.23453776	-0.171305338	-13.21752930
3	1	-0.235114344	-0.171625203	-13.22021864
4	1	-0.23510535	-0.171621118	-13.22017941
5	1	-0.235105489	-0.171621172	-13.22017998

从表 8.2 中可以看出，与-13 接近的特征值约为-13.22017998，与之对应的特征向量是

$$(1,-0.235105489,-0.171621172)^{\mathrm{T}}$$

5 步就得到例 8.1 中 32 步的效果。

8.3 案例及 MATLAB 实现

8.3.1 MATLAB 函数

如我们所期望的一样，MATLAB 具有强大可靠的求特征值和特征向量的功能。命令 eig 就是这样一个函数，可以用它来求解特征值，其调用方法如下。

```
>> e = eig(A)
```

其中，e 为包含方阵 A 特征值的向量。此外，还可以调用命令

```
>> [V, D] = eig(A)
```

其中，D 为以特征值为对角元的对角阵；V 为满秩矩阵，其列向量为对应的特征向量，满足 AV=VD。

为了解其他选项，可输入

```
>> help eig
```

尤其要注意的是为了改善矩阵的条件，该命令将使用默认的平衡程序。虽然本书讨论的条件数仅限于线性方程组，但条件数的思想同样适用于其他问题。对于非线性求根问题，病态性与根的重数有关。当矩阵 $\boldsymbol{A}$ 接近有重特征值的矩阵时，特征值问题是病态的。MATLAB 命令 condeig 可用来计算矩阵特征值的条件数，输入

```
>> H = hilb(10);
>> cond(H)
ans =
    1.6025e+13
>> condeig(H)
ans =
    1.0000
    1.0000
    1.0000
    1.0000
    1.0000
    1.0000
    1.0000
    1.0000
    1.0000
    1.0000
```

可以发现，虽然 10×10 的希尔伯特矩阵关于求解线性方程组是极其病态的，但它关于特征值问题却是非常良态的。例如，输入

```
>> A = [2, 1; 0, 2];
>> cond(A)
ans =
    1.6404
>> condeig(A)
ans =
    1.0e+15 *
     2.2518
     2.2518
```

可以发现，虽然这个矩阵关于线性方程组的求解是良态的，但由于它是亏损的（只有一个线性无关的特征向量），所以关于特征值问题是非常病态的。

类似于线性方程组求解的条件数依赖于 $\boldsymbol{A}$ 和 $\boldsymbol{A}^{-1}$，特征值的条件数依赖于特征向量矩阵及其逆。如果 $\boldsymbol{A}$ 是对称的，则由定理 8.2 可知，其特征向量矩阵一定是正交阵，因而逆矩阵容易计算。为了解 MATLAB 中如何计算特征值条件数，输入

```
>> type condeig
```

从帮助文件中可以看到，condeig 可以同时计算特征值、特征向量和条件数。

此外，MATLAB 命令 poly 可以求出矩阵 $\boldsymbol{A}$ 的特征多项式，但速度较慢。输入

```
>> type poly
```

可以看到，MATLAB 先用 eig 命令求出特征多项式 $p(\lambda)$ 的根，然后形成多项式的系数。通常通过特征方程的根求 $p(\lambda)$ 系数的成本极高，而且即使特征值问题本身是良态的，相应的求根问题 $p(\lambda)=0$ 也是病态的。因此，最佳方案还是利用命令 eig 直接求矩阵的特征值。

```
>>[V,D] = eigs(A,k)
```

返回对角矩阵 D 和矩阵 V，前者包含主对角线上的特征值(前 k 个模最大的特征值)，后者的各列中包含对应的特征向量。

```
>>eigs(A,k,'smallestabs')
```

返回 k 个模最小的特征值。

8.3.2 幂迭代法在网页排序中的应用

随着互联网搜索技术的发展和大数据时代的来临，搜索引擎的重要性与日俱增。如何在海量数据中有效地查找需要的信息是非常关键的，一个好的搜索引擎可以极大地节省用户查找信息的时间。搜索引擎包含多个组成部分，其中 PageRank 是搜索引擎设计的核心问题，排序结果的准确率直接决定了搜索引擎的性能和用户体验。信息检索领域中有许多网页排序算法，而 PageRank 技术在著名的 Google 搜索引擎中被成功地应用，使 Google 的搜索精度大大超过了以前的搜索引擎。

PageRank 是一种由搜索引擎根据网页之间相互的超链接计算的技术，而作为网页排名的要素之一，以 Google 公司创办人 Larry Page（拉里 • 佩奇）的姓来命名。Google 用它来体现网页的相关性和重要性，在搜索引擎优化操作中是经常被用来评估网页优化的成效因素之一。Google 的创始人 Larry Page 和 Sergey Brin（谢尔盖 • 布林）于 1998 年在斯坦福大

学发明了这项技术。

PageRank 技术对数以亿计的网页的重要性排序的基本思想是：一个网页的重要性由链接到它的其他网页的数量及其重要性决定。假定网页 p_j 有 l_j 个链接。如果这些链接中的一个链接到网页 p_i，那么网页 p_j 将会将其重要性的 $1/l_j$ 赋给 p_i 。网页 p_i 的重要性就是所有指向这个网页的其他网页所贡献的重要性的加和。换言之，如果令 $I(p)$ 代表网页 p 的重要性，并记链接到网页 p_i 的网页集合为 B_i，那么就有

$$I(p_i)=\sum_{P_j\in B_i}\frac{I(p_j)}{l_j} \tag{8-15}$$

该问题可由矩阵形式表述。先建立一个矩阵 $\boldsymbol{H}=(h_{ij})\in\mathbb{R}^{n\times n}$，称为超链矩阵（Hyperlink Matrix），其第 i 行第 j 列的元素为

$$h_{ij}=\begin{cases}\dfrac{1}{l_j}, & 若P_j\in B_i\\ 0, & 若P_j\notin B_i\end{cases}$$

矩阵 $\boldsymbol{H}$ 有以下性质。

（1）它的所有元素非负。

（2）除非对应这一列的网页没有任何链接，它的每一列的和为 1。

这类矩阵又被称为随机矩阵。不难推导，矩阵 $\boldsymbol{H}$ 的谱半径为 1，且 1 是该矩阵的一个特征值。此外，还需要定义刻画所有网页重要性的 n 维向量

$$\boldsymbol{I}=(I(p_i))$$

式（8-15）改写为矩阵形式即为

$$\boldsymbol{I}=\boldsymbol{HI}$$

这表明向量 $\boldsymbol{I}$ 为矩阵 $\boldsymbol{H}$ 关于特征值 1 的特征向量。我们也称该向量为 $\boldsymbol{H}$ 的平稳向量（Stationary Vector）。

例 8.3 图 8.1 所示为一个网页关系图，箭头表示链接。

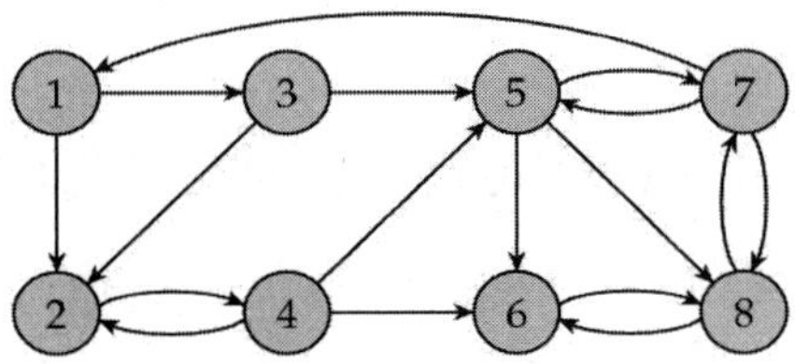

图 8.1 网页关系图

根据上图，不难得出，相应的超链矩阵以及平稳向量分别为

$$
\boldsymbol{H}=\begin{bmatrix}
0 & 0 & 0 & 0 & 0 & 0 & \frac{1}{3} & 0 \\
\frac{1}{2} & 0 & \frac{1}{2} & \frac{1}{3} & 0 & 0 & 0 & 0 \\
\frac{1}{2} & 0 & 0 & 0 & 0 & 0 & 0 & 0 \\
0 & 1 & 0 & 0 & 0 & 0 & 0 & 0 \\
0 & 0 & \frac{1}{2} & \frac{1}{3} & 0 & 0 & \frac{1}{3} & 0 \\
0 & 0 & 0 & \frac{1}{3} & \frac{1}{3} & 0 & 0 & \frac{1}{2} \\
0 & 0 & 0 & 0 & \frac{1}{3} & 0 & 0 & \frac{1}{2} \\
0 & 0 & 0 & 0 & \frac{1}{3} & 1 & \frac{1}{3} & 0
\end{bmatrix},\quad
\boldsymbol{I}=\begin{bmatrix}
0.0600 \\ 0.0675 \\ 0.0300 \\ 0.0675 \\ 0.0975 \\ 0.2025 \\ 0.1800 \\ 0.2950
\end{bmatrix}
$$

根据平稳向量 I 的各分量大小不同，可以得到各网页重要性的排序。在该例中，编号为 8 的网页对应的分量最大，这说明 8 号网页的重要性最高，最受用户欢迎。

PageRank 的核心问题是如何求出平稳向量的，这是一个求解超大规模矩阵特征向量的问题。据统计，目前全球大约存在 250 亿个不同链接的网页。也就是说，超链矩阵 $\boldsymbol{H}$ 大约有 250 亿行和列。如果采用线性代数中传统的求解特征向量方法，计算量将是一个天文数字。为有效求解该问题，需要最大限度挖掘矩阵 $\boldsymbol{H}$ 的结构特征。注意到，该矩阵的大部分位置元素都为 0，这是因为每个网页一般只链接到非常有限的网页。研究表明，每个网页平均约有 10 个链接，平均而言每一列中仅有 10 个非零元。

幂迭代法对求解该类问题具有天然优势。在可行性方面，平稳向量是模最大特征值对应的特征向量。因此，只要定理 8.5 中特征值排序条件

$$
1=|\lambda_1|>|\lambda_2|\geqslant|\lambda_3|\geqslant\cdots\geqslant|\lambda_n| \tag{8-16}
$$

成立，则使用幂迭代法一定可以求出平稳向量。在计算效率方面，幂迭代法在迭代过程中只涉及矩阵-向量乘积运算，能够最大限度利用矩阵 H 的稀疏性，相对于其他方法大大节省了运算量。

对例 8.3，不妨采用 $\boldsymbol{I}^0=[1,0,0,0,0,0,0,0]^{\mathrm{T}}$ 作为初始迭代向量，通过幂法逐次迭代进行计算。例 8.3 计算过程如表 8.3 所示。该表表明，当迭代到第 61 次左右时，迭代向量已基本收敛，其迭代向量 $\boldsymbol{I}^{61}$ 与例 8.3 中求出的平稳向量精确值一致，这说明了幂迭代法求解该

问题的有效性。

表 8.3　例 8.3 计算过程

I^0	I^1	I^2	I^3	I^4	...	I^{60}	I^{61}
1	0	0	0	0.0278	...	0.06	0.06
0	0.5	0.25	0.1667	0.0833	...	0.0675	0.0675
0	0.5	0	0	0	...	0.03	0.03
0	0	0.5	0.25	0.1667	...	0.0675	0.0675
0	0	0.25	0.1667	0.1111	...	0.0975	0.0975
0	0	0	0.25	0.1806	...	0.2025	0.2025
0	0	0	0.0833	0.0972	...	0.18	0.18
0	0	0	0.0833	0.3333	...	0.295	0.295

例 8.4

由图 8.2 所示的简单网页关系图可知，该模型对应的超链矩阵为

$$\boldsymbol{H}=\begin{bmatrix}0 & 0\\ 1 & 0\end{bmatrix}$$

使用幂法求出迭代向量。例 8.4 计算过程如表 8.4 所示。

表 8.4　例 8.4 计算过程

I^0	I^1	I^2	$I^3=I$
1	0	0	0
0	1	0	0

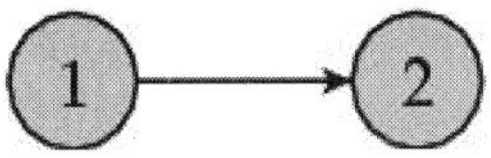

图 8.2　简单网页关系图

在这个例子中，两个网页的重要性都为 0，这样我们无法获知两个网页间的相对重要性信息。产生该问题的关键在于网页 2 没有任何链接。因此，在每个迭代步骤中，它从网页 1 获取了一些重要性，却没有赋给其他任何网页。这样将耗尽网络中的所有重要性。没有任何链接的网页称为悬挂点（Dangling Nodes），显然在我们研究的实际网络中存在很多这样的点。

为克服悬挂点问题，需要先对超链矩阵进行合理修正，再调用幂迭代法求解。在网页访问中，如果我们随机地跳转网页，在某种程度上，我们肯定会被困在某个悬挂点上，因为这个网页没有给出任何链接。为了能够顺利进行，我们需要随机地选取下一个要访问的

网页。也就是说，我们假定悬挂点可以以某概率（如等概率）链接到其他任何一个网页。

以例 8.4 为例，若假定悬挂点网页 2 以等概率链接到网页 1 和网页 2，则超链矩阵被修正为

$$H=\begin{bmatrix}0 & \frac{1}{2}\\ 1 & \frac{1}{2}\end{bmatrix}$$

易知，该矩阵的两个特征值分别为 $\lambda_1=1$，$\lambda_2=-0.5$。因此，用幂法求解该问题一定可以获得平稳向量。经过计算，得出平稳向量 $\boldsymbol{I}=\left[\frac{1}{3},\frac{2}{3}\right]^{\mathrm{T}}$，即得到结果：网页 2 的重要性是网页 1 的两倍，符合我们的直观认知。

除了悬挂点问题，还有若干其他实际问题会导致条件（8-16）不满足，因而需要根据实际情况对超链矩阵进行合理修正使幂迭代法能够对其适用。该领域普遍共识是将超链矩阵修正为一个本源（Primitive）不可约矩阵（该类矩阵的$|\lambda_2|<1$，且平稳向量的所有元均为正数），再调用幂迭代法求解，其细节在此不再赘述。

习题 8

8-1.不用求出特征值，证明矩阵 $\boldsymbol{A}$=[6,2,1; 1,−5,0;2,1,4]的特征值的模属于区间[0,1]。

8-2. 对矩阵 $\boldsymbol{A}$=[1,2,3; 2,3,4;3,4,5]，用幂迭代法迭代 5 次求其最大特征值，并计算这 5 次迭代的 Rayleigh 商。

8-3. 对矩阵 $\boldsymbol{A}$=[−12, 3,3; 3,1,−2;3,−2,7]，用反幂迭代法迭代 5 次求最接近 13 的特征值，并说明位移对方法收敛性的影响。

8-4. 编写幂迭代法的 MATLAB 程序，程序应能够检测收敛失败（没有主特征值），用户只能提供矩阵，执行后返回特征值和相应的特征向量。

8-5. 若 $\boldsymbol{A}$ 的最大特征值是重的，但其他所有特征值的绝对值都小于它，此时幂法是否收敛？试给出证明。

第 9 章 常微分方程的数值解法

在反映客观现实世界运动过程的量与量之间的关系中，大量存在满足常微分方程关系式的数学模型，包括物体运动、电子电路、化学反应、传染病传染、生物群体变化等。

单摆的运动就是一个经典的常微分方程（见图 9.1），对于系于长度 l 的线上而质量为 m 的质点 M，在重力作用下，在垂直于地面的平面上沿圆周运动。我们希望得到摆角 θ 关于时间 t 的函数，根据力矩与角加速度的关系，经简化后可得到常微分方程

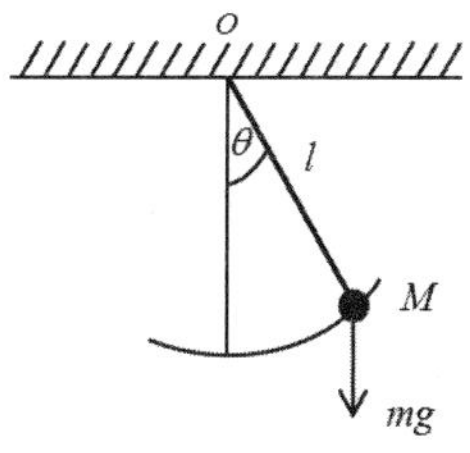

图 9.1 单摆

$$\frac{d^2\theta}{dt^2}=-\frac{g}{l}\sin\theta$$

其中，g 为重力加速度。由于方程中 θ 关于时间 t 的导数最高阶为二阶导数，该方程为二阶常微分方程。当单摆在摆动开始时刻 $t=t_0$ 时的初始摆角 $\theta(t_0)=\theta_0$ 和初始角速度 $\left.\frac{d\theta}{dt}\right|_{t=t_0}=\theta'(t_0)=\omega_0$ 都确定时，单摆运动规律 $\theta(t)$ 唯一确定，这就可以形成一个初值问题：

$$\begin{cases}\theta''(t)=-\dfrac{g}{l}\sin\theta \\ \theta(t_0)=\theta_0,\ \ \theta'(t_0)=\omega_0\end{cases} \tag{9-1}$$

常微分方程虽然应用广泛，但是求解其解析解是非常困难的，只有少数较简单和典型的微分方程可以用初等函数、特殊函数或它们的级数与积分表达。而用于描述现实中诸多问题的常微分方程往往是复杂的、非线性的，仅仅能求出个别较简单和典型的微分方程显然是不够的。为解决该问题，我们转而研究常微分方程的数值解法。所谓数值解法，即求

出在求解区间内一系列离散点所求函数的近似值。由于是求一系列离散点的数值，可以非常方便地构造算法用计算机进行求解。

在具体求解常微分方程时，需具备某种定解条件，常微分方程和定解条件合在一起组成定解问题。定解条件有两种。一种是给出积分曲线在初始点的状态，称为初始条件，相应的定解问题称为初值问题。例如，上述的单摆问题式（9-1）就是一个初值问题。另一种是给出积分曲线首尾两端的状态，称为边界条件，相应的定解问题称为边值问题。

本章主要介绍常微分方程的初值问题。为书写方便，在清楚自变量是谁的情况下，本章都使用θ'的形式表示一阶导数，使用θ''表示二阶导数，使用θ'''表示三阶导数，使用$\theta^{(n)}$表示n阶导数，$n>3$。

9.1 常微分方程初值问题概论

9.1.1 常微分方程初值问题的介绍

本章主要介绍以下形式的一阶常微分方程初值问题的数值解法的理论和算法。

$$\begin{cases} y'(x) = f(x, y(x)), & a \leqslant x \leqslant b \\ y(a) = y_0 \end{cases} \tag{9-2}$$

其中，x为自变量；$y(x)$为所求函数。

只有保证式（9-2）的解存在唯一的前提下，其数值解法的研究才有意义。根据常微分方程的基本理论，我们得到以下定理。

定理 9.1 如果式（9-2）中的$f(x,y)$满足以下两个条件。

（1）$f(x,y)$在区域$D=\{(x,y)\mid a\leqslant x\leqslant b,\ -\infty<y<+\infty\}$上连续。

（2）$f(x,y)$在D上关于y满足 Lipschitz 条件，即存在常数$L>0$，使

$$|f(x,y_1)-f(x,y_2)| \leqslant L|y_1-y_2|, \quad \forall y_1, y_2 \in R$$

则初值问题式（9-2）在区间$[a,b]$上存在唯一连续解$y=y(x)$。

在本章我们总假定方程满足定理 9.1 的两个条件，从而方程总存在唯一的连续解。

常微分方程可分为线性、非线性、高阶方程与方程组等类，其中线性方程包含于非线

性类中，高阶方程可化为一阶方程组，若方程组中的所有未知量看作一个向量，则方程组可写成向量形式的单个方程。

9.1.2　常微分方程初值问题的通用形式

实际问题中常有一阶常微分方程组及形如单摆运动问题式（9-1）的高阶常微分方程需要研究，对于这些问题的初值问题，其实可以通过一定的代换归结为类似于式（9-2）的一阶常微分方程形式。

9.1.2.1　一阶常微分方程组初值问题的向量表示

对于一般形式的一阶常微分方程组初值问题

$$\begin{cases} y_1' = f_1(x, y_1, y_2, \cdots, y_m), & y_1(a) = y_{10} \\ y_2' = f_2(x, y_1, y_2, \cdots, y_m), & y_2(a) = y_{20} \\ \quad\vdots \\ y_m' = f_m(x, y_1, y_2, \cdots, y_m), & y_m(a) = y_{m0},\ a \leqslant x \leqslant b \end{cases} \tag{9-3}$$

若记 $\boldsymbol{y} = (y_1, y_2, \cdots, y_m)^{\mathrm{T}}$， $\boldsymbol{y}_0 = (y_{10}, y_{20}, \cdots, y_{m0})^{\mathrm{T}}$， $\boldsymbol{f} = (f_1, f_2, \cdots, f_m)^{\mathrm{T}}$，则初值问题式（9-3）可写成下列向量形式的单个方程

$$\begin{cases} \boldsymbol{y}' = \boldsymbol{f}(x, \boldsymbol{y}),\ a \leqslant x \leqslant b \\ \boldsymbol{y}(a) = \boldsymbol{y}_0 \end{cases} \tag{9-4}$$

可见，在形式上式（9-4）与式（9-2）完全相同，若把式（9-2）中的 $\boldsymbol{y}$ 和 $\boldsymbol{f}$ 看成 1×1 向量，则式（9-2）即为式（9-4）的一种特殊情况。故对初值问题式（9-2）所建立的各种数值解法都可推广到求解问题式（9-4）。

9.1.2.2　高阶常微分方程初值问题的向量表示

对于一般形式的 m 阶常微分方程初值问题

$$\begin{cases} y^{(m)} = f(x, y, y', \cdots, y^{m-1}),\ a \leqslant x \leqslant b \\ y(a) = y_0,\ y'(a) = y_0^{(1)}, \cdots,\ y^{(m-1)}(a) = y_0^{(m-1)} \end{cases} \tag{9-5}$$

将 y 及其各阶导数分别记为不同的变量 $y_1 = y$， $y_2 = y', \cdots$， $y_m = y^{(m-1)}$，该 m 阶常微分方程初值问题即转换为 m 个方程的一阶常微分方程组初值问题

$$\begin{cases} y_1' = y_2, & y_1(a) = y_0 \\ y_2' = y_3, & y_2(a) = y_0^{(1)} \\ \quad\vdots \\ y_{m-1}' = y_m, & y_{m-1}(a) = y_0^{(m-2)} \\ y_m' = f(x, y_1, y_2, \cdots y_m), & y_m(a) = y_0^{(m-1)}, \quad a \leqslant x \leqslant b \end{cases} \tag{9-6}$$

使用对式（9-3）的处理方式，即引入向量 $\boldsymbol{y} = (y_1, y_2, \cdots, y_m)^{\mathrm{T}}$，$\boldsymbol{y}_0 = (y_0, y_0^{(1)}, \cdots, y_0^{(m-1)})^{\mathrm{T}}$，$\boldsymbol{f} = (y_2, y_3, \cdots, y_m, f(x, y_1, y_2, \cdots y_m))^{\mathrm{T}}$，则该一般形式的 m 阶常微分方程初值问题即可写成式（9-4）的向量形式单个方程。

综上所述，对一阶常微分方程初值问题式（9-2）建立数值算法，并研究其理论是具有代表性的，它可以轻易地推广到常微分方程组及高阶常微分方程的初值问题求解中。

9.1.3 常微分方程初值问题数值解法简介

所谓数值解法，是通过常微分方程离散化而给出解在某些节点上的近似值。对于式（9-2），在区间 $[a,b]$ 引入由小到大的 $N+1$ 个不同节点

$$a = x_0 < x_1 < \cdots x_N = b$$

并记 $h_n = x_{n+1} - x_n$（$n = 0, 1, \cdots, N-1$）为由 x_n 到 x_{n+1} 的步长。为介绍方便，本章的数值方法都使用定步长，即各步长都相等，满足 $h_n = h = \dfrac{b-a}{N}$，$n = 1, 2, \cdots, N-1$，此时 $x_n = a + nh$，$n = 1, 2, \cdots, N$。对于变步长情形，可以根据 $h_n = x_{n+1} - x_n$（$n = 0, 1, \cdots, N-1$）的定义方便地进行推广。y_n 为数值解，它是由数值方法得到的 $y(x_n)$ 的近似值。通常将 $f(x_n, y_n)$ 简记为 f_n。

求常微分方程初值问题的数值解法通常采用步进法，即按顺序依次计算 $y_1, y_2, \cdots$ 直到计算出 y_N。步进法可分为单步法和多步法。单步法是指在计算 y_{n+1} 时只利用前一步得到的 y_n 的数值信息；而多步法是在计算 y_{n+1} 时利用前 k 步（$k > 1$）得到的所有 y 的数值，即 $y_n, y_{n-1}, \cdots y_{n-k+1}$ 的数值信息。用 $y_n, y_{n-1}, \cdots y_{n-k+1}$ 的数值信息来计算 y_{n+1} 的多步方法称为 k 步方法。

对于步进法，还有显式方法和隐式方法的区别。在计算 y_{n+1} 时，数值公式的右边不含 y_{n+1} 的为显式方法，而在数值公式的右边包含 y_{n+1} 的为隐式公式。例如，显式单步法的数值计算公式为

$$y_{n+1} = y_n + h\varphi(x_n, y_n, h) \tag{9-7}$$

此公式右端不含 y_{n+1}，可以直接通过右端的公式计算出 y_{n+1} 的数值。而隐式单步法的数值计

算公式为

$$y_{n+1} = y_n + h\varphi(x_n, y_n, y_{n+1}, h) \tag{9-8}$$

此公式右端含有 y_{n+1}，需要通过求解方程求出 y_{n+1} 的数值。其中，φ 函数可表示任意数值方法的计算公式。作为推广，可以类似地写出显式多步法及隐式多步法的计算公式，请读者自己给出公式。

显式方法与隐式方法有各自的优缺点。显式方法的优点是使用方便、计算简单、运行效率高，缺点是计算精度低、稳定性差。而隐式公式正好相反，其计算精度高、稳定性好，但每一步计算都是求解一个方程，求解过程复杂。对于该问题，隐式公式每一步的求解往往结合第 7 章介绍的迭代法进行处理。

9.2 欧拉方法及其改进

欧拉方法是常微分方程初值问题数值解法中最简单的方法，这里先通过介绍其导出过程说明常微分方程建立数值解法的基本思想。

9.2.1 欧拉方法的建立

下面通过三种不同的思路导出欧拉方法的数值公式。

9.2.1.1 用差商近似导数的思路

在式（9-2）中，用向前差商 $\dfrac{y(x_{n+1}) - y(x_n)}{h}$ 近似 $y'(x_n)$，则得

$$\frac{y(x_{n+1}) - y(x_n)}{h} \approx f(x_n, y(x_n))$$

再用近似值 y_n 代替 $y(x_n)$，y_{n+1} 代替 $y(x_{n+1})$，得到 y_{n+1} 的计算公式

$$y_{n+1} = y_n + hf(x_n, y_n)$$

这样，式（9-2）的近似解可以表示为

$$\begin{cases} y_{n+1} = y_n + hf(x_n, y_n), \quad n = 0,1,\cdots,N-1 \\ y_0 = y(x_0) \end{cases} \tag{9-9}$$

式（9-9）称为求解一阶常微分方程初值问题式（9-2）的欧拉方法。显然，这是一种显式方法，式（9-9）也称为显式欧拉方法。

9.2.1.2 运用泰勒级数的思路

将 $y(x)$ 在 x_n 点处泰勒展开得

$$y(x)=y(x_n)+(x-x_n)y'(x_n)+\frac{(x-x_n)^2}{2!}y''(x_n)+\cdots$$

取 $x=x_n$，并去掉高于一阶导数的项得到

$$y(x_{n+1})=y(x_n)+hy'(x_n)$$

再由式（9-2）可知，$y'(x_n)=f(x_n,y(x_n))$，代入可得

$$y(x_{n+1})=y(x_n)+hf(x_n,y(x_n))$$

以 y_n 代替 $y(x_n)$，便得欧拉方法式（9-9）。

9.2.1.3 运用数值积分处理的思路

将式（9-2）中的微分方程在区间 $[x_n,x_{n+1}]$ 上两边积分，可得

$$y(x_{n+1})-y(x_n)=\int_{x_n}^{x_{n+1}}f(x,y(x))\mathrm{d}x$$

用 y_{n+1},y_n 分别代替 $y(x_{n+1}),y(x_n)$，若对右端积分采用取左端点的矩形公式，即

$$\int_{x_n}^{x_{n+1}}f(x,y(x))\mathrm{d}x\approx hf(x_n,y_n)$$

同样可得到欧拉方法式（9-9）。

上述三种思路都实现了将微分方程离散化并导出欧拉方法。实际上，每一种思路在离散化时不同的近似都可导出不同形式的计算公式。例如，第一种思路取向后差商近似 $y'(x_n)$，第三种思路采用中矩形公式对右端积分等。这些思路在研究常微分方程数值解法中具有重要意义。

欧拉方法有其明确的几何意义。实际上，微分方程 $y'=f(x,y)$ 在 xOy 平面上确定了一个向量场：点 (x,y) 处的斜率为 $f(x,y)$。如图 9.2 所示，式（9-2）的解 $y=y(x)$ 代表一条过点 (x_0,y_0) 的曲线，称为积分曲线，且此曲线上每点的切向都与向量场在这点的方向一致。从点 P_0 出发，以 $f(x_0,y_0)$ 为斜率作直线段，与直线 $x=x_1$ 交于点 P_1，有 $y_1=y_0+hf(x_0,y_0)$，再从点 P_1 出发，以 $f(x_1,y_1)$ 为斜率作直线段与直线 $x=x_2$ 交于点 P_2，以此类推得到解曲线的

一条近似曲线，即折线 $\overline{P_0P_1P_2\cdots}$。因此，欧拉方法又称为欧拉折线法。

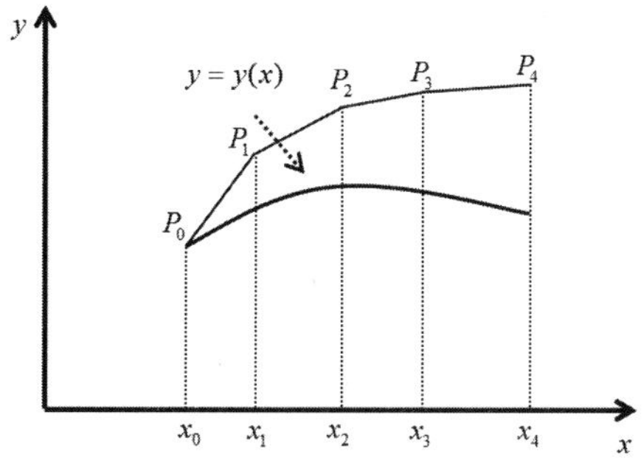

图 9.2　欧拉方法

9.2.2　隐式欧拉方法

在微分方程离散化时，如果用向后差商 $\dfrac{y(x_n)-y(x_{n-1})}{h}$ 近似 $y'(x_n)$，则得到下列数值方法的公式

$$\begin{cases} y_n = y_{n-1} + hf(x_n, y_n), & n = 1,2,\cdots,N \\ y_0 = y(x_0) \end{cases}$$

为了与式（9-9）欧拉方法比较，我们改写为求 y_{n+1} 的形式

$$\begin{cases} y_{n+1} = y_n + hf(x_{n+1}, y_{n+1}), & n = 0,1,\cdots,N-1 \\ y_0 = y(x_0) \end{cases} \tag{9-10}$$

此公式明显是个隐式公式，称式（9-10）为隐式欧拉法。

例 9.1　用显式欧拉法和隐式欧拉法求解初值问题

$$\begin{cases} y' = -1000y + 3000 - 2000\mathrm{e}^{-x}, & 0 \leqslant x \leqslant 0.03 \\ y(0) = 0 \end{cases}$$

此问题的精确解为 $y(x) = 3 - 0.998\mathrm{e}^{-1000x} - 2.002\mathrm{e}^{-x}$。

解　对于这个问题，代入式（9-9）得到欧拉方法计算公式为

$$y_{n+1} = y_n + h(-1000y_n + 3000 - 2000\mathrm{e}^{-x_n}) \tag{9-11}$$

代入式（9-10）得到隐式欧拉方法计算公式为

$$y_{n+1} = y_n + h(-1000y_{n+1} + 3000 - 2000\mathrm{e}^{-x_{n+1}})$$

整理得到 y_{n+1} 的迭代公式为

$$y_{n+1} = \frac{y_n + 3000h - 2000h\mathrm{e}^{-x_{n+1}}}{1 + 1000h} \tag{9-12}$$

取步长 $h=1\times10^{-3}$（即 $N=30$）求解此问题，结果如图 9.3 所示。

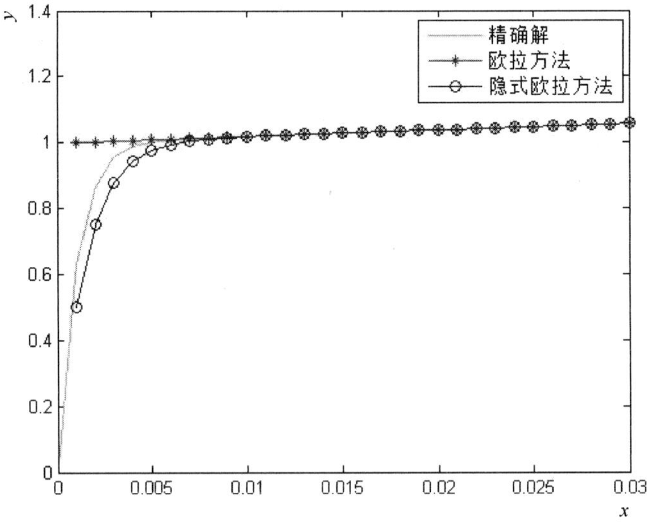

图 9.3 $h=1\times10^{-3}$ 时例 9.1 计算结果

根据图 9.3 可以看出，隐式欧拉方法的计算结果明显优于显式的欧拉方法。这说明了隐式欧拉方法式（9-12）虽然比欧拉方法式（9-11）计算公式更复杂，但其具有良好的稳定性及计算精度。

对于欧拉方法计算精度低、稳定性不好的问题，在加细步长后往往能得到一定的改善，在本例中取步长 $h=5\times10^{-4}$（即 $N=60$）求解此问题，结果如图 9.4 所示。

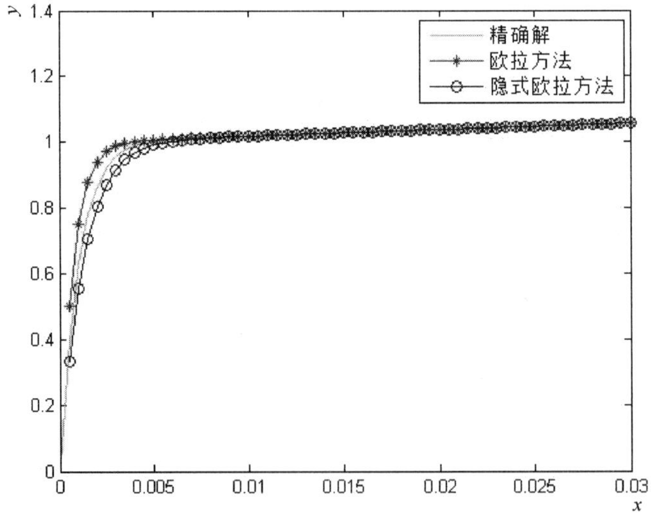

图 9.4 $h=5\times10^{-4}$ 时例 9.1 计算结果

根据图 9.4 可以看出，在步长加细后欧拉方法的计算结果有了明显的改善。

利用第三种思路数值积分方法将微分方程离散化时，若用梯形公式计算右端积分，即

$$\int_{x_n}^{x_{n+1}} f(x,y(x))\mathrm{d}x \approx \frac{h}{2}[f(x_n,y_n)+f(x_{n+1},y_{n+1})]$$

可以得到计算公式

$$y_{n+1}=y_n+\frac{h}{2}[f(x_n,y_n)+f(x_{n+1},y_{n+1})] \tag{9-13}$$

此公式称为求解常微分方程初值问题式（9-2）的梯形方法，该公式也可以看作显式和隐式欧拉方法的平均。它也是一个隐式方法。

9.2.3　改进的欧拉方法

虽然隐式的数值方法拥有更好的稳定性和计算精度，但在实际应用时往往要在每一步求解关于 y_{n+1} 的方程。虽然可以使用第 7 章介绍的迭代法进行近似计算，但当 $f(x,y)$ 复杂时，计算量依旧很大。为控制计算量，提出了预测-校正格式：先用欧拉方法求得一个初步的近似值 $\overline{y}_{n+1}$，称之为预测值，预测值 $\overline{y}_{n+1}$ 的精度一般较差，再用梯形方法将它校正一次得 y_{n+1}，称为校正值。这样的预测-校正系统称为改进的欧拉方法，计算公式为

预测：
$$\overline{y}_{n+1}=y_n+hf(x_n,y_n)$$

校正：
$$y_{n+1}=y_n+\frac{h}{2}[f(x_n,y_n)+f(x_{n+1},\overline{y}_{n+1})]$$

为了便于计算机运算，改进的欧拉方法可以改写为以下形式：

$$\begin{aligned} y_p &= y_n+hf(x_n,y_n) \\ y_q &= y_n+hf(x_n+h,y_p) \\ y_{n+1} &= \frac{1}{2}(y_p+y_q) \end{aligned} \tag{9-14}$$

而为了分析方便，改进的欧拉法则可以改写为显式格式

$$y_{n+1}=y_n+\frac{h}{2}[f(x_n,y_n)+f(x_{n+1},y_n+hf(x_n,y_n))] \tag{9-15}$$

9.2.4　局部截断误差与方法的精度

为了刻画数值解的精确程度，需要对数值方法进行截断误差分析，为此先介绍局部截断误差与方法精度的概念。

定义 9.1 若某种数值方法满足局部化假设，即在某一步的数值解是精确的，满足 $y_n = y(x_n)$。用该数值方法计算公式求得 y_{n+1}，我们称

$$R_{n+1} = y(x_{n+1}) - y_{n+1}$$

为该方法的局部截断误差。

通俗地讲，局部截断误差就是在前一步精确的前提下，下一步的误差。

定义 9.2 如果某种数值方法的局部截断误差满足

$$R_{n+1} = y(x_{n+1}) - y_{n+1} = O(h^{p+1}),\ p \in N$$

则称该数值方法为 p 阶方法，或具有 p 阶精度。显然，p 越大，方法的精度越高。

下面给出前述方法的局部截断误差及精度。这里运用泰勒级数的思路进行分析，读者也可考虑使用积分中值定理的思路进行分析。

9.2.4.1 欧拉方法的局部截断误差

假设解 $y(x)$ 充分光滑，且满足局部化假设，于是欧拉方法的局部截断误差为

$$R_{n+1} = y(x_{n+1}) - y_{n+1} = y(x_{n+1}) - y_n - hf(x_n, y_n) = y(x_{n+1}) - y(x_n) - hy'(x_n) \tag{9-16}$$

由泰勒级数可知

$$y(x_{n+1}) = y(x_n) + hy'(x_n) + \frac{h^2}{2!}y''(x_n) + O(h^3)$$

将其代入式（9-16）可得

$$R_{n+1} = \frac{h^2}{2!}y''(x_n) + O(h^3) \tag{9-17}$$

这里，$\frac{h^2}{2!}y''(x_n)$ 称为局部截断误差的主项，于是 $R_{n+1} = O(h^2)$，所以欧拉方法是一阶方法。

9.2.4.2 隐式欧拉方法的局部截断误差

根据欧拉方法局部截断误差的推导方法，并结合二元函数的拉格朗日中值定理可以得到隐式欧拉方法的局部截断误差为

$$R_{n+1} = -\frac{h^2}{2!}y''(x_n) + O(h^3) \tag{9-18}$$

于是 $R_{n+1} = O(h^2)$，所以隐式欧拉方法也是一阶方法。

9.2.4.3　梯形方法的局部截断误差

由于梯形方法可看成显式和隐式欧拉方法的算术平均，将它们的局部截断误差泰勒级数多展开一项，可以得到梯形方法的局部截断误差

$$R_{n+1}=-\frac{h^3}{12!}y'''(x_n)+O(h^4) \tag{9-19}$$

于是 $R_{n+1}=O(h^3)$，所以梯形方法是二阶方法，比欧拉方法和隐式欧拉方法精度高一阶。

9.2.4.4　改进的欧拉方法的局部截断误差

根据欧拉方法局部截断误差的推导可以得到改进的欧拉方法的局部截断误差，但由于涉及多元欧拉级数展开，计算复杂，局部截断误差的主项不易计算，这里只给出改进的欧拉方法的精度 $R_{n+1}=O(h^3)$，即改进的欧拉方法是二阶方法。

综上所述，显式和隐式欧拉方法的精度都为一阶，其算术平均的梯形方法精度得到了提升，为二阶方法，而结合了显式欧拉方法和梯形方法的改进的欧拉方法也为二阶方法。

例 9.2　分别写出用欧拉方法、隐式欧拉方法、梯形方法和改进的欧拉方法解初值问题

$$\begin{cases} y'=-y+x+1, & 0\leqslant x\leqslant 1 \\ y(0)=1 \end{cases}$$

的数值计算公式，并计算每种方法所得数值解与精确解之间的误差绝对值。

此问题的精确解为 $y(x)=\mathrm{e}^{-x}+x$。

解　取步长 $h=0.1$（即 $N=10$），对于这个问题，代入式（9-9）并整理得到欧拉方法计算公式

$$y_{n+1}=\frac{9}{10}y_n+\frac{n}{100}+\frac{1}{10}$$

代入式（9-10）并整理得到隐式欧拉方法计算公式

$$y_{n+1}=\frac{10}{11}y_n+\frac{n}{110}+\frac{1}{10}$$

代入式（9-13）并整理得到梯形方法计算公式

$$y_{n+1}=\frac{19}{21}y_n+\frac{n}{105}+\frac{1}{10}$$

代入式（9-15）并整理得到改进的欧拉方法计算公式

$$y_{n+1}=\frac{181}{200}y_n+\frac{19n}{2000}+\frac{1}{10}$$

计算不同欧拉方法所得数值解与精确解之间的误差绝对值结果如表 9.1 所示。

表 9.1　不同欧拉方法计算结果比较

x_n	欧拉方法 $\lvert y_n-y(x_n)\rvert$	隐式欧拉方法 $\lvert y_n-y(x_n)\rvert$	梯形方法 $\lvert y_n-y(x_n)\rvert$	改进的欧拉方法 $\lvert y_n-y(x_n)\rvert$
0.1	4.8×10^{-3}	4.3×10^{-3}	7.5×10^{-5}	1.6×10^{-4}
0.2	8.7×10^{-3}	7.7×10^{-3}	1.4×10^{-4}	2.9×10^{-4}
0.3	1.2×10^{-2}	1.0×10^{-2}	1.9×10^{-4}	4.0×10^{-4}
0.4	1.4×10^{-2}	1.3×10^{-2}	2.2×10^{-4}	4.8×10^{-4}
0.5	1.6×10^{-2}	1.4×10^{-2}	2.5×10^{-4}	5.5×10^{-4}
0.6	1.7×10^{-2}	1.6×10^{-2}	2.7×10^{-4}	5.9×10^{-4}
0.7	1.8×10^{-2}	1.7×10^{-2}	2.9×10^{-4}	6.2×10^{-4}
0.8	1.9×10^{-2}	1.7×10^{-2}	3.0×10^{-4}	6.5×10^{-4}
0.9	1.9×10^{-2}	1.8×10^{-2}	3.1×10^{-4}	6.6×10^{-4}
1.0	1.9×10^{-2}	1.8×10^{-2}	3.1×10^{-4}	6.6×10^{-4}

根据表 9.1 可以看出，在相同的步长（$h=0.1$）情况下，欧拉方法和隐式欧拉方法在各节点数值解与精确解之间的误差绝对值在10^{-2}左右，而梯形方法和改进的欧拉方法在10^{-4}左右，由此可见梯形方法和改进的欧拉方法有更高的精度。

人物介绍

莱昂哈德·欧拉（Leonhard Euler）（1707—1783），瑞士数学家、自然科学家。1707 年 4 月 15 日出生于瑞士的巴塞尔，1783 年 9 月 18 日于俄国圣彼得堡去世。欧拉出生于牧师家庭，自幼受父亲的教育，13 岁时入读巴塞尔大学，15 岁大学毕业，16 岁获得硕士学位。欧拉是 18 世纪数学界最杰出的人物之一，他不但为数学界做出巨大贡献，更把数学推向物理领域。他是数学史上最多产的数学家，平均每年写出八百多页的论文，还写了大量的力学、分析学、几何学、变分法等课本，其中《无穷小分析引论》《微分学原理》《积分学原理》等都成为数学中的经典著作。欧拉对数学的研究十分广泛，因此在许多数学的分支中也可经常见到以他的名字命名的重要常数、公式和定理。

9.3 一般单步法基本理论

本节将讨论求解常微分方程初值问题的一般单步法基本理论，为此先给出 p 阶单步法的定义。

定义 9.3　给出单步法

$$y_{n+1} = y_n + h\varphi(x_n, y_n, h)$$

其中，$\varphi(x, y(x), h)$ 为增量函数，是任意关于 $(x, y(x), h)$ 的函数，其对于常微分方程（9-2）的解 $y(x)$ 满足

$$y(x+h) - y(x) = h\varphi(x, y(x), h) + O(h^{p+1}) \tag{9-20}$$

且 p 为使上式成立的最大整数，则称

$$\begin{cases} y_{n+1} = y_n + h\varphi(x_n, y_n, h), \quad n = 0,1,\cdots,N-1 \\ y_0 = y(x_0) \end{cases} \tag{9-21}$$

为 p 阶单步法。根据该定义立即可以得到，欧拉方法即为一阶单步法，而改进的欧拉方法为二阶单步法。

下面介绍一般单步法的稳定性、收敛性和相容性。

9.3.1 稳定性

由于初始值一般都带有误差，同时在计算过程中常常会产生舍入误差，这些误差必然会被传播下去，对后续的计算结果产生影响，数值稳定性问题就是讨论这种误差的积累和传播能否得到控制。

定义 9.4　如果存在正常数 c 及 h_0，使对任意初始值 y_0, z_0，用

$$\begin{cases} y_{n+1} = y_n + h\varphi(x_n, y_n, h) \\ y_0 \end{cases} \text{与} \begin{cases} z_{n+1} = z_n + h\varphi(x_n, z_n, h) \\ z_0 \end{cases}$$

计算得到的解 y_n, z_n 满足估计式

$$|y_n - z_n| \leqslant c|y_0 - z_0| \tag{9-22}$$

其中，$0 < h < h_0$，$nh \leqslant b-a$，则称该单步法稳定。

定理 9.2 如果 $\varphi(x,y,h)$ 对 $a \leqslant x \leqslant b$，$0<h<h_0$ 以及所有实数 y 满足 Lipschitz 条件，则单步法式（9-21）稳定。

证明 由

$$y_{n+1}-z_{n+1}=y_n-z_n+h[\varphi(x_n,y_n,h)-\varphi(x_n,z_n,h)]$$

得

$$|y_{n+1}-z_{n+1}| \leqslant |y_n-z_n|+h|\varphi(x_n,y_n,h)-\varphi(x_n,z_n,h)|$$

$$|y_{n+1}-z_{n+1}| \leqslant |y_n-z_n|+Lh|y_n-z_n|$$

其中，L 为 $\varphi(x,y,h)$ 关于 y 的 Lipschitz 常数。因此，

$$\begin{aligned}|y_{n+1}-z_{n+1}| &\leqslant (1+hL)|y_n-z_n| \\ &\leqslant (1+hL)^2|y_{n-1}-z_{n-1}| \\ &\ \vdots \\ &\leqslant (1+hL)^{n+1}|y_0-z_0|\end{aligned}$$

因为 $hL>0$，则 $e^{hL}>1+hL$，给出适当 h_0，使对 $0<h<h_0$，$nh \leqslant b-a$，有

$$|y_n-z_n| \leqslant e^{L(b-a)}|y_0-z_0|$$

令 $c=e^{L(b-a)}$，定理得证。

9.3.2 收敛性

如果取消局部化假定，使用某单步法数值公式，则从 x_0 出发，逐步求出 x_{n+1} 处的近似值 y_{n+1}。若不计各步的舍入误差，则每步局部截断误差的积累就称为整体截断误差。我们从整体截断误差入手，介绍一般单步法的收敛性。

定义 9.5 称

$$e_{n+1}=y(x_{n+1})-y_{n+1} \tag{9-23}$$

为某数值方法的整体截断误差。

对于一般单步法的整体截断误差，有下面的定理。

定理 9.3 设单步法式(9-21)为 p 阶单步法，其增量函数 $\phi(x,y,h)$ 关于 y 满足 Lipschitz 条件，式（9-2）的初值是精确的，即 $y(x_0)=y_0$，则一般单步法的整体截断误差为

$$e_{n+1}=y(x_{n+1})-y_{n+1}=O(h^p) \tag{9-24}$$

证明 记 $\overline{y}_{n+1}=y(x_n)+h\varphi(x_n,y(x_n),h)$，因为单步法具有 p 阶精度，故存在 $M>0$，使

$$|R_{n+1}| = |y(x_{n+1}) - \overline{y}_{n+1}| \leqslant Mh^{p+1}$$

从而有

$$\begin{aligned}
|e_{n+1}| &= |y(x_{n+1}) - y_{n+1}| \\
&\leqslant |y(x_{n+1}) - \overline{y}_{n+1}| + |\overline{y}_{n+1} - y_{n+1}| \\
&\leqslant Mh^{p+1} + |y(x_n) + h\varphi(x_n, y(x_n), h) - y_n - h\varphi(x_n, y_n, h)| \\
&\leqslant Mh^{p+1} + |y(x_n) - y_n| + h|\varphi(x_n, y(x_n), h) - \varphi(x_n, y_n, h)| \\
&\leqslant Mh^{p+1} + (1 + hL)|e_n|
\end{aligned}$$

其中，L 为 $\varphi(x, y, h)$ 关于 y 的 Lipschitz 常数。因此，

$$\begin{aligned}
|e_{n+1}| &\leqslant Mh^{p+1} + (1 + hL)[Mh^{p+1} + (1 + hL)|e_{n-1}|] \\
&\leqslant [1 + (1 + hL) + \cdots (1 + hL)^n]Mh^{p+1} + (1 + hL)^{n+1}|e_0| \\
&\leqslant \frac{(1 + hL)^{n+1} - 1}{hL} Mh^{p+1} + (1 + hL)^{n+1}|e_0|
\end{aligned}$$

因为 $y(x_0) = y_0$，则 $e_0 = 0$，又因为 $hL > 0$，则 $\mathrm{e}^{hL} > 1 + hL$，再由 $(n+1)h \leqslant b - a$ 得到

$$|e_{n+1}| \leqslant \frac{M}{L}[\mathrm{e}^{L(n-a)} - 1]h^p = O(h^p)$$

定理得证。

根据上述定理，立即可以得到下面关于单步法收敛性的定理。

定理 9.4　设单步法具有 p 阶精度，增量函数 $\varphi(x, y, h)$ 在区域

$$\Omega = \{(x, y, h) \mid a \leqslant x \leqslant b, -\infty < y < +\infty, 0 \leqslant h \leqslant h_0\}$$

上连续，且关于 y 满足 Lipschitz 条件，则单步法是收敛的。

9.3.3　相容性

下面建立稳定性与收敛性的关系，为此我们引入相容性的概念把两者联系起来。

用单步法式（9-21）求解常微分方程初值问题式（9-2），如果近似是合理的，则应有

$$\lim_{h \to 0}\left[\frac{y(x+h) - y(x)}{h} - \varphi(x, y(x), h)\right] = 0$$

由导数的定义可得

$$\lim_{h \to 0}\frac{y(x+h) - y(x)}{h} = y'(x) = f(x, y)$$

故

$$\lim_{h\to 0}\varphi(x,y(x),h)=f(x,y)$$

如果增量函数 $\varphi(x,y,h)$ 关于 h 连续，则有

$$\varphi(x,y(x),0)=f(x,y) \tag{9-25}$$

定义 9.6 如果单步法的增量函数 $\varphi(x,y,h)$ 满足式（9-25），则称单步法式（9-21）与初值问题式（9-2）相容。通常称式（9-25）为单步法的相容条件。

欧拉方法和改进欧拉方法均满足相容性条件。事实上，欧拉方法的增量函数为

$$\phi(x,y(x),h)=f(x,y)$$

自然满足式（9-25）。而改进的欧拉方法增量函数为

$$\varphi(x,y(x),h)=\frac{1}{2}[f(x,y)+f(x,y+hf(x,y))]$$

因为 $f(x,y)$ 连续，故

$$\varphi(x,y(x),0)=\frac{1}{2}[f(x,y)+f(x,y)]=f(x,y)$$

综上所述，欧拉方法和改进的欧拉方法均与初值问题式（9-2）是相容的。

关于单步法收敛性和相容性关系的一般结果如下。

定理 9.5 设增量函数 $\varphi(x,y,h)$ 在区域 Ω 上连续，且关于 y 满足 Lipschitz 条件，则单步法收敛的充分必要条件是相容性条件式（9-25）。

9.3.4 变步长方法

通常在应用单步法时，采用等步长，即 $h_n=h$。但是，若常微分方程初值问题式（9-2）的解函数 $y(x)$ 变化不均匀，即在某些部分变化平缓，而在另一些部分变化剧烈，则用等步长求解的结果可能出现在平缓部分精度过高，而在剧烈部分精度过低的情况。为保证整体达到一定的精度，必须加细步长，但这样做既增加了计算量，又导致了误差的严重积累。因此在实际计算时，往往采用事后估计误差、自动调整步长的数值方法，即先根据精度的要求估计出下一步长的合理大小，再进行相应的数值运算。我们称该方法为变步长方法。

设用 p 阶单步法计算 y_{n+1}，从 y_n 出发，以步长 h 计算一步得到近似值 $y_{n+1}^{(h)}$，有

$$y(x_{n+1})-y_{n+1}^{(h)}\approx ch^p \tag{9-26}$$

然后将步长折半，即以步长 $\frac{h}{2}$ 计算两步得到近似值 $y_{n+1}^{\left(\frac{h}{2}\right)}$，每跨一步的截断误差为 $c\left(\frac{h}{2}\right)^p$，有

$$y(x_{n+1}) - y_{n+1}^{\left(\frac{h}{2}\right)} \approx 2c\left(\frac{h}{2}\right)^p \tag{9-27}$$

将式（9-27）乘以 2^p 减式（9-26）得

$$(2^p - 1)y(x_{n+1}) - 2^p y_{n+1}^{\left(\frac{h}{2}\right)} + y_{n+1}^{(h)} \approx 0$$

由此得到下列事后估计式

$$y(x_{n+1}) - y_{n+1}^{\left(\frac{h}{2}\right)} \approx \frac{1}{2^p - 1}[y_{n+1}^{\left(\frac{h}{2}\right)} - y_{n+1}^{(h)}] \tag{9-28}$$

这样，可以通过检查步长折半前后两次计算结果的偏差

$$\Delta = \left| y_{n+1}^{\left(\frac{h}{2}\right)} - y_{n+1}^{(h)} \right|$$

来判定所选的步长是否合适。

变步长方法的具体做法如下：设要求精度是 ε，如果 $\Delta < \varepsilon$，就反复加倍步长进行计算，直到 $\Delta > \varepsilon$ 为止，这时最终得到的 $y_{n+1}^{\left(\frac{h}{2}\right)}$ 就是合乎精度要求的 y_{n+1}；如果 $\Delta > \varepsilon$，就反复折半步长进行计算，直到 $\Delta < \varepsilon$ 为止，这时再折半一次步长得到的计算值就是满足精度要求的 y_{n+1}。

表面上看，为了选择步长增加了计算量，但由于这样做可以根据函数 $y(x)$ 的具体变化合理调配步长，总体考虑往往是合算的。

9.4 Runge-Kutta 法

Runge-Kutta 法是一种在工程上应用广泛的高精度单步算法，该方法由数学家 Carl Runge 和 Martin Wilhelm Kutta（马丁・威尔海姆・库塔）于 1900 年左右提出。该方法特点是能够避免计算偏导数而得到高阶单步格式，这在利用计算机仿真时可以省去求解微分方程的复杂过程，提高效率。

9.4.1 Runge–Kutta 法的一般形式

设常微分方程初值问题式（9-2）的解 $y(x) \in C^1$，由拉格朗日中值定理，存在 $\xi \in [x_n, x_{n+1}]$ 使

$$\begin{aligned} y(x_{n+1}) &= y(x_n) + hy'(\xi) \\ &= y(x_n) + hf(\xi, y(\xi)) \\ &= y_n + hK^* \end{aligned} \tag{9-29}$$

其中，K^* 为 $y(x)$ 在区间 $[x_n, x_{n+1}]$ 的平均斜率。根据平均斜率 K^* 的取法不同，式（9-29）可以给出多种数值解法公式。例如，取 $K^* = K_1 = f(x_n, y_n)$ 就得到 Euler 方法的数值计算公式；取 $K^* = K_2 = f(x_{n+1}, y_{n+1})$ 就得到隐式欧拉方法的数值计算公式；取 K^* 为 K_1, K_2 的算术平均值就得到梯形公式。由此可以设想，如果在区间 $[x_n, x_{n+1}]$ 上能多预测几个点的斜率值，取 K^* 为它们的加权平均值就可得到具有较高精度的数值公式，这就是 Runge-Kutta 法的基本思想。

Runge-Kutta 公式的一般形式是

$$\begin{cases} K_i = f\left(x_n + c_i h, y_n + h\sum_{j=1}^{i-1} a_{ij} K_j\right), \quad i = 1, 2, \cdots, s \\ y_{n+1} = y_n + h\sum_{i=1}^{s} b_i K_i \end{cases} \tag{9-30}$$

其中，s 为方法的级数；K_i 为 $y(x)$ 在点 $x_n + c_i h\ (0 \leqslant c_i \leqslant 1)$ 的斜率预测值，a_{ij}, b_i, c_i 均为待定常数。这些常数的选取原则是使式（9-30）具有尽可能高的精度。式（9-30）被称为 s 级 Runge-Kutta 公式，简称 RK 方法。值得注意到的是，式（9-30）是显式公式。隐式的 Runge-Kutta 公式也是存在的，但是并不常用。如果有需要，读者可自行写出相应的隐式公式。

9.4.2 常用的 RK 方法数值公式

下面从 2 级 RK 方法数值公式的推导开始介绍多种常用的 RK 方法数值公式。根据式（9-30），2 级 RK 方法的公式为

$$\begin{cases} K_1 = f(x_n, y_n) \\ K_2 = f(x_n + c_2 h, y_n + h a_{21} K_1) \\ y_{n+1} = y_n + h(b_1 K_1 + b_2 K_2) \end{cases} \tag{9-31}$$

下面我们通过使式（9-31）的精度尽可能高来选取待定常数 a_{21}, b_1, b_2, c_2。按照二元函数泰勒级数展开 K_2，得

$$\begin{aligned} K_2 = {} & f(x_n, y_n) + c_2 h f_x(x_n, y_n) + a_{21} h f_y(x_n, y_n) f(x_n, y_n) + \frac{1}{2!}[c_2^2 h^2 f_{xx}(x_n, y_n) \\ & + 2c_2 a_{21} h^2 f_{xy}(x_n, y_n) f(x_n, y_n) + a_{21}^2 h^2 f_{yy}(x_n, y_n) f^2(x_n, y_n)] + \cdots \end{aligned} \tag{9-32}$$

为了叙述方便和简洁，$f(x_n, y_n)$ 及其偏导数中的 x_n, y_n 省略不写，将式（9-32）代入式（9-31）的第三式得

$$y_{n+1} = y_n + h(b_1 + b_2)f + h^2 b_2(c_2 f_x + a_{21} f_y f) + \\ h^3 \frac{b_2}{2}(c_2^2 f_{xx} + 2c_2 a_{21} f_{xy} f + a_{21}^2 f_{yy} f^2) + \cdots \tag{9-33}$$

再将 $y(x_{n+1})$ 做泰勒展开，并用 f 及其导数表示

$$\begin{aligned} y(x_{n+1}) &= y(x_n) + hy'(x_n) + \frac{h^2}{2!}y''(x_n) + \frac{h^3}{3!}y'''(x_n) + \cdots \\ &= y_n + hf + \frac{h^2}{2}(f_x + f_y f) + \frac{h^3}{6}(f_{xx} + 2f_{xy}f + f_{yy}f^2 + f_y f_x + f_y f) + \cdots \end{aligned} \tag{9-34}$$

用式（9-34）减去（9-33）得到该数值格式的局部截断误差为

$$\begin{aligned} R_{n+1} &= y(x_{n+1}) - y_{n+1} \\ &= h(1 - b_1 - b_2)f + h^2\left[\left(\frac{1}{2} - b_2 c_2\right)f_x + \left(\frac{1}{2} - b_2 a_{21}\right)f_y f\right] + \\ &\quad h^3\left[\left(\frac{1}{6} - \frac{1}{2}b_2 c_2^2\right)f_{xx} + \left(\frac{1}{3} - b_2 c_2 a_{21}\right)f_{xy} f + \left(\frac{1}{6} - \frac{1}{2}b_2 a_{21}^2\right)f_{yy} f^2 + f_y(f_x + f_y f)\right] + \cdots \end{aligned}$$

为使式局部截断误差为 $O(h^3)$，则应使

$$\begin{cases} b_1 + b_2 = 1 \\ b_2 c_2 = 0.5 \\ b_2 a_{21} = 0.5 \end{cases} \tag{9-35}$$

该方程组有 4 个未知数、3 个方程，所以有无穷多组解。它的每组解代入式（9-31）得到的数值公式局部截断误差均为 $O(h^3)$，统称这些方法为二级二阶 RK 方法。常见的二级二阶 RK 方法有以下两种。

（1）取 $b_1 = b_2 = 0.5$，得 $c_2 = a_{21} = 1$，公式为

$$\begin{cases} K_1 = f(x_n, y_n) \\ K_2 = f(x_n + h, y_n + hK_1) \\ y_{n+1} = y_n + 0.5h(K_1 + K_2) \end{cases} \tag{9-36}$$

这就是改进的欧拉方法的数值公式。

（2）取 $b_1 = 0,\ b_2 = 1$，有 $c_2 = a_{21} = \frac{1}{2}$，公式为

$$\begin{cases} K_1 = f(x_n, y_n) \\ K_2 = f(x_n + 0.5h, y_n + 0.5hK_1) \\ y_{n+1} = y_n + hK_2 \end{cases} \tag{9-37}$$

该公式称为中点公式。

类似地，通过更复杂的计算，可以导出三级三阶 RK 方法和四级四阶 RK 方法的数值

公式。同样的，这样的公式也是有无穷多种的，这里介绍其最常见的形式。

三级三阶 RK 方法的数值公式为

$$\begin{cases} K_1 = f(x_n, y_n) \\ K_2 = f(x_n + \frac{h}{2}, y_n + \frac{h}{2}K_1) \\ K_3 = f(x_n + h, y_n - hK_1 + 2hK_2) \\ y_{n+1} = y_n + \frac{h}{6}(K_1 + 4K_2 + K_3) \end{cases} \tag{9-38}$$

经典四级四阶 RK 方法的数值公式为

$$\begin{cases} K_1 = f(x_n, y_n) \\ K_2 = f(x_n + \frac{h}{2}, y_n + \frac{h}{2}K_1) \\ K_3 = f(x_n + \frac{h}{2}, y_n + \frac{h}{2}K_2) \\ K_4 = f(x_n + h, y_n + hK_3) \\ y_{n+1} = y_n + \frac{h}{6}(K_1 + 2K_2 + 2K_3 + K_4) \end{cases} \tag{9-39}$$

这里，经典四级四阶 RK 方法的数值公式（9-39）是最常用的 Runge-Kutta 法。

例 9.3 分别用中点公式（9-37）、三级三阶 RK 方法的数值公式（9-38）和经典四级四阶 RK 方法的数值公式（9-39）求解例 9.1 的初值问题

$$\begin{cases} y' = -y + x + 1, \quad 0 \leqslant x \leqslant 1 \\ y(0) = 1 \end{cases}$$

计算每种方法所得数值解与精确解之间的误差绝对值，并与表 9.1 的计算结果进行比较。此问题的精确解为 $y(x) = e^{-x} + x$ 。

解 取步长 $h = 0.1$（即 $N = 10$），计算每种方法所得数值解与精确解之间的误差绝对值结果如表 9.2 所示。

表 9.2 不同 RK 方法计算结果比较

x_n	中点公式 $\lvert y_n - y(x_n)\rvert$	三级三阶 RK 方法 $\lvert y_n - y(x_n)\rvert$	经典四级四阶 RK 方法 $\lvert y_n - y(x_n)\rvert$
0.1	1.6×10^{-4}	4.1×10^{-6}	8.2×10^{-8}
0.2	2.9×10^{-4}	7.4×10^{-6}	1.5×10^{-7}
0.3	4.0×10^{-4}	1.0×10^{-5}	2.0×10^{-7}
0.4	4.8×10^{-4}	1.2×10^{-5}	2.4×10^{-7}

续表

x_n	中点公式 $\lvert y_n - y(x_n)\rvert$	三级三阶 RK 方法 $\lvert y_n - y(x_n)\rvert$	经典四级四阶 RK 方法 $\lvert y_n - y(x_n)\rvert$
0.5	5.5×10^{-4}	1.4×10^{-5}	2.7×10^{-7}
0.6	5.9×10^{-4}	1.5×10^{-5}	3.0×10^{-7}
0.7	6.2×10^{-4}	1.6×10^{-5}	3.1×10^{-7}
0.8	6.5×10^{-4}	1.6×10^{-5}	3.3×10^{-7}
0.9	6.6×10^{-4}	1.7×10^{-5}	3.3×10^{-7}
1.0	6.6×10^{-4}	1.7×10^{-5}	3.3×10^{-7}

对比表 9.2 和表 9.1 可以看出，在相同的步长（$h=0.1$）情况下，中点公式在各节点数值解与精确解之间的误差绝对值在10^{-4}左右，与同样是二级二阶 RK 方法的改进的欧拉方法基本一致，而三级三阶 RK 方法和经典四级四阶 RK 方法依次在10^{-5}、10^{-7}左右，精度也随方法阶数升高。就计算量来说，欧拉方法、隐式欧拉方法、梯形方法和改进的欧拉方法每步只需计算一个或两个函数值，而四级四阶 RK 方法每步需计算四个函数值，对此，可以通过放大步长，使计算量相近。

人物介绍

卡尔·龙格（Carl Runge）（1856—1927），德国数学家。他在 1880 年，得到柏林大学的数学博士，是著名德国数学家，是被誉为“现代分析之父”的卡尔·魏尔施特拉斯的学生。1886 年，他成为德国汉诺威莱布尼兹大学的教授。他的兴趣包括数学、光谱学、大地测量学与天体物理学。除了纯数学，他也从事很多涉及实验的工作。他跟海因里希·凯瑟一同研究各种元素的谱线，又将研究的结果应用在天体光谱学。

马丁·威尔海姆·库塔（Martin Wilhelm Kutta）（1867—1944），德国数学家、工程师，他以研究微分方程的数值解而闻名。库塔幼时失去双亲，由叔叔抚养成人。1900 年，他获得了慕尼黑大学博士学位，他的博士论文包含了著名的求解常微分方程的龙格-库塔方法。库塔是历史上少有的涉及多学科领域的数学家，在大学时就兼修音乐语言和艺术课程，他还痴迷于研究空气动力学，发现了与机翼升力有关的重要公式。库塔对冰川和数学史也十分感兴趣，他根据在东阿尔卑斯山拍摄的照片对冰川进行了测量，还与他人合作绘制了冰川覆盖地区的地图。

9.5 线性多步法

前面所讲的各种数值解法都是单步法，其特点为通过初始条件已知的 y_0 即可不借助其他方法求得各节点的数值解。单步法是自开始的，可以自成系统进行直接计算。本节介绍线性多步法，其基本思想为在计算 y_{n+1} 时，考虑充分利用前面 k 步已知信息 $y_n, y_{n-1}, \cdots y_{n-k+1}$ 的数值，从而期望使所求得的 y_{n+1} 更加精确。对于多步法，因初始条件只有一个，因此需要借助同阶的单步方法将初始值进行补全。下面先介绍最常见的线性多步法——Adams 方法。

9.5.1 Adams 方法

对常微分方程初值问题式（9-2）在区间 $[x_n, x_{n+1}]$ 上两边积分，可得

$$y(x_{n+1}) - y(x_n) = \int_{x_n}^{x_{n+1}} f(x, y(x))\mathrm{d}x \tag{9-40}$$

用 k 个节点 $x_{n-k+1}, \cdots, x_{n-1}, x_n$ 的拉格朗日插值多项式近似被积函数 $f(x, y(x))$ 得

$$f(x, y(x)) \approx \sum_{j=0}^{k-1} f(x_{n-j}, y(x_{n-j})) l_{n-j}(x) \tag{9-41}$$

将式（9-41）代入式（9-40），并用 $y_{n+1}, y_n, \cdots y_{n-k+1}$ 分别代替 $y(x_{n+1}), y(x_n), \cdots y(x_{n-k+1})$，得到

$$\begin{aligned} y_{n+1} &= y_n + \int_{x_n}^{x_{n+1}} \sum_{j=0}^{k-1} f(x_{n-j}, y_{n-j}) l_{n-j}(x)\mathrm{d}x \\ &= y_n + \sum_{j=0}^{k-1} f(x_{n-j}, y_{n-j}) \int_{x_n}^{x_{n+1}} l_{n-j}(x)\mathrm{d}x \\ &= y_n + h\sum_{j=0}^{k-1} \beta_j f(x_{n-j}, y_{n-j}) \end{aligned} \tag{9-42}$$

其中，系数 $\beta_j = \dfrac{1}{h}\int_{x_n}^{x_{n+1}} l_{n-j}(x)\mathrm{d}x$，$j = 0, 1, \cdots, k-1$。显然式（9-42）是一个显式格式，被称为 k 步显式 Adams 方法。特别指出，如果取 $k = 1$，显式 Adams 方法退化为单步法，即显式 Euler 方法。

类似地，可以得到隐式 Adams 方法。用 $k+1$ 个节点 $x_{n-k+1}, \cdots, x_n, x_{n+1}$ 的拉格朗日插值多项式近似被积函数 $f(x, y(x))$ 得

$$f(x,y(x)) \approx \sum_{j=0}^{k} f(x_{n-j+1}, y(x_{n-j+1})) l_{n-j+1}(x) \tag{9-43}$$

将式（9-43）代入式（9-40），并用 $y_{n+1}, y_n, \cdots y_{n-k+1}$ 分别代替 $y(x_{n+1}), y(x_n), \cdots y(x_{n-k+1})$，得到

$$\begin{aligned} y_{n+1} &= y_n + \int_{x_n}^{x_{n+1}} \sum_{j=0}^{k} f(x_{n-j+1}, y_{n-j+1}) l_{n-j+1}(x) \mathrm{d}x \\ &= y_n + \sum_{j=0}^{k} f(x_{n-j+1}, y_{n-j+1}) \int_{x_n}^{x_{n+1}} l_{n-j+1}(x) \mathrm{d}x \\ &= y_n + h \sum_{j=0}^{k} \beta_j f(x_{n-j+1}, y_{n-j+1}) \end{aligned} \tag{9-44}$$

其中，系数 $\beta_j = \frac{1}{h}\int_{x_n}^{x_{n+1}} l_{n-j+1}(x)\mathrm{d}x$，$j = 0,1,\cdots,k$。式（9-44）即为 k 步隐式 Adams 方法。特别指出，如果取 $k=1$，隐式 Adams 方法退化为单步法，即梯形方法。

可以验证，当 f 充分光滑时，k 步显式 Adams 方法具有 k 阶精度，k 步隐式 Adams 方法具有 $k+1$ 阶精度，相同多步的隐式 Adams 方法比显式 Adams 方法精度高一阶，具有更好的数值计算效果。

将 $k=1,2,3,4$ 依次代入式（9-42）和式（9-44）中，可以得到常用的显式 Adams 方法及隐式 Adams 方法的数值公式，分别如表 9.3 和表 9.4 所示。

表 9.3　常用的显式 Adams 方法数值公式

k	数 值 公 式	方 法 精 度
1	$y_{n+1} = y_n + hf(x_n, y_n)$	1
2	$y_{n+1} = y_n + \frac{h}{2}(3f(x_n, y_n) - f(x_{n-1}, y_{n-1}))$	2
3	$y_{n+1} = y_n + \frac{h}{12}(23f(x_n, y_n) - 16f(x_{n-1}, y_{n-1}) + 5f(x_{n-2}, y_{n-2}))$	3
4	$y_{n+1} = y_n + \frac{h}{24}(55f(x_n, y_n) - 59f(x_{n-1}, y_{n-1}) + 37f(x_{n-2}, y_{n-2}) - 9f(x_{n-3}, y_{n-3}))$	4

表 9.4　常用的隐式 Adams 方法数值公式

k	数 值 公 式	方 法 精 度
1	$y_{n+1} = y_n + \frac{h}{2}(f(x_{n+1}, y_{n+1}) + f(x_n, y_n))$	2
2	$y_{n+1} = y_n + \frac{h}{12}(5f(x_{n+1}, y_{n+1}) + 8f(x_n, y_n) - f(x_{n-1}, y_{n-1}))$	3
3	$y_{n+1} = y_n + \frac{h}{24}(9f(x_{n+1}, y_{n+1}) + 19f(x_n, y_n) - 5f(x_{n-1}, y_{n-1}) + f(x_{n-2}, y_{n-2}))$	4
4	$y_{n+1} = y_n + \frac{h}{720}(251f(x_{n+1}, y_{n+1}) + 646f(x_n, y_n) - 264f(x_{n-1}, y_{n-1}) +$ $106f(x_{n-2}, y_{n-2}) - 19f(x_{n-3}, y_{n-3}))$	5

例 9.4 分别写出 4 步显式 Adams 方法和 3 步隐式 Adams 方法求解例 9.1 初值问题

$$\begin{cases} y' = -y + x + 1, 0 \leqslant x \leqslant 1, \\ y(0) = 1 \end{cases}$$

的数值公式，并计算每种方法所得数值解与精确解之间的误差绝对值。此问题的精确解为 $y(x) = \mathrm{e}^{-x} + x$ 。

解 取步长 $h = 0.1$（即 $N = 10$），对于这个问题，代入表 9.3 中 $k = 4$ 的显式 Adams 方法数值公式并整理可以得到

$$y_{n+1} = \frac{37}{48} y_n + \frac{59}{240} y_{n-1} - \frac{37}{240} y_{n-2} + \frac{3}{80} y_{n-3} + \frac{1}{100} n + \frac{27}{200}, \quad n = 3,4,\cdots,9 \tag{9-45}$$

代入表 9.4 中 $k = 3$ 的隐式 Adams 方法数值公式并整理可以得到

$$y_{n+1} = \frac{221}{249} y_n + \frac{5}{249} y_{n-1} - \frac{1}{249} y_{n-2} + \frac{4}{415} n + \frac{10}{83}, \quad n = 2,3,\cdots,9 \tag{9-46}$$

用式（9-45）和式（9-46）计算所得数值解与精确解之间的误差绝对值结果如表 9.5 所示。其中，显式 Adams 方法所需的初始值 y_0, y_1, y_2, y_3 及隐式 Adams 方法所需的初始值 y_0, y_1, y_2 均使用精确解 $y(x) = \mathrm{e}^{-x} + x$ 计算给出。

表 9.5 Adams 方法计算结果

x_n	4 步显式 Adams 方法 $\lvert y_n - y(x_n) \rvert$	3 步隐式 Adams 方法 $\lvert y_n - y(x_n) \rvert$
0.3	—	2.1×10^{-7}
0.4	2.9×10^{-6}	3.8×10^{-7}
0.5	4.8×10^{-6}	5.2×10^{-7}
0.6	6.8×10^{-6}	6.3×10^{-7}
0.7	8.1×10^{-6}	7.1×10^{-7}
0.8	9.2×10^{-6}	7.7×10^{-7}
0.9	1.0×10^{-5}	8.1×10^{-7}
1.0	1.1×10^{-5}	8.4×10^{-7}

根据表 9.5 可以看出，在相同的步长（$h = 0.1$）情况下，4 步显式 Adams 方法在各节点数值解与精确解之间的误差绝对值在 5×10^{-6} 左右，而 3 步隐式 Adams 方法在 5×10^{-7} 左右，可见同样为四阶方法，隐式 Adams 方法要比显式 Adams 方法的精度高。一般情况下，对于 Adams 方法同阶的隐式方法要比显式方法精确，且数值稳定性也好。但隐式公式通常需要求解方程，增加了计算量。为解决该问题，可以参考改进的 Euler 方法所使用的预测-校正格式，即联合使用显式公式和隐式公式，先用显式公式计算一步求出预测值，再用隐式公式对预测值进行校正。

9.5.2 线性多步法的一般公式

一般的线性多步法公式表示为

$$y_{n+1} = \sum_{i=0}^{k-1} \alpha_i y_{n-i} + h\sum_{j=-1}^{k-1} \beta_j f_{n-j} \tag{9-47}$$

其中，α_i, β_j 均为常数，$f_{n-j} = f(x_{n-j}, y_{n-j})$。当 $\beta_{-1} = 0$ 时，上式为显式公式，否则为隐式公式。可以看出显式 Adams 方法和隐式 Adams 方法均为线性多步法的特殊情况。

定义 9.7　设 $y(x)$ 是常微分方程初值问题式（9-2）的精确解，式（9-47）在 x_{n+1} 的局部截断误差为

$$T_{n+1} = y_{n+1} - \left(\sum_{i=0}^{k-1} \alpha_i y(x_{n-i}) + h\sum_{j=-1}^{k-1} \beta_j y'(x_{n-j})\right) \tag{9-48}$$

若 $T_{n+1} = O(h^{p+1})$，则称式（9-47）是 p 阶方法。

线性多步法式（9-47）是 p 阶方法，则常数 α_i, β_j 应满足以下方程组：

$$\begin{cases} \sum_{i=0}^{k-1} \alpha_i = 1 \\ \sum_{i=0}^{k-1} (-i)^r \alpha_i + r\sum_{j=-1}^{k-1} (-j)^{r-1} \beta_j = 1, \quad r = 1, 2, \cdots, p \end{cases} \tag{9-49}$$

根据方程组（9-49）可以得到多种 p 阶精度的线性多步法，下面介绍两种常见的四阶格式。

9.5.2.1 Milne 方法

在方程组（9-49）中取 $p = 4$，$k = 4$，并令常数 $\alpha_0 = \alpha_1 = \alpha_2 = \beta_{-1} = 0$ 可解出其他常数

$$\alpha_3 = 1,\ \beta_0 = \frac{8}{3},\ \beta_1 = -\frac{4}{3},\ \beta_2 = \frac{8}{3},\ \beta_3 = 0$$

代入式（9-47）得到相应的线性多步法公式

$$y_{n+1} = y_{n-3} + \frac{4}{3}h(2f_n - f_{n-1} + 2f_{n-2}) \tag{9-50}$$

式（9-50）为 Milne 方法的数值公式，该公式是一个四阶四步显式公式。

9.5.2.2 Hamming 方法

在方程组（9-49）中取 $p = 4$，$k = 3$，并令常数 $\alpha_1 = \beta_2 = 0$ 可解出其他常数

$$\alpha_0=\frac{9}{8},\ \alpha_2=-\frac{1}{8},\ \beta_{-1}=\frac{3}{8},\ \beta_0=\frac{3}{4},\ \beta_1=-\frac{3}{8}$$

代入式（9-47）得到相应的线性多步法公式

$$y_{n+1}=\frac{1}{8}\left(9y_n-y_{n-2}\right)+\frac{3}{8}h(f_{n+1}+2f_n-f_{n-1}) \tag{9-51}$$

式（9-51）为 Hamming 方法的数值公式，该公式是一个四阶三步隐式公式。

9.6 案例及 MATLAB 实现

本节主要介绍使用 MATLAB 求解常微分方程初值问题的实际案例。MATLAB 中求常微分方程的数值解命令的调用格式为

[TOUT,YOUT] = Solver(ODEFUN,TSPAN,Y0)

其中，solver 为 MATLAB 中求解常微分方程的某种求解器；ODEFUN 即方程右端项 $f(x,y)$；TSPAN=[T0 TFINAL]为积分区间 $[a,b]$；Y0 为初值；输出的 TOUT 为节点 $x_0,x_1,\cdots,x_N$ 构成的列向量；YOUT 为对应于 TOUT 的数值解 $y_0,y_1,\cdots,y_N$ 所组成的列向量。

MATLAB 提供了多种 Solver 用于处理不同的常微分方程问题，一些常用的 Solver 介绍如表 9.6 所示。

表 9.6 MATLAB 常用 Solver 介绍

Solver	适 用 类 型	求解使用的算法	步进法种类	说 明
ode45	非刚性常微分方程	4、5 阶 Runge-Kutta 方法	单步法	是求解常微分方程数值解的首选算法
ode23	非刚性常微分方程	2、3 阶 Runge-Kutta 方法	单步法	适用于精度较低的情形
ode113	非刚性常微分方程	Adams 算法	多步法	计算时间比 ode45 短
ode15s	刚性常微分方程和常微分代数方程	Gear's 反向数值微分	多步法	若 ode45 失效可尝试使用
ode23s	刚性常微分方程	罗森布洛克(Rosenbrock) 方法	单步法	当精度较低时，计算时间比 ode 15s 短
ode23t	适度刚性的常微分方程和常微分方程	梯形算法	梯形方法	适度于数值衰减问题
ode23tb	刚性常微分方程	利用带有梯形格式的隐式 Runge-Kutta 方法和二阶向后微分公式求解	梯形方法	当精度较低时，计算时间比 ode15s 短

表 9.6 中提到的刚性常微分方程是指解的分量有的变化很快，有的变化很慢的常微分

方程。在数值求解此类方程的过程中会出现变化快的分量很快地趋于它的稳定值，而变化慢的分量缓慢地趋于它的稳定值，此时如果使用大步长会出现数值不稳定现象，即误差急剧增加，掩盖真值，求解过程无法继续进行的现象。

还有一点值得注意的是，表 9.6 提供的方法都是自适应的变步长方法，即根据解的变化特点自动调节 h_n 的大小。

下面通过几个实际案例介绍使用 MATLAB 数值求解常微分方程。

例 9.5　设位于坐标原点的甲舰向位于 x 轴上的点 $A(1,0)$ 处的乙舰发射导弹，导弹的方向始终对准乙舰。如果乙舰以恒定速度 v_0（v_0 为常数）沿平行于 y 轴的正方向直线行驶，导弹的速度恒定为 $5v_0$，请通过 MATLAB 模拟出导弹运行的轨道曲线，并与其精确轨道进行比较。

解　设导弹的轨迹曲线为 $y=y(x)$，并设经过时间 t，导弹位于点 $P(x,y)$。此时，乙舰位于点 $Q(1,v_0t)$，由于导弹始终对准乙舰，故此时直线 PQ 就是导弹的运动轨迹曲线 OP 在点 P 处的切线，由此得到

$$\frac{\mathrm{d}y}{\mathrm{d}x}=\frac{v_0t-y}{1-x}$$

即

$$(1-x)y'+y=v_0t \tag{9-52}$$

又根据题意，弧 OP 的长度为 $|AQ|$ 的 5 倍，即

$$\int_0^x\sqrt{1+y'^2}\,\mathrm{d}x=5v_0t \tag{9-53}$$

联立式（9-52）和式（9-53）得到

$$(1-x)y'+y=\frac{1}{5}\int_0^x\sqrt{1+y'^2}\,\mathrm{d}x$$

等式两边关于 x 求导得

$$(1-x)y''=\frac{1}{5}\sqrt{1+y'^2}$$

结合初值条件 $y(0)=y'(0)=0$，利用常微分方程的知识，可求出此问题的精确解为

$$y=-\frac{5}{8}(1-x)^{\frac{4}{5}}+\frac{5}{12}(1-x)^{\frac{6}{5}}+\frac{5}{24}$$

下面我们考虑用数值算法来求解此问题。引入 $y_1=y,y_2=y'$，上述二阶常微分方程可以转化成一阶常微分方程组

$$\begin{cases} y_1' = y_2, & y_1(0) = 0 \\ y_2' = \dfrac{\sqrt{1+y_2^2}}{5(1-x)}, & y_2(0) = 0 \end{cases}$$

我们考虑使用 ode23 以及 ode45 分别求解该问题，并将结果与真解画在一个图中进行比较，为此先编写函数文件 f.m：

```
function ydot=f(x,y)
ydot=zeros(2,1);
ydot(1)=y(2);
ydot(2)=sqrt(1+y(2)^2)/(5*(1-x));
```

再编写命令文件 solution.m：

```
[X1,Y1]=ode23(@f,[0 1],[0 0]);
[X2,Y2]=ode45(@f,[0 1],[0 0]);
x=0:1/100:1;
y=-5/8.*(1-x).^(4/5)+5/12.*(1-x).^(6/5)+5/24;
plot(x,y,'b')
hold on
plot(X1,Y1(:,1),'g*')
hold on
plot(X2,Y2(:,1),'ro')
legend('精确解','ode23','ode45')
xlabel('x')
ylabel('y')
```

求得的导弹轨道如图 9.5 所示。

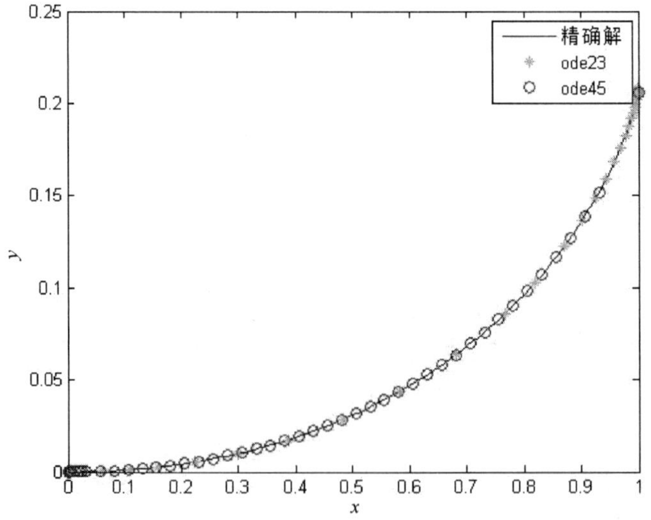

图 9.5　例 9.5 导弹轨迹结果比较图

从图 9.5 中可以看出，ode23 指令和 ode45 指令都较好地仿真出了导弹轨迹，但是具体求解的效果略有不同，ode23 在 $x=1$ 附近求得的点较多，而 ode45 在 $x=0$ 附近求得的点较多。

例 9.6　对于引言中的单摆运动问题式（9-1），若取定初始角度 $\theta(0)=0.5$，初始角速度为 $\theta'(0)=0$，$g=10$，$l=1$，可以得到二阶常微分方程

$$\begin{cases}\theta''(t)=-10\sin\theta\\ \theta(0)=0.5,\ \ \theta'(0)=0\end{cases}$$

使用 MATLAB 数值求解该方程，并画出在区间 $t\in[0,6]$ 的数值解 θ_n 的图像及其角速度的数值解 ω_n 图像。

解　把此二阶常微分方程化成一阶常微分方程组，引入 $\omega=\theta'$

$$\begin{cases}\theta'=\omega,\ \ \theta(0)=0\\ \omega'=-10\sin\theta,\ \ \omega(0)=0\end{cases}$$

我们考虑使用 ode45 求解该问题并将结果画图，为此先编写函数文件 f.m：

```
function thetadot =f(t,theta)
thetadot=zeros(2,1);
thetadot(1)=theta(2);
thetadot(2)=-10*sin(theta(1));
```

再编写命令文件 solution.m：

```
[X,Y] = ode45(@f,[0 6],[0.5 0]);
plot(X,Y(:,1),'*-')
xlabel('t');
ylabel('\theta');
figure
plot(X,Y(:,2),'o-')
hold on
x=0:0.01:6;y=0;
plot(x,y)
xlabel('t');
ylabel('\omega');
```

例 9.6 数值计算单摆运动 θ_n 及 ω_n 变化图如图 9.6 所示。其中，图 9.6（a）为数值解 θ_n 的变化，图 9.6（b）为角速度数值解 ω_n 的变化。虽然我们没有给出真解，但是通过图 9.6 可以看出，单摆的运动轨迹随着时间的增长，呈现出在区间 $[-0.5,0.5]$ 摆动的运动过程，而单摆的运动角速度在区间 $[-1.54,1.54]$ 内呈周期变化，且角速度为 0 的位置恰好是单摆运动到最高点的时候。图 9.6 说明数值计算结果符合单摆运动的物理规律，可以认为结果是正确的。

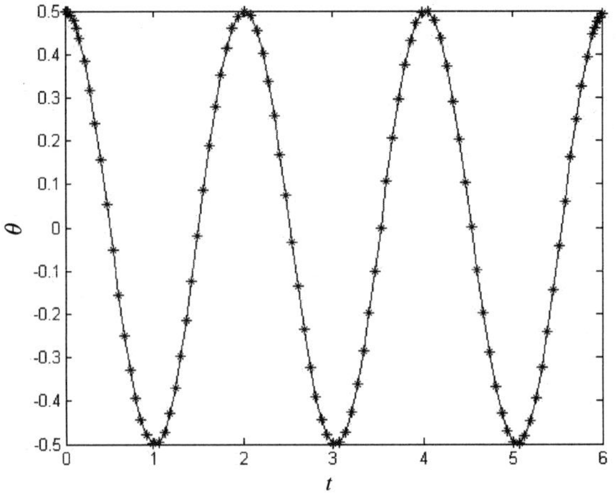

(a)

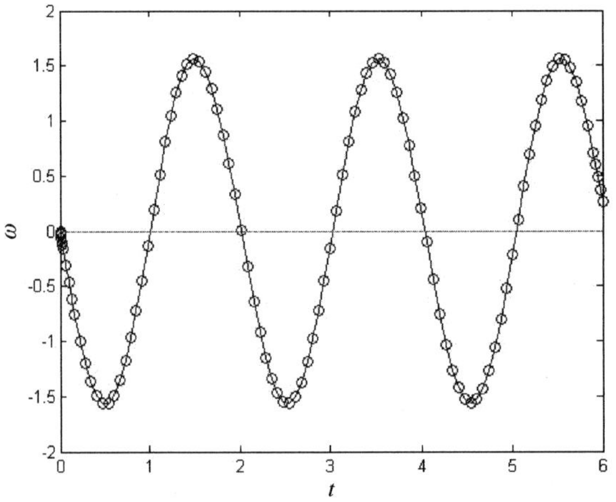

(b)

图 9.6　例 9.6 数值计算单摆运动 θ_n 及 ω_n 变化图

例 9.7　范德波尔方程是电子管时期出现的一个电子电路模型

$$\frac{\mathrm{d}^2 y_1}{\mathrm{d}t^2} - \mu(1 - y_1{}^2)\frac{\mathrm{d}y_1}{\mathrm{d}t} + y_1 = 0,\ \ y_1(0) = y_1'(0) = 1$$

随着 μ 的增大，此方程的解的刚性逐渐增大。利用 MATLAB 求解下列两种情况：①对于 μ=1 和区间[0,50]，用 ode45 求解；②对于 μ=1000 和区间[0,5000]，用 ode23s 求解。

解　把此二阶常微分方程化成一阶常微分方程组

$$\begin{cases} \dfrac{\mathrm{d}y_1}{\mathrm{d}t} = y_2, & y_1(0) = 1 \\ \dfrac{\mathrm{d}y_2}{\mathrm{d}t} = \mu(1 - y_1{}^2)y_2 - y_1, & y_2(0) = 1 \end{cases}$$

先编写函数文件 vanderpol.m：

```
function ydot =vanderpol(t,y,mu)
ydot = [y(2);mu*(1-y(1)^2)*y(2)-y(1)];
```

调用 ode45 并绘制结果的图形，如图 9.7（a）所示：

```
[X,Y] = ode45(@vanderpol,[0 50],[1 1],[],1);
plot(X,Y(:,1),'o-',X,Y(:,2),'*-')
legend('y1','y2');
```

调用 ode23s 并绘制结果的图形，如图 9.7（b）所示：

```
[X,Y] = ode23s(@vanderpol,[0 5000],[1 1],[],1000);
plot(X,Y(:,1),'o-')
legend('y1');
```

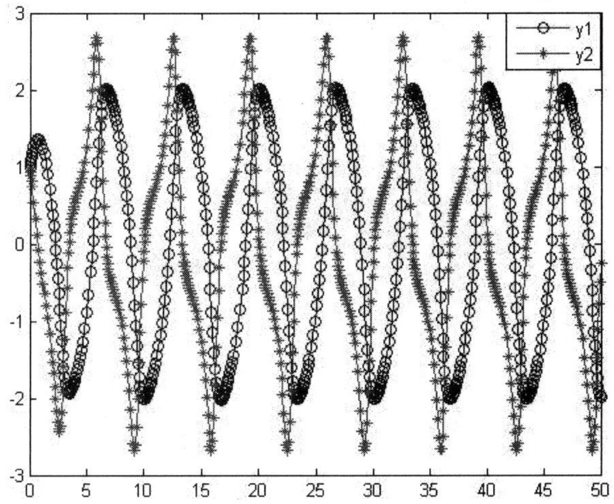

（a）非刚性

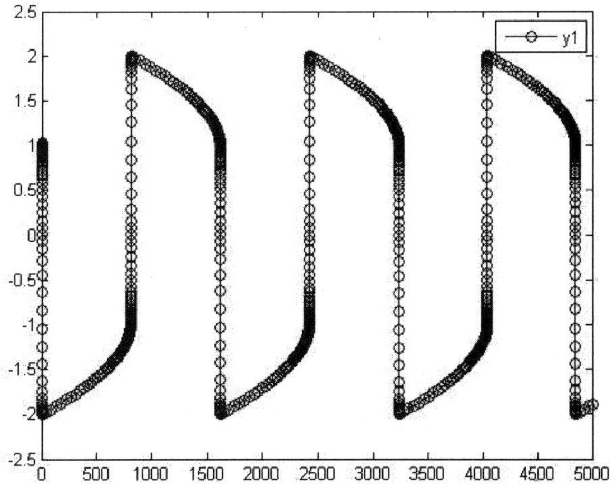

（b）刚性

图 9.7　例 9.7 非刚性、刚性常微分方程结果对比

因为用 ode23s 求解的结果中 y_2 的尺度非常大（峰值达到 1300 以上），因此我们只显示了 y_1。根据图 9.7 可以看出，图（a）的解的边界比图（b）中锐利很多，这是解的刚性的图形表示。

例 9.8 普林尼的间歇式喷泉：传说罗马哲学家普林尼的花园里有一座间歇式喷泉，如图 9.8 所示，水以固定的流速 Q_{in} 注入圆柱形容器，水位达到 y_{high} 时容器被注满。这时候，水通过原型排出管被虹吸出容器，在管子的尽头形成喷泉。喷泉一直喷射到水位下降至 y_{low}，此时虹吸管中装满了空气，于是喷泉停止喷射。然后重复这个过程，当水位达到 y_{high} 时，容器被注满，此时喷泉又开始喷射。

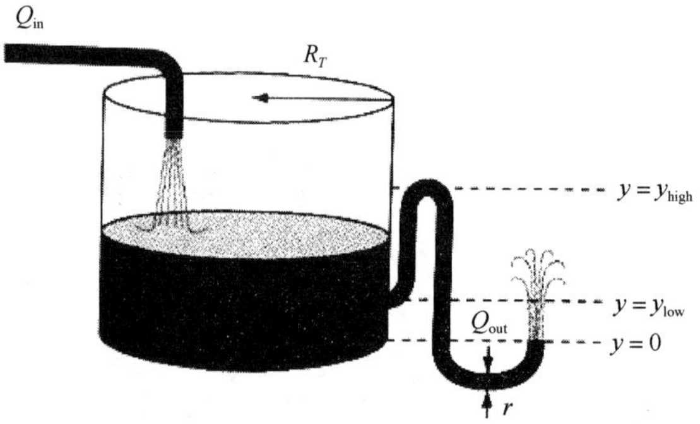

图 9.8 间歇式喷泉

当喷泉喷射时，根据托里切利定律（Torricelli's law），流出物 Q_{out} 可以由下面公式计算：

$$Q_{out} = C\sqrt{2gy}\pi r^2 \tag{9-54}$$

忽略管中水的体积，计算 100s 的时间内容器中水位线与时间的函数关系并绘制图形。假设空容器的初始条件为 $y(0)=0$，计算时使用下面的参数：

$$R_T = 0.05\text{m},\ r = 0.007\text{m},\ y_{low}=0.025\text{m},\ y_{high}=0.1\text{m}$$

$$C = 0.6,\ g = 9.81\text{m/s}^2,\ Q_{in} = 50\times10^{-6}\text{m}^3/\text{s}$$

使用 MATLAB 数值求解该方程并画出在区间 $t\in[0,100]$ 的数值解图像。

解 当喷泉喷射时，容器体积 $V(\text{m}^3)$ 的变化率由流入减去流出的简单平衡确定

$$\frac{\mathrm{d}V}{\mathrm{d}t} = Q_{in} - Q_{out} \tag{9-55}$$

因为容器是圆柱形的，所以 $V=\pi R_t^2 y$。将这个关系式和式（9-54）一起代入式（9-55）可得

$$\frac{\mathrm{d}y}{\mathrm{d}t} = \frac{Q_{in} - C\sqrt{2gy}\pi r^2}{\pi R_t^{\ 2}} \tag{9-56}$$

当喷泉停止喷射时，分子的第二项变成 0。为此，我们可以在方程中加入一个新的变量 siphon，当喷泉停止时 siphon 等于 0，当喷泉工作时 siphon 等于 1

$$\frac{\mathrm{d}y}{\mathrm{d}t}=\frac{Q_{\text{in}}-\text{siphon}\times C\sqrt{2gy}\pi r^2}{\pi R_t^{\ 2}} \tag{9-57}$$

变量 siphon 是常见的开关函数，它可以被看成是控制喷泉停止和工作的开关。变量 siphon 的定义如下

$$\text{siphon}=\begin{cases}1, & y>y_{\text{high}}\\ 0, & y<y_{\text{low}}\end{cases} \tag{9-58}$$

下面的 M 文件是用于表示式（9-57）的右端和式（9-58）的逻辑关系的函数文件。

```
function dy=Plinyode(t,y)
global siphon
Rt=0.05;r=0.007;yhi=0.1;ylo=0.025;
C=0.6;g=9.81;Qin=0.00005;
if y(1)<=ylo
   siphon=0;
elseif y(1)>=yhi
   siphon=1;
end
Qout=siphon*C*sqrt(2*g*y(1))*pi*r^2;
dy=(Qin-Qout)/(pi*Rt^2);
```

注意：由于 siphon 的取值必须在函数调用之间被保持，所以它被声明为一个全局变量。虽然我们不鼓励使用全局变量（特别是对于大型的程序），但是它在当前的问题中很有用。

下面用 ode45 函数求解该问题，并绘制解的图形，结果如图 9.9 所示。

```
global siphon
siphon=0;
tspan=[0 100];y0=0;
[tp,yp]=ode45(@Plinyode,tspan,y0);
plot(tp,yp)
xlabel('时间 (s)')
ylabel('容器中的水位 (m)')
```

通过图 9.9 可以看出，除了最初的注满周期，在注水阶段水位线未达到 y_{high} 就开始下降，同时在排水阶段水位线还没有降至 y_{low}，虹吸管就关上了。这一结果显然是不符合客观物理规律的，说明使用 ode45 计算的结果是不正确的。此时可以考虑使用其他求解器求解，如 ode23s 或 ode23tb。但是，求得的结果都类似于图 9.9，是不正确的。

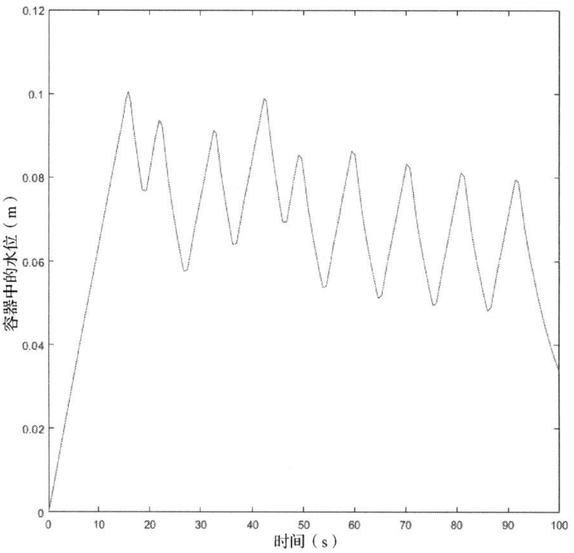

图 9.9　例 9.8 使用 ode45 的计算结果

之所以出现这一问题，是因为该常微分方程在虹吸管开关时并不连续。由于 MATLAB 提供的算法是自适应的，在穿越间断部分时会产生比较大的误差，所以使用更简单的方法和固定的小步长可以解决该问题。我们使用最简单的欧拉方法求解该问题。

取 $h=0.01$（$N=10000$）代入欧拉方法的数值公式（9-9），MATLAB 运行程序如下：

```
global siphon
siphon=0;
N=10000;
T=100;
h=T/N;
x=zeros(N,1);
for n=1:N
   x(n)=n*h;
end
y=zeros(N,1);
y(1)=h*Plinyode(0,0);
for n=1:N-1
   y(n+1)=y(n)+h*Plinyode(x(n),y(n));
end
plot(x,y)
xlabel('时间 (s)')
ylabel('容器中的水位 (m)')
```

例 9.8 使用欧拉方法的计算结果如图 9.10 所示。由此可见，此时解的变化和期望一致，在循环过程中，容器注满到 y_{high}，然后清空至 y_{low}。

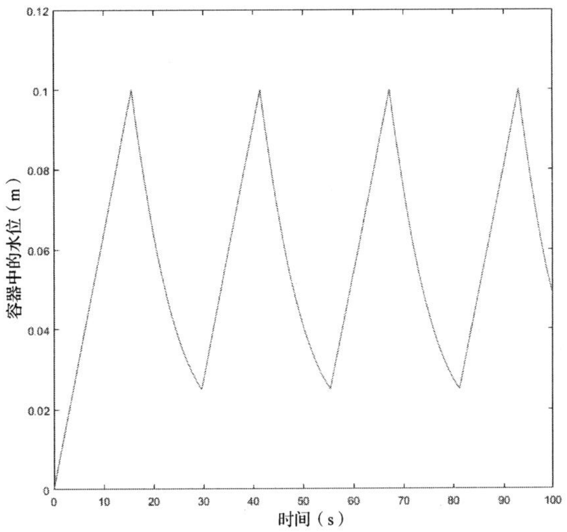

图 9.10　例 9.8 使用欧拉方法的计算结果

例 9.9　二体问题是指研究两个可以视为质点的天体在其相互之间的万有引力作用下的动力学问题。二体问题作为天体力学中的一个最基本的近似模型，是研究天体精确运动的理论基础，也是天体力学中的一个基本问题，具有很重要的意义。常见的应用有卫星绕着行星公转、行星绕着恒星公转、双星系统、双行星等。为了计算二体运动，选择一个天体作为坐标系中心，则另一个天体的运动轨迹为一圆锥曲线。我们用 (x,y) 表示第二个天体的位置，根据万有引力定律，经过一定的标准化化简，x,y 满足下面的微分方程

$$\begin{cases}\dfrac{\mathrm{d}^2x}{\mathrm{d}t^2}=-\dfrac{x}{(x^2+y^2)^{3/2}},\ x(0)=1-\rho,\ x'(0)=0\\[2ex]\dfrac{\mathrm{d}^2y}{\mathrm{d}t^2}=-\dfrac{y}{(x^2+y^2)^{3/2}},\ y(0)=0,\ y'(0)=\sqrt{\dfrac{1+\rho}{1-\rho}}\end{cases}$$

取参数 $\rho=0.6$，步长 $h=0.01$，使用欧拉方法和 ode45 分别求解该问题，并在二维直角坐标系 xOy 中，画出另一个天体在 $t\in[0,10]$ 的运动轨迹。

解　把此二阶常微分方程组化成一阶常微分方程组

$$\begin{cases}\dfrac{\mathrm{d}x}{\mathrm{d}t}=x_1,\ x(0)=1-\rho\\[2ex]\dfrac{\mathrm{d}y}{\mathrm{d}t}=y_1,\ y(0)=0\\[2ex]\dfrac{\mathrm{d}x_1}{\mathrm{d}t}=-\dfrac{x}{(x^2+y^2)^{3/2}},\ x_1(0)=0\\[2ex]\dfrac{\mathrm{d}y_1}{\mathrm{d}t}=-\dfrac{y}{(x^2+y^2)^{3/2}},\ y_1(0)=\sqrt{\dfrac{1+\rho}{1-\rho}}\end{cases}$$

先编写函数文件 fun.m：

```
function f =fun(x,y)
f=zeros(4,1);
f(1)=y(3);
f(2)=y(4);
f(3)=-y(1)./((y(1).^2+y(2).^2).^(3/2));
f(4)=-y(2)./((y(1).^2+y(2).^2).^(3/2));
```

使用欧拉方法及 ode45 绘制结果的图形程序如下：

```
N=1000;
T=10;
h=T/N;
x=zeros(N,1);
for n=1:N
    x(n)=n*h;
end
y=zeros(N,4);
y(1,:)=[1-0.6  0  0  sqrt((1+0.6)/(1-0.6))]+h*fun(0,[1-0.6  0  0  sqrt((1+0.6)/(1-
0.6))])';
for n=1:N-1
    y(n+1,:)=y(n,:)+h*fun4(x(n),y(n,:))';
end
plot(y(:,1),y(:,2),'r*-')
hold on
[X,Y]=ode45(@fun,[0 10],[1-0.6  0  0  sqrt((1+0.6)/(1-0.6))]);
plot(Y(:,1),Y(:,2),'bo-')
legend('Euler 方法','ode45')
xlabel('x')
ylabel('y')
```

例 9.9 使用欧拉方法和 ode45 计算二体问题的结果如图 9.11 所示。从图 9.11 中可以看出，ode45 图像是一个封闭的椭圆，因此它们的数值结果较好地模拟了第二个天体的运行轨迹，但是欧拉方法的图像却是一个不断向外扩展的图形，从而欧拉方法在求解此问题上，尤其在模拟解的长期性态上，数值效果较差。

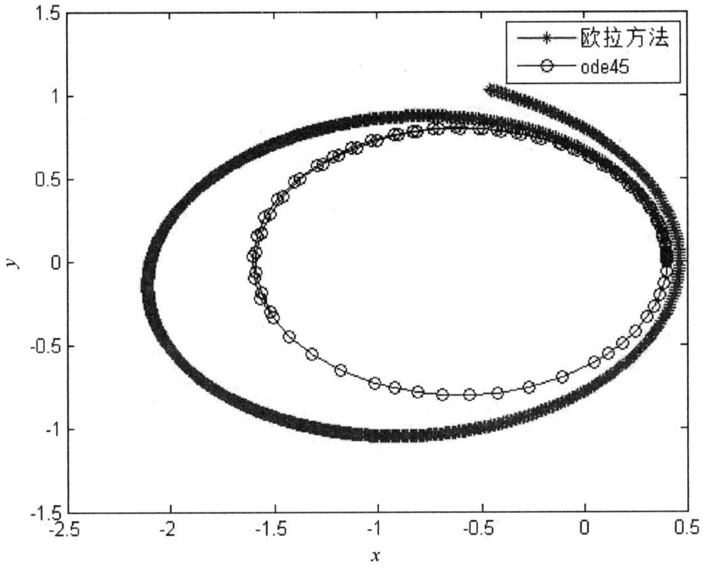

图 9.11　例 9.9 使用欧拉方法和 ode45 计算二体问题的结果

习题 9

9-1. 写出欧拉方法、隐式欧拉方法、梯形方法和改进的欧拉方法解初值问题

$$\begin{cases} y' = -y + x + 10, & 0 \leqslant x \leqslant 1 \\ y(0) = 10 \end{cases}$$

的数值公式并计算，再与精确解 $y(x) = \mathrm{e}^{-x} + x + 9$ 进行比较。

9-2. 用四级四阶 RK 方法解初值问题

$$\begin{cases} y' = -y + x + 10, & 0 \leqslant x \leqslant 1 \\ y(0) = 10 \end{cases}$$

并与欧拉方法、隐式欧拉方法、梯形方法和改进的欧拉方法比较误差大小。

9-3. 试分析中点格式

$$y_{n+1} = y_n + hf\left(x_n + \frac{h}{2}, y_n + \frac{h}{2} f(x_n, y_n)\right)$$

的局部截断误差及整体截断误差。

9-4. 证明 Heun 方法

$$\begin{cases} K_1 = f(x_n, y_n) \\ K_2 = f\left(x_n + \frac{2}{3}h, y_n + \frac{2}{3}hK_1\right) \\ y_{n+1} = y_n + \frac{1}{4}h(K_1 + 3K_2) \end{cases}$$

是二阶精度方法，并求出其主局部截断误差项。

9-5.设有初值问题

$$\begin{cases} y' = \frac{1}{1+x^2} - 2y^2, \quad 0 \leqslant x \leqslant 1 \\ y(0) = 0 \end{cases}$$

试分别用欧拉方法和梯形方法求解，并与解析解 $y = \frac{x}{1+x^2}$ 比较（步长 $h = 0.1$）。

9-6. 确定二步方法

$$y_{n+1} = \frac{1}{2}(y_n + y_{n-1}) + \frac{h}{4}(4f_{n+1} - f_n + 3f_{n-1})$$

的局部截断误差和方法的阶。

9-7. 用经典 RK 方法给出初始点，然后用四步显式 Adams 公式和三步隐式 Adams 公式求初值问题

$$\begin{cases} y_1'(x) = 3y_1(x) + 2y_2(x), \quad y_1(0) = 0 \\ y_2'(x) = 4y_1(x) + y_2(x), \quad y_2(0) = 1 \end{cases}$$

的数值解，取 $h = 0.1$，并在 $x = 1$ 处与精确解 $\begin{cases} y_1(x) = \frac{1}{3}(\mathrm{e}^{5x} - \mathrm{e}^{-x}) \\ y_2(x) = \frac{1}{3}(\mathrm{e}^{5x} + 2\mathrm{e}^{-x}) \end{cases}$ 进行比较。

9-8. 用 MATLAB 中的 ode23 和 ode45 求解一阶常微分方程的初值问题

$$\begin{cases} y' = -y^3 + y + x \\ y(0) = 1 \end{cases}$$

通过画图来比较两种求解器之间的差异。

9-9. 使用 MATLAB 中的 ode45 和 ode113 求解三阶常微分方程的初值问题

$$\begin{cases} y''' - 3y'' - y'y = 0, \quad 0 \leqslant x \leqslant 1 \\ y(0) = 0, \quad y'(0) = 1, \quad y''(0) = -1 \end{cases}$$

通过画图来比较两种求解器之间的差异。

参考文献

[1] 陈志明. 科学计算：科技创新的第三种方法[J]. 中国科学院院刊，2012，(02)：161-166.

[2] 李庆扬，王能超，易大义. 数值分析[M]. 5 版. 北京：清华大学出版社，2008.

[3] 蒋尔雄，赵风光. 数值逼近[M]. 上海：复旦大学出版社，1996.

[4] 傅凯新，黄云清，舒适. 数值计算方法[M]. 长沙：湖南科学技术出版社，2002.

[5] 黄友谦，李岳生. 数值逼近[M]. 2 版. 北京：高等教育出版社，1987.

[6] 王德人，杨忠华. 数值逼近引论[M]. 北京：高等教育出版社，1990.

[7] 王仁宏. 数值逼近[M]. 北京：高等教育出版社，1999.

[8] 徐利治，王仁宏，周蕴时，函数逼近的理论与方法[M]. 上海：上海科学技术出版社，1983.

[9] 曹志浩. 数值线性代数[M]. 上海：复旦大学出版社，1996.

[10] 曹志浩，张玉德，李瑞遐. 矩阵计算与方程求根[M]. 2 版. 北京：高等教育出版社，1987.

[11] 徐树方. 矩阵计算的理论与方法[M]. 北京：北京大学出版社，1995.

[12] 徐树方，高立，张平文. 数值线性代数[M]. 北京：北京大学出版社，2000.

[13] G H GOLUB, C F VAN LOAN. Matrix Computations[M]. 3rd ed. Baltimore: The Johns Hopkins University Press, 1996.

[14] 李立康，於崇华，朱政华. 微分方程数值解法[M]. 上海：复旦大学出版社，1999.

[15] 陆金甫，关治. 微分方程数值解法[M]. 2 版，北京：清华大学出版社，2004.

[16] 蔡大用. 数值分析与实验学习指导[M]. 北京：清华大学出版社，2001.

[17] 程正兴，李水根. 数值逼近与常微分方程数值解[M]. 西安：西安交通大学出版社，2000.

[18] 冯康等. 数值计算方法[M]. 北京：国防工业出版社，1978.

[19] 冯果忱. 非线性方程组迭代解法[M]. 上海：上海科学技术出版社，1989.

[20] 李庆扬，莫孜中，祁力群. 非线性方程组的数值解法[M]. 北京：科学出版社，1987.

[21] 石钟慈. 第三种科学方法—计算机时代的科学计算[M]. 北京：清华大学出版社，2000.

[22] 石钟慈，袁亚湘. 奇效的计算[M]. 长沙：湖南科学技术出版社，1998.

[23] 孙志忠. 计算方法典型例题分析[M]. 北京：科学出版社，2001.

[24] R L BURDEN, J D FAIRES, Numerical Analysis[M]. 7th ed. 北京：高等教育出版社，2001.

[25] D KINCAID, W CHENEY, Numerical Analysis: Mathematics of Scientific Computing, [M]. 3rd ed. Beijing: Thomson Asia Pte Ltd and China Machine Press, 2003.

[26] J STOER, R BULIRSCH，Introduction to Numerical Analysis[M]. 7th ed. New York: Springer, 1993.

[27] 何玉晶，杨力. 基于拉格朗日插值方法的 GPS IGS 精密星历插值分析[J]. 测绘工程，2011，（5）：60-66.

[28] STEVEN C CHAPRA. 工程与科学计算数值方法的 Matlab 实现[M]. 2 版. 唐艳玲，田尊华，译. 北京：清华大学出版社，2009.

[29] 封建湖，车刚明，聂玉峰. 数值分析原理[M]. 北京：科学出版社，2001.

[30] 王明辉，王广彬，张闻. 应用数值分析[M]. 北京：化学工业出版社，2015.